公共哲学

PUBLIC PHILOSOPHY

第9卷

地球环境与公共性

[日] 佐佐木毅　[韩] 金泰昌　主编　　韩立新　李欣荣　译

GLOBAL ENVIRONMENT AND
PUBLICNESS

人民出版社

总 序

公共哲学,作为一种崭新学问的视野

卞崇道　林美茂*

　　近年来,"公共哲学"(public philosophy)这一用语在我国学术界开始逐渐被人们所熟悉,这一方面来自于我国学术界对于国外前沿学术思潮的敏感反应,另一方面则与日本公共哲学研究者在我国的推介多少有关。其实,在半个多世纪前,"公共哲学"这一用语就在美国出现了,1955 年著名新闻评论家、政论家李普曼(Walter Lippman)出版了一部名为《公共哲学》(*The Public Philosophy*)的著作,倡导并呼吁通过树立人们的公共精神来重建自由民主主义社会的秩序,他把这样的理论探索命名为"公共的哲学"。但是,此后,对公共哲学的探索在美国乃至西欧并没有取得较大的进展,尽管也有少数学者如阿伦特、哈贝马斯等相继对"公共性"问题做过一些理论探讨。另外,宗教社会学家贝拉等人也提出了

1

　　* 卞崇道:哲学博士,原中国社会科学院哲学研究所研究员,现任浙江树人大学教授,我国当代研究日本哲学的知名学者。
　　林美茂:哲学博士,中国人民大学哲学院副教授,主要研究领域:古希腊哲学,公共哲学,日本哲学。

以公共哲学"统合"长期以来被各种专业分割的社会科学。然而，把公共哲学作为一门探索新时代人类生存理念的学问来构筑，并没有在学术界受到普遍而应有的关注。

自20世纪90年代开始，东方的发达资本主义国家日本的学术界，却兴起了一场堪称公共哲学运动的学术探索。1997年，在京都论坛的将来世代综合研究所（现更名为公共哲学共働研究所）所长金泰昌教授和将来世代财团矢崎胜彦理事长的发起、倡导以及时任东京大学法学部部长（即法学院院长）、不久后出任东京大学校长的著名政治学家佐佐木毅教授的推动下，经过充分的准备，在京都成立了"公共哲学共同研究会"，并且于1998年4月在京都召开了第一次学术论坛，从此拉开了日本公共哲学运动的帷幕。该研究会后来更名为"公共哲学京都论坛"（Kyoto Forum For Public Philosophizing），迄今为止，该论坛召开了八十多次研讨会，其间还召开过数次国际性公共哲学研讨会，各个学科领域的著名学者、科学家、社会各界著名人士等已有1600多人参加过该论坛的讨论。研讨的成果已由东京大学出版会先后出版了"公共哲学系列"丛书第一期10卷、第二期5卷、第三期5卷，共20卷。这次由人民出版社推出的这一套10卷《公共哲学》译丛，采用的就是该丛书日文版的第一期10卷本。这套译丛的问世，是各卷的译者们在百忙的工作之中抽出宝贵的时间，经过了四年多辛勤努力的汗水结晶。

这套中译本《公共哲学》丛书，涵盖了公共哲学在人文、社会科学的各个领域的理论与现实的相关问题，其中包括了对政治、经济、共同体（日本和欧美等国家地区以及各类民间集团）、地球环境、科学技术以及公共哲学思想史等问题的综合考察。第1卷《公与私的思想史》以西欧、中国、伊斯兰世界、日本和印度为对象,主要由这些领域的专家从比较思想史的角度,就公私问题进行讨论。第2卷《社会科学中的公私问题》围绕政治学、社会学以及经济学各领域中的公私观的异同展开涉及多学科的讨论。第3卷《日本的公与私》从历史角度重新审视日本公私观念的原型及其变迁,并就现代有关公共性的学说展开深入的讨论。第4卷《欧美的公与私》以英、法、德、美等现代欧美国家为对象,探讨其以国家为中心的公共性向以市民为中心的公共性之转变是如何得以完成的问题;并且重点讨论了向类似欧盟那样的超国家公共性组织转换的可能性等问题。第5卷《国家·人·公共性》,在承认20世纪各国于民族统一性原则、总动员体制、意识形态政治、全能主义体制等方面存在着差异的前提下,围绕今后应该如何思考国家和个人的关系展开议论。第6卷《从经济看公私问题》是由具有代表性的日本经济学家们围绕着是否可以通过国家介入和控制私人利益来实现公共善以及应该如何看待日本的经济问题等进行了讨论。第7卷《中间团体开创的公共性》围绕介于国家和个人之间的家庭、町内会(町是日本城市中的街区,类似于中国的巷、胡同;町内会则是以町为单位成立的地区居民自治组织)、小区(community)、新的志愿者组织、非营利组织(NPO)、非政府组织(NGO)等新旧民间(中间)团体在日本能否开创出新的公共性问题进行了探讨。第8卷《科学技术与公共性》,主要由科学家、技术人员和制定有关政策的官员讨论科学技术中的公私问题,以及人类能否控制既给人类的生存、生活带来巨大的便利,同时又有可能导致人类灭亡的科学技术的问题。第9卷《地球环境与公共性》着重讨论了在单个国家无法解决的全球环境问题的今天,如何重新建立环境伦理、生命伦理和环境公共性的问题。第10卷《21世纪公共哲学的展望》由来自不同领域的专家学者从不同的

3

视角探讨着构建哲学、政治、经济和其他社会现象的学问——公共哲学——所必须关心的问题以及相关问题的研究现状。

这套丛书除了第 10 卷《21 世纪公共哲学的展望》之外，其他9 卷的最大特点是打破了以往学术著作的成书结构，采用了由各个领域的一名著名学者提出论题，让其他来自不同领域的学者参与讨论互动，使相关问题进一步往纵向与横向拓展的方式，因此各章的内容基本上都是由"论题"、"围绕论题的讨论"、"拓展"等几个部分构成，克服了传统的学术仅仅建立在学者个人单独论述、发言的独白性局限，体现了"公共哲学"所应有的"对话性探索"之互动＝公共的追求。其实，作为学术著作的这种体例与风格，与日本的公共哲学京都论坛的首倡者、组织者、构建者金泰昌教授对该问题的认识有关①，也与日本构筑公共哲学的代表性学者、东京大学的山胁直司教授的学术理想相吻合。② 金泰昌教授认为，"公共哲

---

① 金泰昌教授是活跃在日本的韩国籍学者，他对于东西方哲学、政治学、社会学等领域的学术问题都很熟悉，年轻的时候留学美国，后来又转到欧洲各国，至今已经走过世界的近 60 个国家，从事学术交流、讲学活动。为了构筑公共哲学，他从 20 世纪 90 年代开始就把学术活动据点设在日本，致力于日本、中国、韩国学术界进行广泛的学术交流，为各个领域的学者之间搭起了一座跨学科的学术对话平台，希望能为东亚的三个国家的学术对话有所贡献。

② 山胁直司教授并不是一开始就参与京都论坛所筹划的关于公共哲学的构筑运动。所以，在《公共哲学》丛书 10 卷中的第 1 卷、第 2 卷、第 7 卷、第 9 卷里并没有他的相关论说。然而，自从他开始参与"公共哲学共働研究所"所组织的研讨会之后，在至今为止八十多次的会议中，他是参加次数最多的学者之一。本文把他作为代表性学者来把握在日本兴起的这场学术运动，一方面是因为他在 1996年就已经在东京大学驹场校区的相关社会科学科学科的研究生院开设了"公共哲学"课程，与金泰昌所长在京都开始展开哲学构筑活动不谋而合。1998 年秋，由山胁教授编辑的《现代日本的公共哲学》一书出版了，金泰昌所长在京都的书店里看到了这本书之后马上托人与山胁教授取得联系，从此开始了他们之间关于构筑公共哲学问题的合作、交往与探讨至今。与金泰昌教授作为公共哲学运动的倡导者、

学"应该区别于由来已久的学者对学术的垄断,即由专家、学者单独发言,读者屈居于倾听地位的单向思想输出的学院派传统,让学问在一种互动关系中进行,达到一种动态的自足性完成。所以"公共哲学"中的"公共"应该是动词,不是名词或者形容词。公共哲学是一门"共媒—共働—共福"的学问。"共媒"就是相互媒介;"共働"的"働"字在日语中的意思是"作用",在这里就是相互作用;"共福",顾名思义就是共同幸福,公共哲学是为了探索一种让人们的共同幸福如何成为可能的学问。而山胁直司教授提倡并探索公共哲学的目标在于,如何打破 19 世纪中叶以来逐渐形成的学科分化、学者之间横向间隔的学术现状,让各个领域的学术跨学科横向对话,构筑新时代所需要的学术统合。那么,在这种思想和目标的基础上编辑而成的这套丛书,当然不可能采用传统的仅仅只是某个专家、学者单独著述的形式,而在书中展开跨领域、跨学科的学者之间的对话互动成为它的一大特色。

从上述的情况我们已经可以看出,关于"公共哲学"问题,无论作为一种学术概念,还是作为一门新兴的学科,都是一个产生的历史并不太长、尚未得以确立的学术领域。针对这种情况,我们认为有必要借这次出版该译丛的机会,通过国外关于公共哲学的理解,提出并尽可能澄清一些与此相关的最基本问题,为我国学术界今后的研究提供一些参考性思路。

5

组织者、推动者,致力于学术对话的社会实践活动的学术方式不同,山胁教授多年来致力于相关学术著作的著述,先后出版了介绍公共哲学的普及性著作《公共哲学是什么》(筑摩新书 2004 年版),面向专家、学者的学术专著《全球—区域公共哲学》(东京大学出版会 2008 年版),面向高中生的通俗读本《如何与社会相关——公共哲学的启发》(岩波书店 2008 年版)等,成为日本在公共哲学领域的代表性学者。

一、公共哲学究竟是怎样的学问

当我们谈到"公共哲学"的时候,首先面临的是"公共哲学是什么"问题。那是因为,近年来冠以"公共"之名的学术语言越来越多,而对于使用者来说其自身未必都是很清楚这个概念的真正内涵,更何况读者们对此更是模糊不清。所以,我们在此首先必须对相关思考进行一些相应的考察和梳理。

李普曼只是从西方自由民主制度下的自由公民的责任问题出发,提出了在现代民主社会中构建一种公共哲学的必要性。至于公共哲学是什么、是一种怎样的哲学的问题并没有给予明确的解答。之后,宗教社会学家贝拉等人为了统合各种专门的社会科学,再次提出构建公共哲学这个问题。他们以"作为公共哲学的社会科学"为理想,通过"公共哲学"的提倡来批判现存的分割性的学问体系。但是,对于公共哲学究竟是什么的问题,同样没有给出明确的定义。很显然,从"公共哲学"产生的背景与学问理念来看,在美国其中最根本的问题并没有得到解决。金泰昌教授甚至指出:李普曼著作中所谓的"公共哲学"之"公共"问题,与东方的"公"的意思基本相近,即其中包含了"国家"、"政府"等"被公认的存在"的意义。但是,对于我们东方人来说,"公"与"公共"的内涵是不同的。① 更进一步,我们不难注意到,李普曼的公共哲学的理念与西方古典的政治学、伦理学的问题难以区别,而贝拉等人所

---

① 汉字中"公"的意思,以及在中国传统文化思想中公和私的问题,沟口雄三教授在论文《中国思想史中的公与私》(参见《公共哲学》第 1 卷《公与私的思想史》)作了详细的介绍。还有请参见《中国的公与私》(沟口雄三等著,研文社 1995 年版)以及日本传统思想中"公"与"私"的问题(请参见《公共哲学》第 3 卷《日本的公与私》)。

提倡的统括性学问,与黑格尔哲学中以哲学统合诸学问的追求几乎同出一辙。

当然,日本的学者也同样面临着如何界定"公共哲学是什么"的问题。作为日本探索、公共哲学代表性学者的山胁教授,他在《公共哲学是什么》(筑摩书房2004年5月初版)一书中,同样也避开了直接对于这个问题的明确界定,只是强调指出"公共性"概念、问题的探索属于公共哲学的基本问题,他把汉娜·阿伦特在《人的条件》一书中对于"公共性"概念所作的定义,作为哲学对公共性的最初定义,以此展开了他对于公共哲学的学说史的整理和论述。从山胁教授为2002年出版的《21世纪公共哲学的展望》(本卷丛书的第10卷)中所写的"导言"——《全球—区域公共哲学的构想》一文看出他的关于公共哲学的立场。本"导言"在开头部分作了以下的表述:

> 公共哲学,似乎是由阿伦特和哈贝马斯的公共性理论以及李普曼、沙里文、贝拉、桑德尔、古定等人的提倡开始的在20世纪后半叶新出现的学问。其实,如果跨过他们的概念之界定,把公共哲学作为"哲学、政治、经济以及其他的社会现象从公共性的观点进行统合论述的学问"来把握的话,虽然这种把握只是暂定性的,但是即使没有使用这个名称,公共哲学在欧洲和日本都是一种拥有传统渊源的学问。

这种观点包含了以下两个方面的问题意识:一是公共哲学好像是崭新的学问,其实其拥有悠久的传统;二是公共哲学是一种从公共性的观点出发进行诸学问统合性论述的学问。

那么,为什么公共哲学好像是崭新的学问又不是崭新的学问呢?他认为,这种学问的兴起,是为了"打破19世纪中叶以来产生的学问的专门化与章鱼陶罐化后,使哲学与社会诸科学出现了分化的这种现状,从而进行统括性学问的传统复辟",以此作为这种学问追求的目标。当然,这里所说的统括性学问的"复辟"问题,与黑格尔的哲学追求有关。但是,他同时指出:公共哲学的立场不可能是黑格尔的欧洲中心主义的立场,而应该是追溯到康德的"世界市民"理念,只有这样的理念才是全球化时代相适应的统括性之崭新学问的目标。为此,他对公共哲学作出了如上所述那样暂定性的定义。很明显,山胁教授在承认公共哲学的崭新内容的同时又不把公共哲学作为崭新的学问的原因是,他不把这种学问作为与传统的学问不同的东西来理解与把握,而是通过对于"传统渊源"的学问再检讨,在克服费希特的"国民"和黑格尔的"欧洲中心主义"的同时,以斯多亚学派的"世界同胞"和康德的"世界市民"的理念为理想,重构黑格尔曾经追求过的统括性的学问,以此放在全球化时代的背景之下来构筑的哲学。这就是他所理解的公共哲学。在此,他创造了"全球—区域公共哲学"的问题概念,提出了在全球化时代构筑公共哲学的视野(全球性—地域性—现场性)和方法论(理想主义的现实主义与现实主义的理想主义)。

与山胁直司教授不同,在构筑现代公共哲学中起到中心作用的金泰昌教授的看法就不是那么婉转,他一贯认为公共哲学是一个崭新的学术领域、一门崭新的学问。并且,这种学问正是这个全球化时代中人们所体验的后现代意识形态才可能产生的学问,才可能开辟的崭新的知的地平线。金教授认为,西方的古典学问体系是以"普遍知"的追求为理想,寻求最为单纯的、单一的、具有广泛适用性和包容性的知识体系。但是,近代以后的学术界,意识到这种统括性的形而上学所潜在的危机,开始重视拥有多样性的"特殊知",诸学问根据学科开始了走细分化的道路,其结果出现了诸学问的学科之间的分割、断裂现象的问题。那么,公共哲学一方面要避免"普遍知"的统括性,另一方面也要克服学问的学科分化,实现学科之间的横向对话,构筑"共媒性"的学问。所以,与传统的"普遍知"和近代以来的"特殊知"不同,公共哲学是一种"共媒知"的探索。为此,2005 年 10 月 11 日他在清华大学所进行的一场"公共哲学是什么?"的对话与讲演中,针对学者们的提问,他提出了公共哲学的三个核心目标,那就是"公共的哲学"、"公共性的哲学"、"公共(作用)的哲学",并进一步指出三者之间相互联动的重要性。所谓公共的哲学,那就是从市民的立场思考、判断、行动、负责任的哲学;公共性的哲学,就是探索"公共性"是什么的问题之专家、学者所追求的哲学;公共(作用)的哲学,就是把"公共"作为动词把握,以"公"、"私"、"公共"之间的相克—相和—相生的三元相关思考为基轴,对自己—他者—世界进行相互联动把握的哲学,其目标是促进"活私开公—公私共创—幸福共创"的哲学。以此体现日本所进行的公共哲学研究与美国所提出的公共哲学的不同之处,强调日本的公共研究的独特性。①

　　上述山胁教授所提供的问题意识,对于我们进行公共哲学的研究,拥有许多启发性的要素,在一定的时期,将会为人们进行公共哲学的研究与探索,提供一种学术的方向性,这是其研究的重要意义所在。但是,他那暂定性的诸规定,并没有从正面回答"公共哲学是什么"的问题,只是在公共哲学的概念、问题还处于模糊的状态中,就进入了关于公共哲学的目标和学问视野的界定。其实,这种现象并不仅仅只是山胁教授一个人的问题,也是现在日本在

9

---

　　① 公共哲学共働研究所编:《公共良知人》,2005 年 1 月 1 号。

公共哲学的探索过程中所存在的共同问题。①

　　金泰昌教授的观点与山胁教授相比体现其为理念性的特征，其内容犹如一种公共哲学运动的宣言。这也充分体现了在日本构建公共哲学的过程中，他作为运动的组织者和领导者而存在的角色特征。确实，我们应该承认，金教授的见解简明易懂，可以接受的地方很多。特别是他提出的公共哲学所具有的三大特征性因素，对于打破 19 世纪中叶以来所形成的学问的闭塞现状，将会起到一种脚手架式的辅助作用。但是，问题是他的那种有关知的划分方式仍然只是停留在西方传统的学问分类之中，还没有超越西方人建立起来的学术框架。仅凭这些阐述，我们还无法理解他所说的"共媒知"与传统的"普遍知"有什么本质上的区别，而"共媒知"是否可以获得与"普遍知"对等的历史性意义的问题也根本不明确。当然，西方思想中所谓的"普遍知"是以绝对的符合逻辑理性并且是以可"形式化"（符合逻辑，通过文字形式的叙述）为基本前提的，而金教授所提倡的"共媒知"却没有规定其必须具有"普遍"适用的绝对合理性。与其如此，倒不如说，其作为"特殊知"之间的桥梁，多少带有追求东方式的"默契"的内涵，也就是"无须言说性"的认知。这种"默契知"的因素，从西方的理性主义来看属于"非理性"，但是，在东方世界中这种不求"形式知"，以"默契知"达到人与人之间、人与世界之间的沟通是得到人们承认的。

　　那么，很显然，无论在美国，还是在日本，所展开的至今为止的有关公共哲学的研究，明显地并没有对"公共哲学是什么"的问题给予明确的回答。根据至今为止的研究史来看，如果一定需要我

---

① 桂木隆夫著：《公共哲学究竟应该是什么——民主主义与市场的新视点》，东京：劲草书房 2005 年版。

们对公共哲学给予一个暂定性的定义的话，那么，只能模糊地说：公共哲学是一门探索公共性以及与此相关问题的学问。关于这个问题，我们觉得可能在相当长的一段历史中，仍然会不断被人们争论和探讨。

也许正是由于"公共哲学"的学术性概念的不明确，其研究对象、涵盖的范围也茫然不定，现在仍然被学院派的纯粹哲学研究者们所敬畏。在日本，东京大学的研究者们展开了积极而全方位的研究活动，而保持学院派传统的京都大学的学者们至今仍然保持静观的沉默态度。但是，我们与其不觉得一种学问的诞生，最初开始就应该都是在明确的概念的指引下进行的，倒不如说一般都是在其研究活动的展开过程中，其所探讨的问题意识、预期目标逐渐明确，方法论日益定型，通过研究成果的积累而达到对问题本质的把握。从泰勒士开始的古希腊学问的起源正是如此开始的。为了回答勒恩的提问，毕达哥拉斯也只能以"奥林匹亚祭典"的比喻来回答哲学家是怎样一种存在的问题。对哲学概念的定义，只是在后世的学者们整理学说史的过程中才慢慢得到比较明确把握的。

我们认为，对"公共哲学"的学术界定问题也会经过同样的过程。只有到了我们所有的人都能站在全球化的视阈和立场上思考、感受、共同体验一切现实生活的时候，所有的人理所当然地站在公共性存在的立场上享受人生、悲戚相关的时候，公共哲学在这种社会土壤中就会不明也自白的。对于"公共哲学是什么"的回答，应该属于这种社会在现实中得以实现的时候才可以充分给予的。这个回答其实与过去对于"哲学是什么"的回答一样，学者们在实践其原意为"爱智慧"的追求过程中，通过长期不懈的探索智慧的努力，才得以逐渐明确地把握的。当然，为了实现对于"公共哲学是什么"问题的本质把握，社会的意识改革与实际生活中的

11

坚持实践的探索追求是不可或缺的。要在全社会实现了上述的每一个社会构成员对于公共性问题的自我体验的目标，从现在开始循序渐进地努力是必不可少的。当思考公共性的问题成为人们自然而然地接受和体验的时候，"公共哲学"究竟应该是什么的答案将会自然地显现。从这个意义来说，现在日本所进行的公共哲学的探索，朝着自己所预设的暂定性的学术目标所作的研究和努力，也许可以说正是构筑一种崭新学问所能走的一条正道。

二、公共哲学是否属于一门崭新的学问

在这里，我们涉及一个重要的问题，在日本所展开的公共哲学研究，企图构筑一种崭新的学问。那么，我们必须进一步思考：日本的学术界所谓的公共哲学的崭新性是什么？究竟公共哲学是否属于一门崭新的学问？如果作为崭新的学问来看待的话，必须以哪些领域作为其研究对象？应该设定怎样的目标、采取怎样的方法进行探讨呢？

纵观日本的公共哲学研究，上述的金泰昌教授与山胁直司教授值得关注。笔者对金教授的学术理想虽然拥有共鸣，而从山胁教授的研究视野、所确定的研究领域和研究方法也能得到启发。但是，两者所表明的关于公共哲学的"崭新性"问题，笔者觉得其认识仍然比较暧昧，而有些方面，两者的观点也不尽相同。

如前所述，山胁教授的"公共哲学……似乎作为崭新的学问而出现"的发言，容易让人觉得他并不承认这种学问的"崭新性"。其实不然，他就是站在公共哲学是一门崭新的学问的前提下展开了相关的研究。他在《公共哲学》20 卷丛书出版结束时于 2006 年8 月发表的一篇短文中，明确地表明了公共哲学是一门崭新的学问的认识。他认为：公共哲学是一门发展中的学问，虽然学者之间

可能会有各种各样的见解，但是自己把其作为崭新学问的理由，除了认为它是一门"从公共性①的观点出发对于哲学、政治、经济以及其他的社会现象进行统合性论述的学问"之外，它的崭新性还可以从以下五个方面得以认识：（1）对于现存学问体系中存在的"社会现状的分析研究＝现实论"、"关于社会所企求的规范＝必然论"、"为了变革现状的政策＝可能论"之学科分割问题进行综合研究，特别是没有把其中的"必然论"与"现实论"和"可能论"分割开来进行研究是公共哲学的重要特征。（2）以提倡"公的存在"、"私的存在"、"公共的存在"进行相关把握的三元论，取代原来的"公的领域"与"私的领域"分开对待的"公私二元论"思考。（3）通过提倡"活泼每一个人使民众的公共得到开启，使政府之公得到尽可能的开放"之"活私开公"的社会根本理念，克服传统的"灭私奉公"或者"灭公奉私"的错误价值观。（4）把人们交流、交往活动中的性质进行抽象性把握，探索一种具有公开性、公正性、公平性、公益性之"公共性"理念，这也是公共哲学的实践性特征。（5）在公共哲学的构筑过程中，努力尝试着进行"公共关系"的社会思想史的重新再解释，这种研究也是这种学问的重要内容。②

　　与山胁教授不同，金教授邀请日本甚至世界各国著名学者会聚京都（或大阪），进行"公共哲学"对话式探讨的同时，积极到世界各国特别是韩国和中国行走，进行讲演和对话活动。到 2008 年

13

---

　　①　关于"公共性"、"公共圈"（öffentlichkeit，öffentlich，publicité，publicity）的问题，哈贝马斯在《公共性的结构转换》一书中，对于其历史形态的发展过程做了详细的梳理和研究。日本的"公共性"问题的探索，从哈贝马斯的研究中得到诸多的启示。
　　②　山胁直司著：《公共哲学的现状与将来——寄语〈公共哲学〉20 卷丛书的发行完成》（请参见 UNIVERSITY PRESS），东京大学出版会，2006 年第 8 期。

10 月为止,在中国就进行过十多次关于"公共哲学公共行动的旅行"。在这个过程中,每当人们问及公共哲学是否属于崭新的学问的时候,他都是明确地回答这是一门崭新的学问。但是,纵观其所表明的见解,其中所揭示的"崭新性"也都是停留在这种学问追求的"目标"和"方法"之上。他承认自己所说的这种学问的崭新性,并不是从根本的意义上来说的,而是"温故知新"的"新","是对学问的传统向适应于现在与将来的要求而进行的再解释、再构筑意义上"的崭新性问题。就这样,毫不犹豫地宣言公共哲学是一门崭新学问的金教授的见解,基本上与山胁教授的观点是一致的。只是他明确表示不赞同山胁教授的"统合知"的看法,公共哲学的目标应该是"共媒知"的追求。① 而针对山胁教授所提倡的"全球—地域(グローカル)"公共哲学的探索目标,他却提出了"全球—国家—地域(グローナカル)"公共哲学的学术视野。

上述的两位学者关于公共哲学"崭新性"的见解,基本体现了日本当代公共哲学研究的一种共有的特征。但是,我们面对这种观点,自然会产生下述极其朴素的疑问。

只要我们回顾一下人类思想史就不难发现,人类对于社会生活中的公共性问题的思考、探索的学问,古代社会就已经存在,并不是现在这个时代才产生的新问题。从古代希腊的城邦社会的城邦市民到希腊化时期的世界市民,从近代欧洲的市民国家到现代世界的国民国家,随着历史的发展,公共性的诸种问题在伦理学、政治学、经济学等领域中都被提起,并以某种形式被论述过。因此,并不一定要把公共哲学作为一种崭新的学问来理解,即使过去并没有使用过这个概念来论述,但是,其中所探讨的问题在本质上

----

① 公共哲学共働研究所编:《公共良知人》,2006 年 10 月 1 号。

是一致的。现在所谓的"公共哲学",只是从前的某个学问领域或者几个领域所被探讨的问题的重叠而已。如果这种理解可以说得通,那么现在所探索的"公共哲学"与过去的时代所被探讨过的有关"公共性问题的哲学",即使其所展开的和涵盖的范围不尽相同,其实那只是由于生存世界环境发生变化所带来的现象上的差异,从根本上来说,其问题的内核并没有多大的变化。那么,他们强调"公共哲学"属于一种崭新的学问领域的必要性和依据究竟何在呢?

更具体一点说,public 的概念中包含了"公共性"问题。这种情况下所谓的"公共性",就是相对于"个"(即"私")来说的"公"的意思。通常,从我们的常识来说,构成"个"之存在的要素是乡村、城市,进一步就是国家。把"个"之隐私的生活、行动、思想、性格、趣味等,敞开置放于谁都可以明白的"公"的场所的意思包含在 public 的语义之中。那么,public 本意就是以敞开之空间(场所)为前提的,即"öffentlich"的场所(行动、思想、文化的)。正因为如此,汉娜·阿伦特把"公共性"的概念,定义为"最大可能地向绝大多数人敞开"的世界。但是,个体的世界在敞开的程度上会由于时代的不同而存在着差异。随着时代的变迁,生活的世界也在逐渐地扩大。这种发展的过程到了现代社会,随着全球化的浪潮扩大成为世界性(或者地球)的规模出现在我们面前。因此,如果以个人(私)与社会(公)的对比来考虑这些问题的话,虽然其规模不同,但其根本点是一样的。所以,公共性问题自人类组成社会、共同体制度确立以来,从来就没有间断过、总是被思考和探讨的古典问题。对于个人(私)来说,公的规模从很小的村庄发展到小镇,从县、市发展到大都会,然后是国家,随着其规模扩大的历史进程,其构成员之每一个人之"个"的生存意识也要进行相应的变

15

革,这种一个又一个历史阶段的超越过程,就是人类历史的真实状况。因此,认为现代社会的公共性问题会在本质上出现或者说产生出崭新的内涵是值得怀疑的。

当然,金教授和山脇教授以及日本的公共哲学研究界,对于这种"私"与"公"的发展历史是明确的。正因为如此,金教授在谈到公共哲学之"崭新性"时,承认"如果采取严密的看法的话,这个世界上完全属于新的东西是没有的",强调对于这里所说的"崭新性",是一种"继往开来"意义上的认识。① 而山脇教授更是在梳理社会思想史中的古典公共哲学遗产的基础上展开了他的公共哲学的研究。然后,根据"全球—区域公共哲学"的理念,提出了构筑"应答性多层次的自己—他者—公共世界"的方法论,尝试着以此界定作为公共哲学的崭新内容。② 就这样,即使认识到提出公共哲学之"崭新性"就会遇到各种难以克服的问题,却还要强调并探索赋予公共哲学的崭新意义,日本的这种研究现象说明了什么呢?

如前所述,在人类历史的现实中,公与私的对比是随着规模的不断扩大而发生变化的。个人层次的自他的界限,是在向由个体所构成的社会的扩大过程中逐渐消除的。个体是置身于公的场合而获得生活的领域的。但是,这种情况下"个"性并没有消亡,而是成为新的"公"中所携带着的"个"的内核。也就是说,从对于"个"来说属于"公"的立场的"村",与其他"村"相比就会意识到自他的区别与对立,这时作为"公"之存在的"村"就转变为"私"

---

① 公共哲学共働研究所编:《公共良知人》,2006 年 10 月 1 号。

② 山脇直司著:《公共哲学是什么?》,东京:筑摩书房 2004 年版,第 207—226 页。

的立场。而"村"放在比村的规模更大的"公"（乡镇、县市、国家）的面前，其中的对立就自然消除。接着是乡镇、县市、国家也都是如此，最初作为个体的"个"性所面对的"公"，而这种"公"将被更大的"公"所包摄而产生公私立场的转换。这种链条型动态结构，与亚里士多德《形而上学》中的"实体论"的结构极为相似。这就是自古以来人类社会进化的过程，基本上来自于人类本性中所潜在的自我中心（或者利他性）倾向所致。这也就是普罗泰哥拉思想中产生"人的尺度说"的根本所在。从这种意义上来看，普罗泰哥拉的哲学已经存在着公共哲学的端倪，"尺度说"思想应该属于公共哲学的先驱。

人类在国家这种最大的"公"的场所中寻求"公"的立场经过了几千年，现在却直面全球化的浪潮，从而使原来处于"公"的立场之国家面临着"私"的转变。因此，可以说全球化的产生来源于原来的"公"的立场的国家之"个"性的增强所致。即由于国家之"个"性的增强，由此产生了侵略、榨取、掠夺、环境恶化等生存危机状况的意识在世界各国中日益提高，为此，全球化的问题从原来的历史潜在因素显现出历史的表面，让人们无法拒绝地面对。当然，这种意识根据各国的发展情况不同而强弱有别。那么，新时代的"公共性"问题，要想获得拥有"崭新意义"的概念内涵，就需要各国各自扬弃自身的"个"性，也就是说强烈地意识到个的立场的基础之"公"性，实现站在"公"的立场思考、行动的一场意识形态革命。人的意识变革，不能仅仅停留在立法、政策的层面纸上谈兵。如果不能做到地球上的每一个人真正回到思考作为人的本性、在现实生活中实现把他者当做另外的一个不同的自己之"公"的意识，一切立法和政策都将是空谈，最多也只是国家之间的一时性的政治妥协而已，没有实质性的现实意义。只有实现了这种意识形态的变革,所有的人类在生活中极其平常地接受新的生存意识,崭新的公共性才会成为现实中人们的行为规范。现在日本所进行的公共哲学的研究,有意识地将其作为崭新的学问领域进行探索,应该就是以上述思考为前提而致。金教授的"活私开公"的理念提出和"公—私—公共世界"之三元论的提倡,山胁教授"学问改革"的目标和"全球—区域公共哲学"的构筑等等,都应该属于以新时代意识革命为目标而构筑起来的面向将来的理想。

但是,现在日本的公共哲学研究中所提出的"公"与"私"的关系,并没有明显地把"公"作为"私"的发展来把握。他们过于强调"公"是"私"的对立存在,缺少关于包含着"私"之性质的"公"的认识。因此,在那里所论述的"私"只是始终保持自我同一性之狭义的"私",对于包含着自我异质性的、内在于他者之中的另一个自己,即广义的"私",属于向"公"的发展与转化的问题,还没有得到充分的认识。这种意识结构,明显地受到西方近代以来个人与国家、与社会对立关系的把握与定立方式的影响。那么,在这种思考方式下所展开的公共哲学的研究,其中对于"公共性"问题的领域的圈定、目标的设立、方法论的构筑等,当然无法脱离西方理性主义之知的探索方法的束缚,为此,在这里所揭示的这种学问的"崭新性",只是一种旧体新衣式的转变,根本无法从本质上产生真正"崭新"的内容。

三、作为崭新学问的公共哲学所必须探索的根本问题

那么,我们能否把公共哲学作为完全崭新的学问来构筑呢?能否通过"公共哲学"来探索一种与至今为止在西方理性主义和形而上学的基础上建立起来的学问体系不同的、崭新的思维结构、思考方式并以此来重新认识和把握我们所面临的生存世界呢?如

果设想这是可能的话，我们该以怎样的问题为探索对象？应该具备怎样的视阈和目标进行探索呢？对于我们现有的学问积累来说，要回答这些问题需要一种无畏的野心和面向无极之路的勇气。从我们自己现在的浅薄的学识出发，将会陷入一种已经精疲力尽却还要在茫茫大海中漂流的恐惧之中。一切的努力最终都会如海明威笔下的那位老人，拖回海滩的只是一架庞大的鱼骨。然而，我们明白，自己已经出海了。也就是说一旦把上述问题提出来了，就已经无法逃脱，就必须确立自己即使是不成熟也要确立的目标和展望。为此，我们想从以下三个方面，把握公共哲学作为崭新学问的可能性。

1. 首先必须明确公共哲学的构建问题已经在日本引起重视并开始展开全面探索的现实背景问题。一句话，这种学问的胎动与 20 世纪 80 年代前后伴随着信息技术的飞速发展、网络技术的出现与迅速普及、标志着全球化时代的全面到来的时代巨变有直接的关系。在全球化的大潮面前，至今为止处于被人们所依存的公的存在，几千年来，作为处于公的立场的国家，面对其他的国家时其内在的"个"性（私）逐渐增强，伴随着这种历史的进展而出现的弊端（侵略、榨取、战争、环境恶化等），特别是首先出现的经济全球联动、环境问题的跨国界波及等，让世界各国日益增强了现实的危机意识，无论个人还是国家，都面临着作为私的存在领域和公的存在领域该如何圈定的全新的挑战。那么，新时代出现的"公共性"问题，以区别于过去历史中的同类问题，凸显其迥然不同的内核，这些问题成了迫在眉睫的必须探讨的现实问题。人们希望从哲学的高度阐明这个新时代的"公共性"问题的内在性质和结构，为解决现实问题提供崭新的生存理念。

然而，从一般情况来看，现在学术界热切关注的全球化问题，主要集中在政治学、经济学、环境科学等社会科学和自然科学的领域，从文化人类学的角度进行思考的并不太多。特别是从哲学的理性高度出发把握人类生存基础所发生的根本性变化的研究几乎没有。学者们在这个时代所呈现的表面现象上各执一端、盲人摸象式的高谈阔论的研究却很多。这就是现在学术界的现状。而在全球化问题日益显著的 20 世纪 90 年代开始在日本出现的"公共哲学"的研究胎动，虽然所涉及的研究领域是全方位的，可是其探索的热点同样也只是集中在政治学、经济学、宗教学、环境科学等社会科学诸领域中凸显的个别问题的个案研究，从高度的哲学理性进行知的探索，对于现实现象进行生存理性的抽象和反思的研究还没有真正出现。从哲学的角度（或者高度）思考全球化时代出现的问题，就必须超越一般的社会科学和自然科学中所探讨的问题表象，通过洞察人类生存的根本基础在这种时代中究竟发生了怎样的变化，这些变化意味着什么，通过前瞻性地揭示人类生存的本质，为人类提供究竟该如何生存的行为理念。那是因为，只要是哲学就必定要探讨人类该如何生存的根本问题，哲学是一种探讨世界观、提供方法论的基础学问，公共哲学作为哲学，同样离不开这样的学术本质。

　　20 世纪的人类历史，科学技术的进步促成了至今为止几千年来所形成的人类生存的基础发生了根本性的改变，使人类面临着全新的生存背景。为此，必须从根本上重新思考人类自身的生存问题，探索出一种可以适合日益到来的未来生存之崭新的思考方式、认识体系。之所以这么说，那是因为 20 世纪的科技发展从根本上改变了迄今为止的人类生存际遇和意识形态基础。核武器的开发利用，使人类的破坏力达到了极限。宇宙开发所带来的航空技术的发展，登月的成功，使人类的目光从地球转向了宇宙太空，从而打开了把地球作为浮游在宇宙太空中的一个村庄来认识的历史之门。网络技术的发展、利用和普及,使国界线逐渐丧失现实的意义。特别是网络上的虚拟空间的诞生,使人类的现实生存发生了根本的改变,从此虚拟空间与现实空间开始争夺占领人类的生存世界。最后不可忽视的是克隆技术的出现、开发、研究、利用,摧毁了至今为止人类作为人类生存的最后堡垒。也就是说,克隆技术使动物的无性繁殖成为可能,从而使人类获得了本来属于神才能具备的创造力。这些巨大的科学进步,使人类生存的根本之生命的意识、意义必须重新面对和认识。至今为止的人类构成社会基础的婚姻、家庭、所有制、共同体、国家的起源与存续,都必须开始重新认识和界定。我们已经进入了这样的崭新历史阶段,20世纪发生的全球化现象,来自于上述人类生存基础的根本性改变,这是最为根源的时代基础。哲学是一种关于根源性问题的探索。公共哲学中所关注的以"公共性"为核心概念的诸问题,必须深入到这种时代的根源性认识,只有这样,才能获得作为新时代的崭新学问的基础。

2. 对于崭新时代的思考、认识与把握,当然是从反省已经过去了的时代的历史开始的。为此,我们要对从古希腊开始产生的西方理性主义和形而上学以及中国先秦出现诸子百家思想的历史背景进行一次彻底的再认识,由此出发探索适应于后现代的生存时代可能诞生的学问,并对此进行体系的构筑。

确实我们应该承认,从这套中译本中也可以看出,现在日本的公共哲学的研究,一边关注现实问题,一边整理学问的历史,正进行着适合于这个时代的学问的再认识和再构筑。他们对于公共哲学的构想与探索实践以及对于学问历史的整理和方法论的摸索,都是站在现实与历史的出发点上而展开的,特别是他们鲜明地提

21

出了对于东亚的思想传统的挖掘和再评价的探索目标,具有极其重要的历史与现实意义。但是,问题是他们的这种研究,尚未克服从西方人的思维方法、问题意识出发的局限,还没有获得具有东方人固有的、独特的把握世界方式的自觉运用。为此,在这里所构筑的"公共哲学",仅仅只是通过"公共哲学"这个崭新的概念对于传统的学问体系所作的重新整理而已。

从泰勒士开始的西方学问的传统,是把与人类现实生活不直接相关的对象即客观的自然中的"存在(最初称之为'本原')"作为探索的对象。之后,巴门尼德通过逻辑自洽性的批判性质疑,进一步把完全超越于人类生存现实的彼岸世界中、完全属于抽象的存在,作为哲学探索的终极目标在思维中置定。但是,由于从自然主义的绝对性出发,就无法承认人的现实生存的种种际遇的存在价值。对于这种自然主义的人文观,出现了强调人的现实生存的价值问题的反省,这就是智者学派的出现。他们为了把人类只朝向自然的目光在人类生存现实中唤醒,为了高扬人类生存的价值和意义,提出了人的"尺度说"思想。但是,如果要想给予人类存在一种客观的依据,人的"臆见"、主张与具有绝对的客观性之"知识"的冲突问题自然会产生。这种冲突以苏格拉底的"本质的追问"形式在学问探索的历史中出现,从而开始了关于如何给予人的思考方式、接受方式以客观的依据,使人的价值获得认识的哲学探索。继承苏格拉底思想的柏拉图哲学,把迄今为止的自然哲学家的探索进行了综合性的整理和把握,把自然的、客观的存在性与人文的、主观的存在性的探索进行思考和定位,构筑成"两种世界"的存在理论之基本学术框架,为之后的西方哲学史确立了基础概念和探索领域。最后,由亚里士多德把两种世界进行统一的把握,完成了西方学问的范畴定立,从此,建立起西方传统的理性主义和形而上学的一套完整的理论体系。虽然，亚里士多德对于柏拉图的超越性存在的定立持批判的态度，但是，在他的形而上学的"实体论"的体系构筑中，最终不得不追溯到"第一实体"的存在，只能回到柏拉图的超越性世界之中才能得以完成。从此，西方哲学的探索以形而上学作为最高的学问，存在论成为哲学的最基本领域。虽然到了黑格尔之后的西方近现代哲学出现了哲学终结论和形而上学的恐怖的呼声，但是，植根于欧洲传统思维基础上思考与反叛传统的西方近现代哲学思潮，仍然无法从根本上彻底动摇西方学问的思维基础和思考方法。

那么，究竟为什么西方人在哲学探索时必须把探索的对象悬置于与人类隔绝的彼岸世界之上呢？从简单的结论来说，那是因为，自古以来人类被自身之外的自然世界所君临，对于自然世界中未知的存在潜在着本能的恐怖，彼岸的存在来自于这种恐怖的本能而产生的假说。从而产生了把宇宙世界不可见的绝对者在宗教世界里被供奉为神，在哲学世界里被界定为根源性的存在的抽象认识。为了逃离这种绝对者的君临，从本能上获得自由的愿望成为哲学探索的原动力。但是，人类对于超越现实存在的彼岸世界究竟是否存在都无法确认，又将如何认识与把握这个世界呢？为此，几千年的努力没有结果之后，自然地会反省自身的最初假设，终于就在这种思考的土壤上产生了"终结论"和"恐怖论"，点燃了对于传统思考反叛的狼烟。但是，上面说过，20世纪的科技发展与进步，使人类的存在上升到神的高度。几千年来的人类恐怖从对于彼岸世界的恐怖转移到对于自己生活的此岸世界的恐怖。这时，对于人类的良知和理性的要求，完全超越了智者时代的层次，成为人类从恐怖中解放出来的根本所在。在此，西方理性主义所企图构筑的均质之多样性和谐的传统求知方式，已经成为人类认

23

识世界的过时方法,人类需要探索一种能够把握多元之异质性和谐的超理性主义的知识体系的构筑方法。如果将公共哲学作为崭新的学问体系来探索全球化时代的生存理念的话,那么,首先必须获得的就是这种此岸认识和超理性主义的思考方法,并以此为前提展开公共性、公共理性的思考和探索,构筑起自己—他者—公共世界的三元互动的体系。只有这样,才能够真正地开拓出一道崭新的知识地平线。

3. "此岸"认识与多元之异质性和谐的探索之超理性主义的知识体系,与其说是西方,倒不如说这是我们东方的思维方式。①但是,只要我们回顾一下至今为止的历史就不难发现,那是一种西方的思维方式向东方、向世界的单向输出的历史,东方的东西虽然有一部分进入西方,对于西方的思考却没有构成太大的影响。特别是近代西方通过工业革命之后,其文明得到极端的膨胀,使得东方文明转变为弱势文明。东方文明在西方强势文明面前为了自我保存,不得不采取通过接受西方的思维方式,整理和解释自己的思想遗产,以此获得文明延续的苦肉之策。现在我们所使用的学术话语基本上都是西方的舶来品,西方的思维方式几乎成了人类思考、认识世界的国际标准,我们无意识中都在使用着一个"殖民地大脑"思考现实的种种问题。在全球化日益进展的后现代社会中,这种倾向更为明显地凸显了出来。那么,在这全球化生存背景下构筑公共哲学的探索中,我们就必须有意识地改变西方文明单向输出的人类文明的交流与对话方式,提出一套平等的文明对话的理念。为了做到这一点,公共哲学的目标就不应该单纯地只是

---

① 这里所说的"东方",只是特指"以儒家文明为基础的东亚世界",不包括印度和阿拉伯地区。

追求打破19世纪以来形成的学问体系，而必须更进一步，做到对于西方的学问体系、求知方式进行彻底的反思，充分认识与挖掘东方思维方式的固有特征和内在结构，以此补充、完善西方思维方式的缺陷，探索并构筑起与全球化时代的人类全新生存相适应的认识体系。

确实，现在日本的公共哲学研究，已经开始对于东方的知识体系开始整理，相关的研究已经纳入探索的视野。在古典公共哲学遗产的整理过程中，对于中国、日本甚至印度、伊斯兰世界的思想文化遗产也都有所探讨。在金教授的一系列的讲演和论文与山脇教授的著作中都提供了这种思考信息。还有，源了圆教授（关于日本）、黑住真教授（关于亚洲各国主要是日本和中国）、沟口雄三教授（关于中国）、奈良毅教授（关于印度）、阪垣雄三教授（关于伊斯兰各国）等，许多学者也都发表了重要的论述或者论著。而《东亚文明中公共知的创造》①和《公共哲学的古典与将来》②两本著作的出版，集中体现了这种视野的目标和追求。但是，也许是一种无意识的结果，学者们的视点基本上还是存在着从西方的学问标准出发，挖掘和梳理东方传统思想中知的遗产的思考倾向。也就是说，那是因为西方古典思想中拥有与公共问题相关的哲学探索，其实我们东方也应该有这样的知的探索存在的思考。对于究竟东方为什么拥有这种探索、这种探索所揭示的东方的固有性和认知结构如何等问题，都还没有得到进一步的挖掘和呈现。

21世纪的世界，正是要求我们对于近代以来在接受西方的思

———

① 佐佐木毅、山脇直司、村田雄二郎编:《东亚文明中公共知的创造》，东京大学出版会2003年版。

② 宫本久雄、山脇直司编:《公共哲学的古典与将来》，东京大学出版会2005年版。

25

维方式、学问体系的过程中,形成了东方式的西方思考和学问体系进行反思,从而对于东方的文明遗产中的固有价值再认识和揭示的时代。[①] 在这个基础上构筑新的学问体系,探索新的思维方式应该成为公共哲学的目标和理想。也就是说,以全球化时代为背景而产生的公共哲学问题,在其学问体系的构筑过程中,其最初和终极目标都应该是:打破东西方文明的优劣意识,改变君临在他文明之上的欧洲中心主义所拥有的思维方式以及由此形成的学问体系的求知传统,为未来的人类提供一幅既面对"此岸"生存又可获得"自由"的思维体系的蓝图。

以上三点,只是作为我们的问题和思考基础提出来的,当然要达到这个目标还需要漫长的探索过程。为了实现这些学术目标,西方哲学的研究者和东方哲学的研究者的对话、参与、探索不可或缺。特别是现在从事西方哲学的研究者们,利用自己的学术基础和发挥自己形而上的思维习惯,有意识地接触、思考、探讨东方哲学思维方式,改变已经形成的思维定式和思维结构更是当务之急。也只有这些人的参与,才有可能出现令人欣喜的巨大成果。

四、在我国译介这套丛书的意义

我国长期以来存在着一种潜意识里的接受机制,一提到国外的著述就会产生"高级感"。确实,在学术上国外的几个发达国家在许多方面领先于我们,需要向人家学习的地方还很多。但是,学

---

① 笔者强调"东方",没有"东方中心主义"的追求,无论"西方中心主义"还是"东方中心主义"都是狭隘的"地域主义",都是应该予以批判的。我们强调"东方",是由于几百年来"东方"文明被忽视之后出现了地球文明的畸形发展,要纠正这种不平衡,就必须提醒"东方"缺失的危险性,克服我们无意识中存在的"殖民地大脑"思维局限,明确地而有意识地揭示我们"东方"的文明价值。

术虽然存在着质量的高低、方法论的新旧，但是更为根本的应该是要把握观点上存在的不同之别。我们认为，现在应该是有意识地克服我们学术自卑感的时代了。所以，我们在学术引进时，虚心肯定与冷静批判的眼光都不可或缺。因为肯定所以接受，而批判则不能只是简单的隔靴搔痒、肤浅的意识形态对立，而是在明白对方在说什么的基础上有的放矢。所以，在我们揭示翻译这套丛书的意义之前，需要上述的接受眼光以及相关问题的基本认识。

那么，从我国近年的学术界情况来看，公共哲学的研究也已经展开，即使没有使用"公共哲学"这个学术概念，而与公共哲学的研究领域和探索对象相关的论文和著述陆续出现、逐年增加。比如说，从1995年开始，由王焱主编的以书代刊的杂志《公共论丛》，在这个论丛中主要有《市场社会公共秩序》、《经济民主与经济自由》、《直接民主与间接民主》、《自由与社群》、《宪政民主与现代国家》等。而从1998年前后开始，在《江海学刊》等杂志上陆续出现了一些关于公共哲学的研究性或者介绍性论文。此外，还有华东师范大学现代思想文化所编辑出版的"知识分子论丛"、清华大学编辑出版的《新哲学》等。特别需要一提的是，中共中央党校出版社编辑出版"新兴哲学丛书"，其中在2003年出版了一部直接名为《公共哲学》（江涛著）的论著，书中的参考文献中介绍了大量的有关公共问题研究的相关论文。到了2008年年初，吉林出版集团也开始出版由应奇、刘训练主编的"公共哲学与政治思想"系列丛书，其中包括《宪政人物》、《正义与公民》、《自由主义与多元文化论》、《代表理论与代议民主》、《厚薄之间的政治概念》等。除此之外，还有一些杂志也登载一些相关问题的文章。从这些丛书的书名中不难看出，在中国，关于"公共哲学"的概念与学术领域的理解是多元的、多维的，其中比较突出的特点是学术视野集中在对于西方学术思想中政治学、伦理学、社会学等介绍和评述上，他们有的循着哈贝马斯的社会批判论，有的倾向于罗尔斯的政治哲学等，所以，在公共哲学的研究中存在着把其理解为管理哲学的倾向，甚至被作为行政学问题进行阐述。因此，这些研究与现在日本的公共哲学研究相比，在学术视野、问题的设定以及参与研究的学者阵容上都相差甚远，基本上缺少一种在现代化和全球化的浪潮逐步深入和拓展的时代背景下，面对日益出现的伦理失范、道德缺席、环境危机、政治困境、经济失衡等一系列与公共性理念相关问题的关联性探讨，更没有把公共哲学作为一种崭新的学问体系来构筑和探索的宏大视野。由于存在着对所研究问题的意识不明确，学术方向和目标定位过于混乱，甚至不排斥一些属于功利的猎奇需要，所以，作为一种学问的公共哲学的研究，至今为止还谈不上有什么引人注目的成果出现。

从这套译丛中我们不难看出，日本的公共哲学研究是建立在各个领域一流学者的参与互动的基础上，寻求构建适应于这个全球化时代的学问体系。他们的那些有关公共性问题的历史与现实的梳理、研究、探索，拥有政治、经济、文化、法律、宗教、环境、科技、福祉、各种社会性组织的作用等全方位的视觉，是一场全面而深入的跨学科的学术对话。因此，在日本学术界掀起的这场关于公共哲学问题的探索与建构，呈现着立足本土、走向世界的一种学术行动的意义。这套10卷《公共哲学》译丛，从其所涉及内容的广度和深度而言，所探讨及试图解决的问题已经不只是局限于日本国内而是世界性的问题，其目标是探讨在新时代生存中与每一个人息息相关的生存理念的确立问题。为此，我们认为，通过这套来自于日本的关于公共哲学研究成果的译介，必定对我国今后关于同类问题的研究有所启发并有所裨益。其意义至少体现在以下三个方面：

第一，借鉴性。日本的公共哲学在建构伊始，首先遇到的是如何把握公与私的内涵、理解公与私的关系问题。因为在不同的文化语境或不同的历史时代，公与私的含义是不尽相同的。从思想史上看，迄今的公私观大体有一元论与二元论之两大类别。灭私奉公（公一元论）和灭公奉私（私一元论）是公私一元论的两种极端形态，尽管二者强调的重点不同，但在个人尊严丧失或者他者意识薄弱的公共性意识欠缺的问题上却是相通的。而公私二元论基本上反映的是现代自由主义思想，它通过在公共领域追求自由主义而避免了公一元论的专制主义；但由于它更多的是在私的领域里讨论经济、宗教、家庭生活等而往往会忽视其公共性问题，从而容易导致单方面追求个人主义的弊端。所以，日本的公共哲学努力寻求在批判公私一元论、克服公私二元论存在着弊端的基础上，提倡相关性的公、私、公共的"三元论"价值观，即在"制度世界"里把握"政府的公—民的公共—私人领域"三个层面的存在与关系，倡导全面贯彻"活私开公"的制度理念，①而在"生活世界"中提倡树立"自己—他者—公共世界"的生存理念，以此促进"公私共媒"

---

① "活私开公"是金泰昌教授提出的公共哲学的探索理念。根据他的解释："私"是自我的表征，是具有实在的身体、人格的，是人的个体的存在。因此，对作为自我的、个体存在的"私"的尊重和理解，对"私"所具有的生命力的保存与提高，就是构成生命的延续性的"活"的理念。这种个体的生命活动，称之为"活私"。复数的"活私"运动，就是自我与他我之相生相克、相辅相成的运动。而把处于作为国家的"公"或代表个人利益的"私"当中有关善、福祉、幸福的理念，从极端的、封闭的制度世界里解放出来，使之根植于生活世界，进而扩大到全球与人类的范围，使之能够为更多的人所共有，在开放的公共的世界里得到发展与实践（超越个人狭隘的对私事的关心），这就是"开公"。简单说来，就是把我放在与他者的关系中使个人焕发生机，同时打开民的公共性。只有活化"私"（重视并且打开"私"、"个人"），才能打开"公"（关心公共性的东西）。

社会的形成。

　　上述日本学术界的有关公共哲学探索中所提出的问题，应该是当今世界上卷入全球化时代的无论哪个国家和个人都存在的并且必须面对的问题。特别是几千年来习惯了在巨大的公权力统治下生存与发展的中国社会，"私"与"公"基本上不具备对等的立场和地位，"公一元论"的问题是值得我们反思的问题。相反，随着市场经济的接受、实行、发展，原来的"公一元论"正逐渐被"私一元论"所取代，公私关系的价值观里的另一种极端在当今社会的各个领域已经开始出现。在这原有的公权力作用极其巨大的作用尚未退场的社会里，随之而来的是对于"公"的挑战的"私一元论"的价值观正在蔓延，那么，在巨大的公权力作用下的中国市场经济社会里，对于"他者"如何赋予其"他者性"，应该是我们迫切需要探索的紧要问题。因此，在我国研究、探索公共哲学，就应该把日本的这种对于传统公私关系的反思纳入自己的视野，只有在这种学术视野下的研究，才会出现属于"公共哲学"意义上的成果。如果我们只是把"公共哲学"当做"管理哲学"或者作为"行政学"来理解，至多作为"政治哲学"的一种领域来研究，那么，这种视野里的"公共哲学"，其实在本质上还是"公的哲学"范畴，这里所理解的"公共"，只是长期以来人们习惯了的把"公"等同于"公共"的历史产物。所以，我们相信这套译丛对于我国公共哲学的研究具有重要的借鉴意义。除此之外，采用跨学科的学者之间的对话互动的探索方式，也是值得我们参考和借鉴的。

　　第二，推动性。对于"公共哲学"这个学术领域的研究，无论在国外还是国内都只是刚刚开始，基本学术方向和学术领域的设定还处于探索阶段，将来会发展成一门怎样的学问体系，现在还不明确。对于这种新兴的学术动向，通过我们及时掌握国外的相关研究信息,促进我国的学术进步,为我国在 21 世纪真正达到与世界学术接轨,实现与世界同步互动,其意义不言而喻。我们的学术研究无论在方法上还是视野上仍然比国外落后,对于这个问题,从事学术研究的每一个学者都应该是心知肚明的。那么,在这思想解放、国门全面敞开、提倡接轨世界的当代学术界,对于国外最新的学术动态的把握、参与,必将有助于推动我国新时代学术视野的世界性拓展,在未来的历史中不再落后于别人,甚至可能让中华的学术再铸辉煌。

从这套译丛中我们可以了解到,日本学术界所探讨的公共哲学,体现着一个基本理念,那就是如何有意识地让公共哲学从传统意义的哲学中凸显出来,他们所追求的公共哲学的学术特色、构筑理念是:其一,其他哲学如西方哲学、佛教哲学等都是在观察(见、视、观)后进行思考或者在阅读后进行论说。与之不同,公共哲学是在听(闻、听)后进行互相讨论。公共哲学的探索不在于追求最高真实的真理的观想,而是以世间日常的真实的实理之讲学为主要任务。所谓讲学,不是文献至上主义,而是参加者进行互动的讨论、议论和论辩。其二,其他哲学几乎都倾力于认识、思考内在的自我,而公共哲学则以自他"间"的发言与应答关系为基轴,把阐明自他相关关系置于重点。其三,公共哲学与隐藏于其他哲学中的权威主义保持一定的距离。权威主义既是对专家、文献权威的一种自卑或盲从的心理倾向,同时也是指借他物的权威压迫他者的态度和行动。但是,人是以对话的形式而存在的,为了实现复数的立场、意见、愿望之不同的人们达到真正的平等、和解、共福,建立对话性的相互关系是必要条件。后现代的世界不再是冀望于神意或良心的权威,而是冀望于对话的效能,这才是后自由、民主主义时代的社会中作为哲学这门学问应有的状态。

日本的这种学术目标和姿态,可以推动我国学术界对于近代以来单方面地引进、移植西方学术话语与思想的接受心态进行一次当下的反思,促进我国在新的时代自身学术自信的建立,并为一些名家和硕学走下学术圣坛、接受新的学术倾向的挑战提供一种心理基础。从日本的公共哲学探索的参与者来看,许多领域的代表性学者基本都在讨论的现场出现,而在我国出现的公共哲学的研究,还只是一些学界的新人亮相。那么,通过这套丛书的译介,我们期待着能够推动我国各个领域的代表性学者也能积极参与这种前沿学术的探索,并且,目前的公共哲学研究还处在探索阶段,对于究竟何谓公共哲学,公共哲学的理论框架以及公共哲学的最终目标是什么等,都还没有一致的意见。这种具备极大挑战性和将来性的学术探索,对于我国的新时代学术研究的推动作用是值得期待的。

第三,资料性。这套丛书的另一个突出特点是问题的覆盖面广,作为了解国外的前沿学术动态,具有极高的资料性价值。这里所讲的资料价值包含以下几个方面的内容:其一,通过这套译丛,有助于我们了解在日本学术界,哪些问题是人们关注的前沿问题,而这些问题的探讨达到怎样的学术高度。特别是日本的学术界基本与欧美的学术界是同步的,通过日本学术界的研究成果,同样可以让我们了解到欧美学术界的最新学术动态、相关问题的代表性学术观点。其二,通过这套译丛提出以及被探讨的问题,可以让我们了解到在当前的日本社会中,存在着怎样的亟待解决的问题。为什么会存在这些问题,问题的起因、症候、状况是什么,这些问题会不会成为正在发展中的我国市场经济社会必将遇到的问题等等,这些都会成为我们的学术前沿把握中不可多得的信息、资料。其三,至今为止,我们翻译外国文献,即使是一套丛书,也只能集中在某个领域、某些时期、某种学科。可是,这套丛书的内容,其中涉及的学术领域可以说是全方位的,而被探讨的问题的时期既有古代的、近代的,也有现代的,成为他们探索对象的国家有欧洲的、美洲的、亚洲的最主要国家,这为我们拓展学术视野、在有限的书籍中掌握到尽可能多的研究对象的资料等,都具有向导性的意义。

一般情况下,资料给予人的印象都是一些被完成了的、静态的文献,可是这套译丛所提供的资料却是一种未完成的、处于动态观点的对话中被提示的内容。这种资料已经超越了资料的意义,往往会成为激发每一个读者参与探索其中某个问题的冲动契机。

正是我们认识到这套丛书至少拥有上述三个方面的意义,我们才会付出许许多多的不眠之夜,才能做到尽可能抑制自己的休闲渴望,尽量准确地把这套前沿性学术成果翻译、介绍给国内学术界,丛书的学术价值就是我们劳动的根本动力之所在。当然,如果仅仅只有我们的愿望,没有得到具有高远的学术眼光和令人敬佩的学术勇气的人民出版社的大力支持,我们的愿望也只能永远停留在愿望之中。在此,让我们代表全体译者,谨向人民出版社的张小平副总编、陈亚明总编助理以及哲学编辑室方国根主任、夏青副编审、田园编辑、李之美编辑、洪琼编辑、钟金玲编辑,对于你们的支持和所付出的劳动,致以由衷的敬意。同时,在这套译丛付梓之际,也要向参与本丛书翻译的每一位译者表示我们深深的谢意。当然,我们也要感谢日本的京都论坛——公共哲学共働研究所金泰昌所长、矢崎胜彦理事长以及东京大学出版会的竹中英俊理事,是他们全力支持我们翻译出版这套由他们编辑、出版的学术成果。

对于刚刚过去的 20 世纪末所发生的事情,相信我们一定还记忆犹新。世界性的 IT 产业从 80 年代兴起到 90 年代陆续上市,世界上几大发达资本主义国家的股市,很快走向来自新兴产业带来

33

的崭新繁荣。网络时代的到来把当时的世界卷入一场新时代到来的欣喜之中。可是随着跨入新世纪钟声的敲响,发生在发达国家的一场IT泡沫的破灭体验,让人们在尚未从欣喜中回过神来之时就陷入梦境幻灭的深渊。然而,IT技术正如人们的预感,由其所带来的世界性信息、产业、资本、流通的全球化格局的形成,正以超越人的意志的速度向全世界波及。改革开放后的中国经过90年代的提速,紧紧抓住了这个历史性发展的机遇,逐渐奠定了自己在世纪之交的这一历史时期里名副其实的"世界工厂"的地位,并逐渐从生产者的境遇过渡到作为消费者出现在"世界市场"的前沿,历史让中国成了全球化时代形成过程中世界经济的安定与繁荣举足轻重的存在。可是,正当中华民族切身体验着稳定发展的速度,享受着新中国成立以来未曾有过的经济繁荣的时候,源于美国华尔街并正在席卷全球的"金融海啸",强烈地冲击着尚处于形成过程中的世界性经济格局。那么,当这场海啸过后,在我们的面前会留下一些什么?幸免者会是怎样的国家?幸免者得以幸免的理由何在?为什么这种全球性的金融风暴会发生?为了避免类似的事件在将来重演需要确立怎样的生存理念?这些问题都将是此劫过后我们必然要面对的问题。

进入21世纪,前后不到10年,世界就在短短的时期内频繁地经历着彼伏此起的全球性经济繁荣与萧条,无论是所谓发达的资本主义国家,还是新兴的发展中国家,都要为某个国家、某个地区的经济失控付出来自连带性关系的代价。很明显,历史上通过战争转化国内矛盾的暴力方法,已经被经济全球性的互动格局所取代。这种只有通过相互之间的磋商、协助、合作才能实现利益双赢的21世纪世界,我们当然应该承认其标志着人类历史的巨大进步。然而,这种现象的出现,让生活在这个时代的每一个人不得不接受一种生存现实的提醒,那就是"全球化时代"的真正到来。
"全球化时代"的到来首先在经济上得到了确认,与此相关的是,
在国际政治上不同国家之间的对话方式开始发生变化,而如何做
到自身文化传统的独立性保持、宗教信仰的相互尊重等问题也日
益凸显。那么,一种崭新的生存理念的产生,正在呼唤着适应这种
理念发展、确立所需要的人类睿智的探索、挖掘和构筑。那么,
"公共哲学"的探索,是否就是这种呼唤的产物呢? 当然现在为之
下这样的定论还为时过早。然而,在新时代人类生存理念构筑过
程中,我们相信"公共哲学"的探索将成为一种不可替代的学术
方向。

那么,这套译丛如果能够为这种时代提供一种参考性思路,促
进新世纪的中国在学术振兴与繁荣上有所裨益,我们所付出的一
切劳动,它在未来的历史中一定会向我们投来深情的回眸。我们
期待着,所以我们可以继续伏案,坚守一方生命境界里昭示良知的
净土。

2008 年平安夜　于北京

35

凡　例

1. 本书由"将来世代国际财团·将来世代综合研究所"共同主办的第 27 次公共哲学研讨会关于"环境问题和公共性"(2000 年 11 月 3 日—5 日,丽嘉皇家大饭店·京都)的讨论稿整理完成。

2. 第 27 次公共哲学共同研究会的参会人员请参阅卷末。

3. 论题及讨论内容已由参会人员审阅。在不影响主题内容的前提下,对论题作了一些修改,并对讨论内容有所删减。

4. 官方机构名称的采用原则上遵照会议期间的标准。

1

目　录

1

3

5

前　言

宇井纯

　　环境问题，对于考察日本的"公"、"公共"和"私"之间的相互关系非常恰当，还为考察当代人与未来后代之间的关系提供了各种可能性。这次公共哲学共同研讨会不仅为我们提供了一个与一线研究人员推心置腹的交流机会，而且也使我们在"地球环境和公共性"这一议题中获益匪浅。这种体验于我真的是时隔久远。

　　在岛国日本，大家都信奉一点，认为公害已经结束，今后所要面对的只是全球环境问题。对此，日本学者当中，包括频繁出入现场一线的石弘之、东京都立大学的饭岛伸子以及我都认为，公害问题仍在不断发生并呈现出进一步扩展的势头，乃至于影响到全球范围，最终形成全球环境问题。公害中出现的加害者与被害者的关系，在南北问题以及代际责任问题上也依然存在。如果避开这一点，一味强调谁都既是加害者又是被害者，从而要求人们改变观念，这显然是一种错误的认识。特别是有些人不顾事实，只满足于行政上一些空洞的发言，这些已超出我们今天讨论的范围，暂且搁置一边。公害问题的基本特征在国土辽阔的欧美地区显而易见；而日本是岛国，这就决定了公害问题在日本的隐蔽性，其特征也不容易表现出来。即便如此，废弃物处理过程中出现的争端以及东京地区的杉并病①等现象与公害原论中提及的公害现象同出一辙，至今仍在不断发生。

　　把全球环境问题看成是一种国际问题，交给各主权国家解决，这就不可避免地会出现与签署抑制全球变暖的《京都议定书》时相同的结果，大国的利己主义使问题的实质被抽空，使各国间的交涉最终无果而终。即使是发达国家，出于对本国人民利益的考虑，各主权国采取实际行动的并不多。另外，频繁发生的恐怖事件也让我们认清了美国霸权主义的真实面目，日本在外交上却紧随其后。通过这些不难看出，单靠各主权国家的参与，依靠联合国解决问题将很难使事态得到根本性转变。我们不妨将这些问题进一步延伸到公害问题上，由于非政府组织（NGO）和非营利组织（NPO）在这方面有着丰富的斗争经验，应该让他们充分发挥自身的优势。这一做法看起来像是绕了些弯路，其实这里面包含着极大的可能性。

　　我们可以看到，西方价值观在今天已经行不通了。正因为如此，东方的许多思想观念才被拿出来做对比。本次研讨会就把朱子学当做研究对象，对其进行了深入广泛地探讨，这是一个全新的视角。除此之外，本次讨论还提出了共和概念等等。另外，针对目前存在的问题，各科研领域的研究成果也让我感到无比欣慰。同时也庆幸自己没有把这些年来的研究拿出来发表，因为我并没有足够的自信。

　　我们还必须把国家代表的权力机构借助公共名义推行的一套东西与老百姓心目中的公共性区别开来。本次讨论会对此一再重

① 1996年，居住在东京都杉并区不可燃垃圾中转站周边的居民，随着设施的建成及投入运转，相继出现了一些类似化学过敏症状的病症。而一旦搬离此地，其中一些人就会不治自愈。尽管杉并病被怀疑与垃圾处理问题有直接关系，但在医学上至今未能得出一个明确的结论来。——译者注

申,并进一步明确了其内容,这无疑是三天讨论中的又一个极大收获。正如金泰昌先生指出的那样,日本经过战后的民主化进程,本应具备各种知性的资源,却没有把它们发扬光大,甚至在某些方面反而落后于韩国和中国台湾地区,这难道不是因为我们这一辈人的怠慢?最典型的莫过于处于摇摆于两个极端且表现得极为浅薄的日本政治现状了,继几位总理的权限被架空之后,又出现了接受神教统治的国家首相,以及今天所谓的小泉旋风。我对韩国和中国台湾地区的了解有限,这样指责虽不够中听,却道出了一个不争的事实。

本次研究会涉及了普遍性原理和一元主义中存在的界限问题,如果只把日本作为研究对象,会显得过于单薄,有些问题很难触及。因此能有像金昌泰先生这样的来自不同国家的学者参与,就显得极为重要了。其实在亚洲这样一个多元化的国际社会里,那些素来被看做周边末路的地区,说不定恰恰是真正的王道乐土呢!

我们可以认为,未来社会里的危机恰恰隐藏在日本模式当中,尽管日本素来被外界称做最早在亚洲地区取得近代工业化成功的模式。在新兴工业化经济体(NIES)、东南亚国家联盟(ASEAN)以及计划经济圈中,虽然各国在认识程度上略有差别,却存在着与日本相一致的认识。只要首先发展经济,积累了社会财富,即便对环境造成一定程度的污染,但最终一定可以得到治理。其实我们所经历的环境灾难,并非像我们所看到的那样,似乎只要用一些简简单单的办法就能够解决好的。这是一个事实,但却总不能被准确地传达出去,因此才会产生今天这样一种错误认识,即只要通过一些简单的操作就可以达到治理环境的目的。从目前的状况来看,当务之急仍然是要把日本所发生的一切准确地传递出去。

3

　　1976 年,在德里召开的一次学术会议上,我和同来参加会议的菲律宾历史学家康斯坦丁诺(Constantino)就知识分子对亚洲的贡献问题做过探讨。当时没能得到一个明确的答案,之后我一直在思索,最近似乎终于找到了答案。知识分子不正像有着丰富行商经验的商人和能够准确地把一些信息传递给对方的巡回演员吗? 正确地把握得来的经验,再把它们准确地传达出去,这绝不是一份简单容易的工作,须是一个艰辛的学习过程。只要体会到这一点,就不难发现,其实我们还有很多工作要做,比如说这三天来的讨论内容就应该让亚洲各国共享。

　　近些年里在亚洲地区,特别是在大都市里出现的近代化、工业化过程与以往并没有大的区别。对此不作任何反省而只是一味地去接受,最终只能走向毁灭。由于社会不同各自承担的责任不同,对于如何避免最终走向毁灭答案并不是唯一的。相反,通过多种方式找到出路的可能性更大。

　　本书的讨论使我们认识到,站在不同立场并以多个角度来看待当今世界存在的全球环境问题以及公害问题有着非常重要的意义。在多数情况下,从空间内的某一点出发也许并不能找到一个最合适的答案。答案往往存在于一些边际模糊的立体空间中。来自于不同研究领域的一线学者们今天齐聚这里,对公共性问题进行研讨,其研究成果既不属于某一个国家,也不是官僚性的。我们生活中的自然或环境概念,也可以被认为在形式上具备了这种公共性。在此基础之上,本研究会还就公和私、国家、共同体和人类、现在世代和将来世代以及科学技术和社会问题等做了进一步探讨,提出了更多更全面的观点,并在整个讨论过程中达成共识,建立起了一个作为知性共同体的公共性概念,并尝试着用这个概念来解决堆积如山的现代问题,以迎接 21 世纪的到来。

论 题 一

共有地和地球环境

石 弘 之

一、"环境"观念的历史性变迁

谈到"公共性和环境",我们首先会想到"共有地"。按照顺序,我先从今天的主题"环境"这个词谈起。给"环境"下一个定义是一件非常困难的事情。有关"环境"概念的描述千姿百态,基本上都不具备实质性内容。"环境"一词在多数情况下是对某一种状况进行说明,这样就很难为它下一个确切的定义。

如果一定要给"环境"下一个定义的话,人们常常会引用欧洲联盟(EU)的《统一环境法》。这是一部很出色的法律,该法律对"环境"的定义做了如下规定。环境是指"决定生物以及外部社会状况、社会条件之间复杂的相互关联的要素总体"。简单地说,环境"涵盖了个人、社会、生物的全部要素"。但这个解释显得过于宽泛,把它作为"定义"并无实际意义。

在追溯"环境"观的历史变迁时,我们可以看到伴随时代的变迁,"环境"观念也在发生变化,并且人们的行动方式随着环境的变化而变化。在这样一个复杂的体系内难以给环境下一个确切的定义。

1

迄今为止,按照多种方式对"环境问题"做过分类。年轻的环境运动史学家约翰·麦克考米克(John McCormick)做过如下分类:

第一个时期是指1950年前的"自然"(nature)时代。"共有"是有关这个时期地域环境问题的核心概念。第二个时期是指20世纪60年代初期到80年代中期的"环境"(environment)时代。这一时期的环境问题上升到国家规模,"公共性"概念的使用似乎也是从这个时期开始的。第三个时期是指"生态"(ecology)时代。始于20世纪80年代中期,被称为"地球环境"时代。环境问题全球化,就我个人的感觉来说,"共存"应该是这一时期的关键词。

在日本也曾做过简单的分类。大致划分为"战前(第二次世界大战)"和"战后"两大块。战后又以1962年出版的《寂静的春天》一书为标志,以在斯德哥尔摩召开的联合国人类环境会议(1972年)为契机,以地球峰会(1992年联合国环境和发展大会)为分水岭做了进一步划分。这种按照年代划分的方法最容易得到理解。

我们这里使用的"环境"概念等同于欧美长期以来一直使用的"自然"一词。"环境"概念从"自然"概念中分离出来是20世纪60年代以后的事情。日本过去用山川草木、天地森林万象,或者是造型、万有等词来表现"自然",这些词汇同样表达了我们今天所说的"环境"。60年代以后出现了"公害"一词,而"环境"这一用语被固定下来大概是在1972年召开的联合国人类环境会议以后。

"环境"概念从20世纪80年代中期开始又被"生态"一词所取代。日本感受到这一变化则是在斯德哥尔摩会议以后。今天,在日常生活中又出现了诸如生态汽车、生态建筑之类,"生态"一词已呈流行趋势。

二、自然保护时代

我想从"自然保护时代"这一话题说起。自然保护运动、环境保护运动发端于19世纪的英国。产业革命使自然蒙受巨大破坏，伴随着城市化的迅速发展，回归自然的运动悄然兴起。同时期的浪漫主义也在文学和艺术方面呈现出蓬勃之势。此后不久，美国开始步入疯狂的开拓时期，原生状态下的自然迅速消失。人们要求对待自然应以慈悲为怀，在当时引发了一场颇具伤感的环境保护运动。这场运动很快波及英国的殖民地，甚至在澳大利亚和南非也爆发了新型环境保护运动。整场运动以英国为中心，其宗旨在于保护美丽的田园和自然景观，并认识到自然是共有财产。

我们来看一下自然保护团体在初期的一些举措。1888年英国设立了最初的自然保护区。爆发于1893年的国家自然和历史文化遗产保护运动把一度被看做私有财产的自然文化作为一种公共遗产保护起来。美国稍晚一些，大约从19世纪末到20世纪初由作家、画家和科学家发起并组织了各式各样的自然保护运动，诞生了塞拉俱乐部等多个环保组织。

顺便提一下，由于日本并没有完全把"自然"和"人类"两者对立起来，所以几乎看不到这类大张旗鼓的自然保护运动。江户时代中期以后，针对矿业带来的污染，各地虽然爆发了大规模的抗议运动，但很少有典型的自然保护运动。1872年日本发明了村田枪，把陷阱设套的狩猎方式改为使用枪炮，由此开始了一场全国范围内的鸟兽大屠杀。这在一些地区引起了抗议。比如在19世纪末期熊本县八代地区就曾爆发过一场反对射杀仙鹤的运动，但这

3

些运动往往是零星的。

三、环境时代

"环境时代"基本上始于第二次世界大战。这场战争同时也是一场前所未有的以"大量生产"为特征的物质战争。战后，为了维持战争中已然被扩大了的军事生产能力，在战胜国美国和苏联之间拉开了一场模拟战争——冷战。美苏两国在这场冷战中营造出虚拟的恐怖气氛，以维持军备生产的需求。实际上战争已不会爆发，制造出来的武器根本派不上用场。这才开始把生产转向了民需。

然而这种建立在大量生产方式下的生产体系，仅靠过去的市场规模已无法维持其正常运转。于是，政府开始诱导消费者大量消费，战争期间发明的一系列宣传技术在战后的市场开拓上都被派上了用场，刺激消费者的购买欲望，确立起一个大量消费型的社会结构。生产出来的产品由于不能做到全部消费，于是又有了大量废弃，这就为今天的大量生产、大量流通、大量消费、大量废弃型社会的形成奠定了初步规模，导致环境问题在今天仍在进一步恶化。

环境恶化从 20 世纪 50 年代后期开始日益明显，终于引燃了环境保护运动之火。蕾切尔·卡逊《寂静的春天》(1962 年)一书的出版成了这场运动的导火索。最近有关环境史的论述当中，把这一年看成是"环境时代"的元年。该书在当时产生了巨大的冲击力。

第二次世界大战前发明的 DDT，在当时被看成是一种超凡的农药，其对病虫害的杀伤力使得这项发明险些被评上了诺贝尔奖。

然而这种农药却带来了大面积的污染。雷切尔·卡逊在《寂静的春天》中描述了由于人类散播的 DDT 在进入湖水之后,经过一系列的食物链传播最终又回到人类身上的过程。我们第一次被告知,包括河里的水、细菌、鱼、鸟,还有人类;同样都是自然界的一员。这一点在今天恐怕连小学生都知道,已成为理所当然的事情,可是在当时却产生了巨大的震撼力。"环境和人类的一体性"这一新概念的提出也正是始于这个时期。

日本从 20 世纪 60 年代起顺利进入战后复兴时期,伴随着经济的迅速发展,产业公害和都市公害问题日益严重。六七十年代全国范围内爆发了大量的市民反对公害运动,环境问题进而转化为重要的政治问题。同时期,其他发达国家中的环境问题也引起了人们的广泛关注。这可以从各国政府都在急于完善环境法,强化环境行政制度这一点上就看得很清楚。

相反,发展中国家第二次世界大战以后人口激增。增加的人口给自然生态系带来巨大的压力。按世界耕地面积来推算,20 世纪六七十年代发展中国家已很难再找出适于耕种的优良土地了。人们开始把目标转向未经开垦的生态系非常脆弱的半干旱、高地和热带雨林地区。自然由此遭受到严重破坏。比如在非洲的半干旱地区,急剧增大的人口压力带来了过度的耕作和采伐,沙漠化问题进一步加重。东南亚、中南美、西非的热带雨林也同样遭到了破坏,喜马拉雅、安第斯、东非的高地都出现了严重的水土流失现象。

5

四、生 态 时 代

进入到第三个时代"生态时代"之后,"地球环境"这一概念开始出现。臭氧层遭到破坏成为这一时代的标志。氟利昂的大量排放导致臭氧层破坏的可能性在 1974 年第一次被提了出来。1982 年以来,在南极上空实地观察到了臭氧层空洞。并且这个空洞逐年扩大,"观察史上最大"这一纪录也年年被刷新。

随后,二氧化碳的大量排放又带来了全球温室效应问题。这个问题在一百年前就有人预测过。1958 年在夏威夷建立了第一个 24 小时连续观测站,此后大约又过了 10 年,在 1970 年前后开始利用数据对地球二氧化碳浓度的增长进行报道。但是,当时也只有一小部分科学家和环境保护人士关心这个问题。1988 年爆发了一场全球范围的持续高温天气。特别在美国,死于这场高温天气的人数竟达 2.5 万人之多。农业减产 25%,蒙受了巨大损失。"温室效应模式"让包括美国在内的许多国家都感到了一种从未有过的恐惧。

与此同时,化学物质造成的污染从喜马拉雅山顶直至海底,甚至包括南北两极,范围之广波及全球。另外动植物的灭绝也在加剧。全球范围内环境问题的恶化愈演愈烈,人们对环境问题的认识也在不断加深。

"生态时代"一个显著的特征就在于,与从前相比在环境问题认识方面有了一个很大的提高。人们逐渐对人类与地球的关系、文明的存在方式以及每一个人的"生活方式"等产生怀疑。"环境"不再指单纯的物理、化学、生物上的环境,同时也与价值观、经济体系、政治体制这些概念联系了起来。

在"自然保护"时代强调的是"共有"理论。以科学家和自然保护团体为核心,开展了一场以水、森林、景观、野生生物共有化为目的的运动。这个时代同时还从制度上确认了国立公园和动物保护。进入环境时代(1960—1970 年间)以后,环境具有了公共性。

经历了一番讨论之后,20 世纪 60 年代诞生了"环境主义"。

这个"环境主义"是与"产业主义"相对而言的。这里所谓的"产业主义",不是以圣西门等人为代表的古典主义,而是克拉克·克尔等人所说的近代意义上的产业主义。"环境主义"与"产业主义"的不同之处在于,"产业主义"是把扩大生产规模,实现生活富裕作为社会福利,而"环境主义"则是把谋求生活的舒适快乐与安全看做最大的公众利益,并显示出其强大的力量。而且,"环境主义"比以往的自然保护运动更具有政治色彩。利用政治力量达到改善环境的目的,环境运动被政治化了。

"环境主义"最具有代表性的政治运动要数欧洲的"绿党"。在 2000 年的美国总统大选中,拉尔夫·纳德第一次以"绿党"的名义成为美国总统候选人。日本也曾有过,却都像泡沫一样消失了。不过在欧美,"绿党"至今仍拥有很强大的势力。德国联合执政党中的"绿党"势力就很强,甚至可以左右核能等政策。

五、环境和公共性

环境主义的根本理念在于"公共性"。哈贝马斯在 1962 年出版了《公共领域的结构转型》一书。该书与蕾切尔·卡逊的《寂静的春天》在同一年出版,产生了巨大的影响。

发达国家从 1970 年以后开始对改善环境加强了行政力度。随着环保运动的进一步高涨,环境政党相继登台亮相,环境问题逐渐演变成了一个重要的政治问题。各国都设立了环境部,日本也在 1971 年成立了环境厅。对于无主(无所有者)或是无管理状态下的大气、水、土壤、海洋、气候和海洋生物资源,从"公共性"的角度出发,按照国家以及国际惯例的标准强化了对其的管理。迄今为止有关公害的规制,大都是为了避免周边环境遭受污染,对造成污染源的一些工厂、矿山的产业设备进行管理,并且把补偿作为主要目的。但是,实现环境的行政管理以后,环境治理上升到国家规模。最终还要发展成国际性的环境管理,其目的性非常明确,即维持"环境的公共性"管理。"环境的公共性"正是建立在"国家的公共性"和"市民的公共性"这一基础之上的。

不管怎么说,20世纪六七十年代产生于科学家、行政官员以及部分相关团体之间的对于环境恶化所造成的担心,在"市民的公共性"这一点上得到了高度体现。开始于60年代末期的环境保护意识也在全世界范围内迅速蔓延开来。接下来又进入到我们刚才提到的"环境革命时代",产生这一时代的契机又是什么? 在整理它的背景过程中可以发现一些征兆。

六、环境革命的背景

首先我们来看一下反对核试验的运动。美国在第二次世界大战期间发明了原子弹,紧接着苏联在1949年、英国在1952年、法国在1960年分别取得了核试验成功,整个国际社会进入到了核军扩的时代。这些核试验造成了各种各样的危害。由于英国最早在澳大利亚海岸附近的废船上进行核试验,各地区从雾和冰雹里检测出大量的核辐射,引起了极大的骚乱。1953年4月美国在内华达州进行核试验,核辐射一直扩散到纽约,下了一场核辐射雨。1954年3月美国在比基尼环礁进行的氢弹试验引发了大范围的核污染,马绍尔群岛5000名岛民遭受了核能辐射。放射线造成在附近海域打鱼的日本鲔鱼渔船第五福龙丸号上的一名船员死亡,引发了巨大的国际争端。反对核试验的运动在全世界范围内广泛地被开展起来。

当时美国对此项运动并没有表现出太多的关心。日本、澳大利亚、南太平洋诸岛，就连在冷战中核武器配备日趋完善的欧洲也爆发了猛烈的反核运动。罗马法王、施韦兹、爱因斯坦等和平爱好者和科学家纷纷站出来反对核试验。这里备受瞩目的是英国国际环境开发研究所的创始人芭芭拉·沃德（Barbara Ward）、出生在法国的美国生态学家杜博斯、莱纳·朱列斯、还有康芒纳等所有活跃在20世纪60年代以后的环境运动的领军人物，他们在当时都成了核试验反对运动的中心人物。

核试验反对运动初见成效。美苏英三国在1958年签订了暂时冻结部分核试验的条约，至少在大气圈内的核试验被禁止了。但是，条约刚刚签订不久，就爆发了越南战争。美国在1962年参战，1964年发生了臭名昭著的北部湾事件。

美国从20世纪60年代中期开始加强了对越南的派兵。随着美国士兵伤亡人数的增加，学生也被作为征兵对象，于是在学生中间爆发了一场轰轰烈烈的拒绝征兵入伍和反战运动。这场运动又对发生在普通市民中间的反核和反战运动起到了推波助澜的作用。同一时期，法国、联邦德国、西班牙、日本等国都爆发了学生举行的反体制运动。嬉皮士运动也以一种消极的方式参与了进来。

对环境保护运动产生了最为深刻的影响的要算是公民权运动了。1955年爆发于亚拉巴马州的黑人歧视反对运动成为公民权运动的导火索。以马丁·路德·金为首，在美国南部展开了针对歧视黑人的各种各样的抗议活动，北部的白人学生也大举南下以示声威。美国电影《密西西比在燃烧》对白人学生参加反对种族歧视的运动作了大量的描述。这些年轻人此后成了环境保护运动、女权运动、人权运动、消费者运动的中坚力量。拉尔夫·纳德尔（Ralph Nader）就是其中一员。

9

我认为公民权运动从三个方面给了环境问题以很大的影响。第一点是地域社会中的政治组织化问题。在此之前，环境保护运动始终都在回避政治问题。第二点是采取非暴力的运动方式。甘地所倡导的非暴力运动方式已成为今天开展各种市民运动的主要战术。第三点是运动主体超出政党派别，最终与政治相区别，归结到"环境"这一点上来。环境保护运动具备了这三种性格之后，就从公民权运动中分离了出来。

这种非暴力的斗争方式，或者说避开了政治意识形态的性格，使它产生了巨大的影响力。核能污染、越南战争的绵长纠葛以及征兵带来的巨大恐惧，还有横行在大学、政府内多年不变的权力主义以及由此滋生出的腐败行为，国际上不断拉大的南北差距，多国籍企业的独断专行，在这些大的背景下，"环境主义"作为一种新的价值取向登上了历史舞台，各种势力汇集在一起，生态运动最终发展成了一股不可阻挡的社会洪流。

20世纪六七十年代之后，环境污染和环境破坏问题在全世界范围内不断深化。发生在身边的一系列环境灾难就像一根即将被点燃的导火索，人们对日益恶化的环境抱有越来越强烈的危机意识。例如，1952年发生在伦敦的光化学烟雾事件导致4000人死亡。1967年在英法海峡，当时最大吨位的5万吨级油轮托雷·坎尼荣号触礁。尽管和当今世界最大的70万吨级的油轮相比，这艘油轮顶多只能被看做是一个玩具，可是在当时却成为英国海岸最大的原油泄漏事件。1969年在加利福尼亚州的圣芭芭拉海面上发生了油田井喷事故，造成了大面积的海水污染。在美国，这一事件诱发了环境保护运动。从总体来看，环境问题日益严重，所带来的恐怖和不安的情绪日益高涨，而环境灾难的频频发生又成为一个个直接的导火线，最终造成了环境问题的全面爆发。

七、环境保护的理论模式

在环境保护运动理论的指导下,形成了若干个环境保护的理论模式。其中,引起最大共鸣的是来自于前美国驻联合国大使阿德莱·史蒂文森的一个形象比喻——"宇宙飞船地球号"。他在1965年7月日内瓦召开的联合国经济社会理事会上做过一番著名讲演。"我们所有的人都是乘坐在狭小的宇宙飞船上的旅客,凭靠稀少的空气和土壤存活。我们的安全均维系在这艘宇宙飞船的安全与和平之上。"

调查之后才了解到,这一说法并非史蒂文森所创,而应归功于背后的执笔者芭芭拉·沃德。演讲之后的第5天,史蒂文森大使突然死亡,而这份演说稿却被流传了下来,后来在许多场合被频繁引用。演说发表之后的第二年(1966年),人造卫星上天,给绿色的地球拍了全身照并送回地球。这张照片使人们重新体味了这个比喻所蕴藏的深刻含义。

以芭芭拉·沃德为代表,还有鲍尔丁(Kenneth Boulding)、波拉德(William Pollard)、巴克明斯特·弗勒(Richard Buckminster Fuller)等人以及继他们之后的一些天才学者和研究人员,全都是"宇宙飞船理论"的追随者。这一理论模式很快就在经济学、社会学和政治学界广泛流传开来。"宇宙飞船理论模式"的新颖之处在于,它揭示了地球与宇宙飞船同样是一个封闭式的生命维持系统。这在理论上是一个大的突破。我认为20世纪80年代后期出现的"共存理论",正是从"宇宙飞船理论"这个强大母体中孕育而出的。

在著名的《成长的极限》一书中,"宇宙飞船理论"作为一个概

11

念在 1970 年被罗马俱乐部提了出来,并把未来描绘得非常黑暗。这在当时影响巨大。书中对未来所作的一些预测,在 2000 年的今天几乎都没有被证明。即便如此,利用系统分析对未来进行预测这一手法体现出的巨大意义至今仍保有强大的生命力。当时的人们对未来普遍抱有一种极为悲观的态度,包括像巴里·康芒纳、保罗·埃里克(Paul. R. Ehrlic)等人对"生态灾难"都作出过警告。

那个时代里具有象征意义的事件是停止制造超音速喷气式客机。当时的反科学主义、反企业主义和反国家主义三股势力汇成一股强大的力量,再加上关注臭氧层问题的环境主义人士,掀起了一场反对生产的运动,美国极力打造的超音速喷气式客机生产计划因此被迫中止。英国、法国大力推广"协和"客机的生产,俄罗斯偷取了"协和"机的设计图,模仿制造了所谓的 TU—144。TU—144 因为惨遭坠机的厄运,生产计划被迫中止。"协和"机由于今年(2000 年)的事故面临被迫中止的命运。

八、有关共有地

环境主义的能量来源之一是对未来的悲观预测。通过环境破坏、人口爆炸、资源枯竭等一系列问题,环境主义给人类勾勒出一幅黑暗的未来前景,阴影笼罩了整个 20 世纪 70 年代。的确,70 年代以后世界人口每年以 2% 的速度递增,35 年间人口数量翻了一番,这在人类发展史上是前所未有的。在这样一种背景下,破灭论应运而生,并拥有了一大批支持者。

民众运动的爆发一般都离不开那些被认为具有指挥才能的人。其中具有代表性的包括被誉为"生态学之父"的尤金奥登和加利福尼亚大学的生物学家哈丁等这样一些有识之士。宇井纯也是 20 世纪六七十年代日本环境运动的领军人物。

哈丁的论文《共有地的悲剧》（1968 年）发表在《科学》杂志上。文章虽只有六页，却被广泛地应用到今天有关环境问题的国际学术研究领域。最近，在美国的《环境》（1998 年 12 月号）杂志上又登文就如何引用哈丁论文进行了阐述。哈丁的论文距今已有三十多年，至今仍被广为传诵。

《共有地的悲剧》在理论上并没有什么突破。19 世纪 30 年代的乔西亚·路易斯和 20 世纪 50 年代的大卫·戈登等社会学者在当时就已经为"共有地"提供了理论根据，并对其内部结构进行了大量深入的分析。哈丁最大的功绩就在于他不仅提出了一个崭新的比喻，而且在很长一段日子里始终成为争论的焦点。在那个著名的牧场例子当中，哈丁指出每一个放牧人如果增加一头牛，尽管他本人能够受益，但是周围人的利益却会受到损害。并且他还对污染的悲剧性结果也作出过说明。污染并不是对共有地的一种索取，而是在向大气等共有地排放有害废弃物。哈丁认为，对共有地的掠夺正是建立在节约成本这一动机之上的。

他给出的结论是"在信奉共有地自由的社会里，人们为了追求最大利润，结果只能使自己走向毁灭"。他反复强调"并没有什么科学的解决办法能够回避悲剧的发生"。当时冷战恰好进行得最为激烈，他援引核军扩作为例子，认为在核扩散问题上无论使用什么"科学的办法对于问题的解决"都无济于事。这一点引起了当时反科学思潮人士的强烈共鸣。

另外，他在《共有地的悲剧》一文中还主张，在抑制人口增长过程中除了限制出生之外别无他法。针对年人口增加率超过 2% 的现状，哈丁提出了限制生育自由的主张，与世界人权宣言提倡的维护人的生育权唱反调。他得出的最终结论是强制性控制人口论。

理所当然,哈丁的理论遭到了强烈的抨击,甚至被认为是一种变相的法西斯主义。然而,事实上印度和中国的现状恰恰印证了哈丁的说法。印度在 1972 年由英迪拉·甘地政府出台了妊娠流产方面的相关法律,主张强制性实施流产手术。但是这一做法遭到了强烈反对,并诱发了执政 77 年的甘地政权倒台。再来看中国。中国的一对夫妇只能生育两个孩子的政策开始于 1973 年,1979 年又强化为只能生育一个孩子。这引发了一系列错综复杂的问题,但至少占世界人口比例 1/5 的中国,出生率从 37‰下降到了 16‰,减少了一半以上。这是一个非常巨大的变化。

如果简单地概括一下"共有地"的内部构造,可以认为"共有地难以做到互相排斥,却可以在共同利用中保持一定的排他性"。也就是说"共有地"这种资源尽管在利用上很难做到控制,但在此基础之上却具备了一定的互相竞争能力,是一种"零和游戏"(zero sum game),即一个人获利而周围人受损。该资源具有两面性。"共有地"分为地域性共有地和开放式共有地两种。第三种共有地是指全球化共有地,有关这一点至今仍有许多争论。

我们来看一下,继哈丁论文发表之后又经历了 30 年,今天的世界人口比当时增加了 1.7 倍。这一增长已超出了哈丁当时的预想。世界的生产总值增加了 2.7 倍。他所设想的"共有地",现在已不单单局限在小型地域里,而是朝着全球化方向发展。这就为全球化"共有地"构筑了一个全新的理论背景。

九、面向以人类为主体的共存性

最后再讲一点我个人的经历。作为联合国的一名工作人员,我曾接手过一个如何预防非洲沙漠化的项目。沙漠化具有两面性，既是一种自然现象，又有人为因素在里边。世界上沙漠化问题最为严重的国家是位于非洲撒哈拉地区的苏丹。我对苏丹北部的达尔富尔州进行了调查。这里过去 30 年间人口翻了 2 倍，牛的数量也相应地增加了 2.2 倍，山羊数增加了 3.4 倍，绵羊数增加了 3 倍。增加一个人就要相应增加 4—5 头牲畜，每年还要多烧掉 1 吨的木材。人口爆炸，再加上苏丹的气候原本就很干燥，天然资源极其脆弱。悲剧每天都在发生。

我滞留的亚马逊地区的伊利诺州，1960 年时热带雨林的覆盖面积还在 98% 以上，现在已减少到 78%。30 年里相当于一个九州大小的热带雨林区从这里消失了。世界各地的热带雨林地区都在发生变化。世界上，森林面积减少幅度最快的国家是泰国。1945 年的调查证实，泰国的森林面积占整个国土面积的 63%，而在 1993 年只剩下 21% 了。现在已减少到只有 17% 到 18% 的样子。在这些森林迅速消失的地区，并没有建立起森林的所有制机制。森林归国家所有，是一种典型的共有地方式。

另外一种典型的可利用开放式的共有地是指水产资源。这里想举一个极有意思的例子。各个国家都把本国的领海范围设定在 200 海里以内，这样，在白令海峡的中央部就出现了一片美苏两国都够不到的公海海域。这里也是北大西洋鱼产类最为丰富的水域。因为可以自由捕捞，日本、中国、韩国、波兰的船队纷至沓来。这片海域的捕获量一度曾达到 140 万吨，只用了短短 3 年的时间就将这里的鱼类资源捕捞殆尽。

通过这个例子可以看出，公海的开放式利用何等之危险。先下手为强，快者得胜。渔民们常说，1 万日元的钞票就在眼前漂着呢，自己不拿就会被别人拿去。这一短视的思维方式使渔业遭受了致命打击,全世界范围的渔业开始走下坡路。第二次世界大战后始终保持丰厚产量的水产业,其捕获量已远远超出了鱼类的再生能力,事实上已到了一种极限状态。被限制在 7 千万吨的海域里,其捕获量却往往达到 9 千万吨以上。渔业已面临世界范围内的全线崩溃。

这样看来,只靠一国去管理或是保护是非常困难的。海洋这类完全可以作为全世界共有地的资源必须要受到国际社会的保护。我认为进入 20 世纪 90 年代以后,应该完成"以国家为主体的公共性"向"以人类为主体的公共性"这一价值观上的大转变。

当今,整个世界都在热衷于签订有关环境保护的国际性条约。已签订的条约达至 173 项之多。其中的 2/3 都是在过去 20 年里签订的。从现状来看,针对一系列具体策略,全世界的共有地只能靠国际公约来保护。正如宇泽弘文先生所提到的那样,国际上普遍关注的问题要数全球温室效应问题了。二氧化碳并非有毒气体,甚至在体现生命的本质——循环过程中成为必不可少的要素。即便如此,也要通过一定的国际公约来控制它。冷静地想一想,再没有比这类条约更让人觉得不可思议了。人类竟至于走到了今天这一步。每每看到这些条约,我就不由得心生感慨。

围绕论题一的讨论

宇泽弘文:哈丁所说的"共有地"与普通意义上的"共有地"在本质上是完全不同的。我想先就此说明一下。

"共有地"对一个村落来说,是极为重要的自然环境和自然资源,最具代表意义的是森林的入会制度。村落对森林进行共同管理,尽可能地做到公平利用。大家都把可持续利用作为最重要的奋斗目标,对破坏规则的人施以重罚。特别是对于外来人员有着非常严格的界定。

而哈丁所说的"共有地"首先是指谁都可以自由出入的那一种,在管理及其他方面都享有充分的自由。这与我们一般理解上的共有地多少有些区别。关于哈丁所说的"共有地",我所知道的例子有瑞典的森林管理。在那里可以自由出入,并可以做到自由利用。

受哈丁理论的启发,一些经济学者运用保守的货币至上理论提出私有化的主张,他们认为"所有权不明确会导致问题发生。分离所有权并使其明确化,问题就可以迎刃而解"。即使在日本,公害问题发生以后,中曾根首相等人也曾认为分离河流的管理权,并重新对其进行分配,问题就可以得到解决。这种私有化的观点具有一定的代表性。

另外还有一种潮流。受"共有地的悲剧"理论的影响,为了评价"共有地"对历史及现代社会的意义,5 年前召开了一次大型的国际学术会议。会长马格瑞特·麦肯(Margaret McKeen)过去曾在东京大学的社会科学研究所从事过科研工作。她在石田雄门下完成的论文正是关于东北地区的森林入会制度。研究显示共有地在过去对农业、渔业或林业方面都起到了非常重要的作用,论文对近代化过程中共有地的消失做了深刻反省。这不正好为今天在思考环境问题时提供了一条主要的思路吗?

17

石弘之:哈丁所说的"共有地"只是一个局部问题。所有制可以分为"私有"、"公有"、"共同体所有"和"开放式共有地"四种形态。"开放式共有地"可以看做是共有制解体的一种结果吧。也就是说,对于部落共有或村落共有的地域性共同资源,在受到各种条件制约的同时,做到了可持续的开发利用。这一利用方式迫于一些理由被迫变得开放,悲剧便由此产生。因此有一种很具有代表性的观点认为,哈丁所说的"开放式共有地"并不具有普遍性。

只是"共有地"这一概念自身有着魔法一样的魅力,各派学者都对其情有独钟,从而使其产生了如此巨大的影响力。结果,正如宇泽先生刚才所言,70 年代在讨论"公有化"和"私有化"问题时有着一种极其不好的倾向,对此经济学界已作出了深刻反省。

在日本令人感到不可思议的是,水产资源至今仍属于无主之物。这在世界上也是罕见的。在英国,鱼是女王的所有物,而在美国,则属于老百姓。因此,钓一条鱼也要支付相应的费用。发达国家当中,可以自由垂钓的也只有日本了。而且还生出了一个不知能否算做入会权的不知所以然的"渔业权"。从这一点可以看出,日本的共有地存在许多问题。甚至可以认为与哈丁所说的"共有地"有着极为相近的地方。

宇泽弘文:在有关共有地的学术会议上,关于日本的议论总会提到渔业合作组的话题。明治三十年出台的渔业法使传统的入会制度以法定的形式得以保护下来。但是在第二次世界大战后经济高度增长期,海岸变成了坚固的水泥堤坝,海水遭受污染,沿岸一带的捕捞业变得困难重重。加之农林部对渔业合作组施行官僚统制,最终落得与农协相同的结果。因此我认为,日本共有地问题的根源并不在于"共有地"的基本性格,而是由官僚的肆意管理所致。

"共有地"中有一个国际上非常有名的例子,这就是满浓池。满浓池是在公元 7 世纪修建于四国丸龟的一个跨度为 15 公里的巨型蓄水池。水池建成之后立刻就坍塌了。一百多年之后,空海受命出任总督对其进行大规模的修复。为什么会选择空海呢?因为此前空海作为遣唐使到过长安。中国有一个叫法显的和尚,早在大约一百年前就曾到斯里兰卡学习了蓄水池的灌溉技术,并将该技术以及一整套对共有地的管理方式带回了中国。空海借鉴上述技术和管理方式修复了满浓池。日本的土木学会在最近出版的《百年的历史》一书中对满浓池这一土木工程做了详尽的记载并给予了高度的评价。

日本古代的灌溉用蓄水池工程,西日本以空海(平安时代)为代表,东日本以行基(奈良时代)为代表。江户时代末期在日本已有了许多蓄水池。这些蓄水池提高了日本的农业生产力。但是到了明治政府时期,却被下令拆掉,在大河上修建了水库,引用水库里的水进行灌溉。这样做是因为蓄水池灌溉会形成各村落的独立分权机制,不利于中央政府的集权统治。

斯里兰卡的蓄水池其结果与四国的满浓池极为相似。英国把斯里兰卡作为自己的殖民地后,派军队全部拆毁了当地的蓄水池,统一修建了水库,从而建立了中央集权制的经济体制。基于这一点认识,"共有地被看做是村落和自治体独立门户的重要契机",这种观点成了最近共有地学术会议上的一种主流观点。

金泰昌:通过今天对石弘之先生论题的讨论,我对问题有了更加明确的认识。把传统意义上的"公"、"私"问题,以及处在另一层面上的"公共性"问题放在"环境问题"里来考虑是再合适不过的了。

过去我们都认为,"公"等同于国家,它凌驾于个人之上(多指政府机构或公司等)。如果从"公"的角度去看待环境问题,只能局限于国家(以及政府部门和企业)的管理范围这一层面上。而只按照"公"的方式环境问题已不能得到有效解决,并且还呈现出一种恶性循环的趋势。于是与"公"相区别的"公共性"的观点就越来越受到世人瞩目。换一种说法,我们可以认为环境问题涉及全球、地域以及国家，单靠国家显然是不够的。环境问题既关联到我们的生活环境（地域性），又在向整个世界扩展（全球性），因而，单一的应对方式已无实际效果。

另外我还想就"公害"问题做一点说明。"公害"是指由于"公"（这一目的的实现）使得大多数人（居民、国民、市民）受到了灾"害"的侵袭。由于"公"（国家、政府、大企业）大量推行富国强兵的政策，带来物质以及金钱财富的增长，扩大了私有企业的利润和资产积累。而同时发生在更大范围内的灾害又直接对社会上的弱势群体造成冲击，威胁他们的生存安全。我们完全有必要基于这样一种认识去思考问题。特别在日本大企业的生产活动中，行政指导占据重要地位，作为"公"的国家一味推行近代化产业政策，直接或间接地造成了各种公害（公的灾害）问题的发生。这一现象不仅今天有，早在明治政府实施富国强兵政策的初期，就时有发生。足尾铜山的矿毒事件可以说是一个典型的例子。在处理这类灾害时，实施严惩措施的权力牢牢掌握在国家手里。国家在维护自身利益的同时，会通过各种方式与企业和个人打交道，这一过程会让灾害的最终责任者变得模糊不清。因"公"而果，还要由"公"来承担处罚责任，这本身就自相矛盾。"公害"问题至今没有得到很好的解决，是不是也可以从这里找到一些原因呢？

也就是说，"国家这个公"并不具备"公共性"意识，或者说并不去有意识地建设这种公共性，因此像水俣病那样的公害问题就不能得到很好的解决。水俣病的当事者们（氮生产企业的干部）坚信他们所做的一切都是因"公"而为（即为了"国家、大企业＝公"）。一定在什么地方存在着一种使他们能够忠实于这种"公"的情绪伦理观，利用他们自身所理解的这一"公"的观念，凡是与他们持相反意见的人就都被视为是自私自利的了。

在处理丰岛事件的问题上，县政府最近终于肯出面认错，试图赔偿损失并尽力让受害地区恢复到原状了。按照惯例，地方自治体和最高责任者尽管属于加害一方，但是由于只是"按照国家政策办事，即使出了问题，也不该有所抱怨，如果反对或是发牢骚就是自私自利的表现，应该受到谴责"。正因为这种观念根深蒂固，问题才会被一拖再拖。

公害的"公"应从"公＝国家＝政府—官僚—大企业"这一观点出发来考虑。与此相对应，还有另外一种联系，即"私＝存在于公的外部的人＝个人"，这两种联系形成一种对立对等的关系。因此，环境问题的本质在于因"公"而牺牲了"私"，并把这个看成是一种迫不得已的行为。为了实现国家（大企业）的利益，个人（居民、市民、国民、人类）的利益多少受一点损失也不要紧，老百姓的这一点牺牲与国家的大利大义相比是微不足道的。足尾公害是这样，水俣公害也是这样。我们可以看到，安藤昌益、田中正造、石川三四郎、宇纯井以及石牟礼道子等人的思想实践之根本正基于下面一些事实。面对在推行国家政策中发生的问题，政府不能做到及时有效的应对，使得局面日益恶化，于是各方学者以及活动家们奔走呼号，并集合民间力量，积极展开了以民间为主导的环境保护运动。当然不能否认在某一个特定的时期或许也会出现"公＝善＝正义"。毕竟，时代在进步，即使是在推行国家政策（或大型企业方针）的过程中，如果给当地老百姓的生活环境带来巨大灾害，问题一旦暴露出来，政府或企业最终也要承担责任。这一认识在今天已经很普及。那么，这一认识以及由此产生的判断是从哪里来的呢？可以肯定，它不是来自于"国家（大企业）＝公"的"公"。在这里，还需要有一个与国家的"公"完全不同的概念。这就是"公共性"概念。只有这样的"公共性"才具备了为"公家"做事时应由谁来承担责任的判断能力。

我在听取了石弘之先生的发言之后，重新思考的另外一个问题是，究竟应该把"环境"作为"共有财"还是"公共财"（善）来看待？共有财是指多数所有者共同拥有的财产，公共财（善）的所有者不容易被确认，是指那些一旦被谁使用了就有可能被所有人使用的财产。如果说把环境问题的产生原因都归结为把环境看做共有财的话，那么只要把它变成私有财产，问题不就可以得到解决了吗？这种想法是很可笑的。把环境看成是一种财产这种认识本身就有问题，即便非要把环境看做是一种财产，按照我个人的观点，它既不是共有财，也不是私有财，而有必要从公共财（善）的角度去看待。

通过以上讨论，我们知道了共有财与公共财（善）这两个概念之间的区别。在如何看待"环境"问题上，将"公"、"私"、"公共性"三者区别开来讨论，是一条极为重要的思路。

宇泽弘文：水俣病的发生是由国家政策所致，这种看法是不对的。应该说是企业在谋取利润时触犯了法律。那个氮生产企业在破坏了自然的同时，也毁坏了村镇，毁坏了当地居民的生活。国家在这里并没有直接责任。国家的责任在于通产省包庇纵容企业这一点。

金泰昌：从通产省包庇纵容企业这一点上，就完全可以说明这一悲剧与国家之间的瓜葛。如果说水俣病只是企业在追求利润中直接带来的恶果，责任也只由企业一方来承担，而与国家没有任何关系的话，问题得到解决该不是件很困难的事情吧。并且，如果当时企业、司法以及个人在理解和认识上能达成一致的话，问题解决也不至于花费那么久的时间了。宇泽先生认为通产省的"支援"不能算做是国家"参与"了此事，对此我认为有必要作进一步说明。

宇泽弘文:氮生产企业的生产目的不是"为了国家",而完全是为了"获取利润"。作为结果,它破坏了自然环境以及渔民的生存条件,使上万人受到侵害。企业对受害人施行种种干扰,在鉴定受害人方面逃避责任。为了避免赔偿,企业把资金转移到其他子公司,并试图逃避追究。通产省为此向企业大开方便之门。但是,把整个事件(有机水银中毒事件)理解成是"国家"的行为,就会混淆问题的实质。

金泰昌:我在陈述自己的观点前,首先表明我十分尊重宇泽先生刚才的意见。宇泽先生认为,水俣病以及一系列的公害问题完全是企业一方单纯"为了追求利润",与国家并无关系。即便说国家参与了此事,也只局限于公害发生后的处理过程中,为厂家在鉴定被害者时设障,或是为企业在回避责任时提供方便。

但是,我很难理解宇泽先生的观点。对此,我想就三个问题做一下说明:第一,通产省为什么要帮助(或不得不帮助)厂家逃避责任,它最初的动机是什么? 如您所说,只在企业单纯追求利润的过程中出现了公害问题,并向整个社会蔓延开来。通产省作为国家的中枢机构却向企业一方大开方便之门,其理由到底在哪里? 这不恰恰可以说明在整个过程中,企业的生产活动与通产省之间有着很深的渊源吗?

第二,被害者在追究企业一方的责任时,企业并没有作出相应的答复。为企业开绿灯,干涉受害者申述,通产省的这一系列做法显然触犯了法律。这分明就是假借国家的名义进行的一种犯罪行为嘛,难道还有什么需要申辩的吗? 您怎么看?

第三,您认为把这一切理解成是国家所为,会使问题变得不明确,因此我在一开始就指出,国家在必要且必须的时候并没有参与进去,而在不应该的时候却做了非法参与,从而使辨明责任和处理公害变得困难重重。另外,您说这一切并不是国家所为,这究竟是什么意思。"氮生产企业"属私有企业,我曾经听说过,企业管理阶层的人士都认为,能够为他们所属的企业带来直接利益,就一定也能为国家带来利益。企业的生产活动完全依照当时的国策,企业的方针也是基于此制定出来的。即使我能够接受宇泽先生的观点,也只能说成是企业假借"国家政策(基于此制定的方针)"的名义。

宇泽弘文:氮生产企业并没有借用"国家"的名义。

金泰昌:我认为我们之间所说的"借用国家名义",在内容上是有所区别的。

宇泽弘文:氮生产企业不过是一家个人企业而已,不能代表国家。

金泰昌:尽管是私人企业,却可以把它生产活动中所产生的危害归罪于国家的政策。该企业依据的是政府的指导方针,所以完全可以说是"借用国家的名义"。

宇泽弘文:这难道不是一种私人利益吗?企业真的是在为整个产业或是国家考虑吗?我在当时走访过该企业的数名经营者,和您所说的完全不一样。

刚才您频繁使用了"公共财"这一概念,"公共财"这一概念在经济学上有着非常特殊的意义。美国的经济学者保尔·安东尼·萨缪尔森在 1954 年写了一篇关于如何定义"public goods"的论文,我们平时所说的"公共财"概念与这个定义是相吻合的。萨缪尔森所说的"公共财"(public goods)是指在整个社会中具有一定量的存在,任何人不具备使用或不使用它的自由,只要它存在,就可以产生效用或使生产性得到提高。另外,这一财产不管被什么人通过什么样的方式利用都不会引起混乱。以上两点可以作为"公共财"的两个特性。

我当时也在美国的大学里教经济理论,能够满足萨缪尔森"公共财"定义的事物并不存在。比如说国家或社会修建了公园,一般情况下我们都会去利用。而"公共财"则完全不具备这样的自由性。在经济学史上,曾使用过"公共之财"等表达方式,萨缪尔森的定义完全忽略了这一点。因而也是没有任何意义的。

我认为在使用"公共财"这一概念时一定不要忽略这一点。这已经引起了很大的混乱,为此有必要追究经济学者的责任。

金泰昌:宇泽弘文先生批判了萨缪尔森有关"公共财"的定义,并指出经济学上"公共财"这一概念的特殊意义,我很赞同。但是,在政治学、法学、国际关系等领域里"公共财"(善)的概念也同样重要。我尊重经济学上的"公共财"概念,却并不打算与其保持一致。我看中的并不是它的所有形态和经济效用,而是其操作和保有的状态,以及政治上的、与人类环境相关的意义。因此,与宇泽先生产生意见上的分歧也是在所难免。比如说,在我看来,和平和安全问题既不是私有财,也不是共有财,而应该算做是"公共财"(善)。

另外还要说明一点,即同时还有必要考虑到公共害、公共恶的问题。我认为今后有必要从公共恶的角度去看待环境问题。为什么说环境破坏和环境恶化是公共恶的问题呢?就是说为了达成某种目的,从而否定和忽略了人类的幸福。为了实现全员一致的共同目标(近代化和产业化)而牺牲掉个人的幸福,并把这种牺牲看做是一种理所当然的事情,这种想法已经过时。我们只能把这一想法看做是一种时代性的错误思考。再没有比无反省无节制的大局优先论更危险的事情了。反观历史,我们不都曾有过类似的经

25

历吗？从这一观点来看，我们必须认识到公共恶在侵蚀着全人类的生活，让无罪的老百姓去承受悲惨的命运，从这一点上来看，与艾滋病、毒品、恐怖主义带来的危害性可有一比。有时，受害者并不能及时准确地把握和体会到所遭受危害的程度，而这种危害会经过长时间的蓄积，最终危及下一代。这就意味着这种危害甚至比用肉眼直接观察到的，通过一定的物理方式直接表现出来的恐怖事件更加具有危险性。

在解决环境问题时要求对以下两点有所认识：一个是在公（政府主导的管理和指导）和私（私人所有权以及在此基础之上的个人的权利与义务）的应对之外还要再加上一点，就是说既要面对现实生活中的具体问题，又要顾及它对整个地球造成的影响；第二个认识在于，通过发动群众，把只限于当事者的行为推广成为一种公众行为。（比如说由 NPO、NGO 等志愿者组织参与下的自发性活动。）

公共害（恶）的受害者与其说是国家，倒不如说是个人，人的生命、生活、安全和幸福这些公共财（善）被破坏、否定和剥夺，人们不能拥有或享受它们。因此说公共财（善）未必就会与国家的利益（国家利益以及具体的受益方，即公益＝官益）保持一致。这已远远超出了个人利益（私益）的范畴。用一句话来概括就是大家的利益（公共益）。因此有必要突破国家这一框架，采取一种既是国际的同时也具备一定地域性（国际、国家和地方相互补充）的方式。为了做到妥善处理，我们应该本着超越国界、超越民族的原则，向全体市民公开公共害（恶）的相关信息，从而厘清问题的实质，在制定政策过程中在市民中间展开充分的讨论。只有在这样一个过程中达成的共识才是我们真正所要求的。仅靠公（国家中心）或者仅靠私（市场中心）都不能有效杜绝公共害（恶）的发生。

只有在捍卫公共财(善)的公共(通过由市民主导的自发的中介组织)讨论和实践中才可以找到解决问题的答案。

宇泽弘文：我批判的并非您所使用的"公共财"，而是指经济学上的"公共财"。

原田宪一：萨缪尔森自身是怎样认为的呢？

宇泽弘文：比如说当时电波被当做"公共财"，但立刻又遭到了否定。后来甚至有人开玩笑说："那么只有蒙娜丽莎了。"卢浮宫收藏了蒙娜丽莎的画像，法国人都引此为荣，为此感到骄傲。似乎也只有这么一个例子可举了(笑)。比如说交通道路，由地方或国家来修建。可是，如何使用以及使用到什么程度要靠收费管理，而且还要制定行之有效的规章制度。即便如此，还会出现堵车或交通混乱的现象。因此说萨缪尔森概念里的"公共财"，其实无例可举。我从经济学的角度出发，对这一概念做了批判。

石弘之：即便电波不是，可周波数带该是"公共财"了吧？这是一大国际性问题。因为周波数的使用会直接涉及对空间的利用问题。按照今天的观点，周波数带应该算做是共有地。

宇泽弘文：需强调一点，并不是因为有了周波数，大家就都可以受益，并且由此提高了效率。这取决于每个人对周波数的使用数量。

石弘之：土地或宇宙空间不是公共财吗？

宇泽弘文：太阳和月亮或许是。

石弘之：怎样利用月球在国际法上也是一个大问题。今天的做法和南极有些相似。按照 18 世纪的观念来看，美国人把旗子插在了月球上，那一部分就变成了美国的领土。

日照权讲的是太阳光线的一部分。在日本，日照权被当做权利来看待。这大概不会受到法律保护吧。因为那是太阳的权利。

27

宇泽弘文:经济学在讨论"公共财"概念(比如国际公共财)时,许多观点都认为应当免费使用,并注意避免引起混乱。"环境问题"领域中的"公共财"概念在使用时也应当明确化。

石弘之:有人提出了"环境财"这一概念。是指能够提供公共环境的场所。还没有得到认可。

宇泽弘文:说到"财"就会使人联想到交易。

鬼头秀一:关于水俣病的问题在金泰昌先生和宇泽弘文先生之间产生了一些争论。在我看来,金先生的谈话中阐述了一个极为重要的内容。的确,由于私人企业在生产方式上存在的一些问题,促成了水俣病的发生。但是,当时整个社会对氮生产企业和水俣病又是怎样理解的呢? 该企业是颇具影响力的大企业,聚氯乙烯和添加剂的生产在当时占有绝对的市场份额。某种意义上可以说,这个企业对当时日本的化学乃至整个产业界起到了支撑作用。

考虑到"从国家大局出发",政府部门以及熊本大学研究小组的研究成果最终没有得到认可。当时由政府部门组织起来的许多水俣病调查研究小组中不乏一些颇具正义感的科学工作者。他们做了一些科学性的探索,却始终没有拿出任何行之有效的办法来。

这种状况在今天看来是非常糟糕的,可在当时却存在其他一些看法,只是把注意力集中在"公的公共性"(国家 = 公共性)这一点上。在探讨地球环境问题以及原子能发电等问题时,如何看待"公"将会成为一个非常重要的视点。特别是在日本,正如金先生指出的那样,"公"被认为是国家,直到现在这种状况也并没有改变。

共有地问题中的渔业权和入会、森林制度,就有很大的不同了。日本的入会制度从世界上来看也是一种非常特殊的方式。东京大学的井上真在研究热带雨林问题时从地方共有地的角度对此做了分析研究。宇泽先生认为共有地应该有极为严格的规定，日本的入会制度正符合了这一点。而非洲或亚洲其他地方的共有地却未必都有着很严格的管理。日本的入会制度就不会简简单单地出现哈丁所提到的那种现象。迄今，由于采取共有的做法，结果共有地都得到了完好的保存。但是在亚洲或非洲，由于受到近代化的冲击，有一部分共有地在随意开发的过程中流失掉了。如何看待这些失去了的共有地也是一个问题。

在过去，日本的共有意识是非常强烈的。但是，实际上这些人在实现共有时是否真正考虑到环保还很是一个问题。在亚洲和非洲的一些地方，仍然保留着共有体制的痕迹。共有制度本身在"共有"和"持续可能性"的实际操作过程中为二者提供了一些联系，但从认识的角度去看，两者之间未必一定有必然的联系。

因此从文化人类学的角度结构性地去看待这种关联性，就可以看出其实它并不存在；如果非结构性地去看待这种关联性，我们可以认为传统社会在环境保全方面做得很好。即便如此，我们也不会认为永远维持传统型社会就是一件好事。经历了太多的放任自流的开发方式已是一种不争的事实。我们可以通过一种非结构性的观点，对结构性的社会进行改造，只有这样才会建立起一种"公众"意义上的社会形式。

森林大体上被长期生活在里面的人们利用。而在渔业权方面，日本的沿岸地区沿袭下来一种与入会制度非常接近的制度，这种制度受到渔业法的保护，以渔业权的形式被固定了下来。只是渔业与森林不同，活动范围被限制在海洋里。冲绳靠打鱼维持生计的人几乎都来自一个叫做丝满的地方。这些生活在海边靠打鱼为生的人，捕鱼场所并不固定，他们会在石垣等地不停地移动。因此在渔业这个行业里共有地制度未必能够成立。

再看一下生活在东南亚近海热带雨林地区的人们,既有以传统方式毁林开荒的原住民,也有外来移民。

另外,今天的渔业权正经历着一场所谓从第一次产业革命到第三次产业革命的变革。资本大量涌入,对于海洋水产类的捕获处于一种无序状态。特别是 20 世纪 60 年代后期,日本这一倾向非常明显。东南亚的传统渔业也遭到严重破坏。渔业从传统的方式变成了一种依靠"资本力量"获取利润的资本主义方式。这里面也有一个如何看待"渔业权"的问题。

石弘之:学术界从不同的角度对共有地展开了议论。井上真研究亚洲,我研究非洲,还有一些尚未被开发出来的新领域。然而一种真正开放的利用方式的确存在。但是这与多年来大家所熟知的哈丁牧草地似的共有财产还是有所区别的。现在,有关"共有地"的议论应该进入一个重新整理的阶段。

我早在很久以前就主张过"环境变化"和"环境问题"是不同的。拿水俣病这个例子来说吧。自 20 世纪 30 年代以来就理应发生了"环境变化",只是到了 60 年代以后才成为问题。从环境变化到成为问题是一个非常重要的过程。比如说我们今天用来开会的这个饭店其所在位置在弥生时代或许是一片森林。砍倒森林盖起了饭店,没有谁会认为这是对森林的破坏。而在亚马逊流域或是在婆罗洲岛,同样的行为或许就会被认为是破坏自然了。两千年前的行为不是破坏自然,而放在 10 年前,同样的行为却得到了别样的解释。这种把时间尺度作为衡量事物的标准是不对的。

带学生去 Borneo 岛给他们看毁林开荒,大家都很气愤。再把他们带到长野县看一层层的梯田,大家都说:"真不错,这真是做到了人与自然共生啊!"这时我说:"这里在数百年前都是山毛榉的原生林。把山毛榉的原生林变成耕田不算是破坏环境吗?"大家就都变得沉默起来。

从"环境变化"到"环境问题"化有四个条件。第一,环境变化的时间。第二,环境变化的规模。砍一两棵树不算是破坏环境,把山变成了秃山就是在搞环境破坏了。第三,在于我们的价值观。邻居传来的狗吠声属噪声污染,邻居练小提琴时也是噪声,可是自家女儿拉的小提琴就变成了很美的音乐了(笑)。接下来第四个条件是信息。当今社会,信息大量涌现,种类繁多,就会产生由信息引发的环境问题。比如说由信息垃圾带来的公害问题至今并没有被当做环境问题。过去没有被当做问题看待的行为方式在今天都变成问题了。

最好的例子就是水俣。水俣在战争期间被当做军用飞机零部件的重要生产基地。因此,即使出了问题当地居民也只有忍气吞声。如果能及时地当做问题研究,当地居民一定会配合政府,自上而下展开行动了吧。

在从"环境变化"到"环境问题化"的整个过程中,存在明显的差异。这些差异体现在民族、文化、集团的不同上,也会因为获取信息量的不同而不同。不去对具体问题进行具体分析,笼统地把它们都变成"环境问题",就会使我们在议论环境问题时变得不知所云。这一现象的发生根源不就在于没有明确地将"环境变化"和"环境问题化"二者区分开来吗?

宇泽弘文:氮生产企业极大程度地破坏了自然和人类社会,但它们借助的却是"国家发展"的名义。在这层意义上出现了"国"这个概念。我与该企业渊源很深。那里也有通产省的官僚。我并不认为通产省的官僚可以代表国家。日本的政府机关简直就是一个"流氓团伙"。为了扩展关系网保护同伙人的利益,根本不会顾及国家和社会的利益,也不去理会老百姓承受了多大的痛苦。这

31

就意味着政府缺乏公共性。这些官僚虽然借用了"国家"的名义，却根本没有资格代表国家。

我们理解的"国"原本是什么意思呢？最早是将"国土"和"国家"概括起来形成了 nation 这个概念。这个概念并不等同于 state。此时的"国家"或"nation"是以普通市民为代表的，是一般市民的集合体。

金泰昌：很抱歉又回到刚才的议论上来了。宇泽先生对于国或国家的看法应当归在亚当·斯密流派里。某种意义上说与我个人的观点很接近。但是现在的日本，不论是来自于一般认识还是政治家和法律界人士所理解的国家，与其说是"国民"与"国土"的集合概念，倒不如说主要是指国家权力（主权）以及它的运作统治机构。通产省是国家机构的中坚部分。而且是"公"的根本部分。因此，如果不把"公家"与"公共"区分开来，从"公共"这一层面去规范和思考的话，公私对立的闭塞状态就不能被打开。这一点极为重要。

接下来我还想就石弘之先生提出的"环境变化"和"环境问题"的区别来源做一番描述。尽管问题堆积如山，可是如果没有了"公共舆论"的监督，同样会被忽视掉。问题被作为问题提出来，并试图以某种方式解决它们，靠的就是公众舆论的力量。通过议论，公共性的重要性才能得以体现。正因为如此，我们今天这个研讨会才会继续下去。

石弘之：我原则上赞同。"公共性"伴随时代的变化会发生很大的变化。第二次世界大战前只有国家这一个公共性。只要对军需产业有所帮助，任何人都不能反对。许多产业公害的原型在日本都可以找到。第二次世界大战后有了市民的公共性，水俣的做法才变得行不通了。宫崎的土吕久公害问题诉讼案取得了胜利，在环境问题诉讼案件中这是第二次世界大战后第一次取得胜利并最终获得赔偿的例子。不过还是有一些偶然因素在里边的。因为旁边的熊本县有官员在环境厅内供职。这一事件被称为始自战前的"砒霜公害"事件，立刻成了第一号公害。其实，在"公共性"得到认可之前，政治家等其他因素的影响力是很大的。

西冈文彦：还是在我二十多岁的时候，"宇宙飞船地球号"概念引领了那个时代的潮流。这个例子很好地证明了一点，那就是一个概念可以影响到个人乃至整个社会的生活方式。我第一次听到"宇宙飞船地球号"这个词是在上高中时，当时我阅读了巴克明斯特·弗勒的《宇宙飞船地球号操纵手册》等大量书籍，深受启发。一种把地球视做"命运共同体"的强烈意识逐渐在我身上形成。

但是，仅仅停留在"命运的共同体"这一认识层面上是有些欠缺的。我还就"后宇宙飞船地球号"的概念做过一些思考。在1992年召开的地球峰会上，事务长 Maurice F. Strong 提出了"地球修缮企业"概念，主张在企业经营中利用合理的经营方式善待地球。作为一种思维方式的转换我是认可的，却总感觉这一概念有些中庸的味道。

在"宇宙飞船地球号"概念的影响下，如果能确立一个新概念用以改变21世纪年轻人的思维观念，我将备感欣慰……有关"后宇宙飞船地球号"概念，您能给我一些方案或提示吗？

石弘之：这不是明明没有却非要强求嘛（笑）。有时候一个词的确可以改变整个世界。我想把话题转到另一个完全不同的领域。最近出现了一个新概念——利己性遗传基因，这个词涵盖了对过去的全部研究内容。"宇宙飞船地球号"同样一语点破了我们所处的真实状况，即混沌状态下的封闭空间。今天人们的价值

33

观非常混乱。21世纪人类如何与地球相处，真是见仁见智。如果能有一个旗帜鲜明的标语当然再好不过了。

桑子敏雄：听了各位关于共有地的探讨，我感觉很有意思。就讨论的内容以及金泰昌先生的发言来看，我认为包括哈丁的例子在内，我们在探讨"公共财"（共有地）问题时，还是应该把"所有"作为基本因素来考虑。

但是，鬼头先生所说的"大海"却并不能归到"所有"一类里，而只存在被利用的可能性。宇泽先生所说的日本社会传统的入会制度也不是"所有"，而是"使用"，并且在使用之前还有管理。也就是说，是否可以考虑将"所有"、"管理"和"使用"分开来讨论呢？

江户时代，河流管理彻底交由当地老百姓来做，为了确保枯水期的水量供给以及洪涝期的防洪抗涝，建立了类似于今天消防队一样的严密组织。这种"管理"不光局限在入会制度上。比如说，在黑部川的源头所在地立山，加贺藩对当地的水源涵养林严加保护，设置了黑部深山巡回人员，禁止一般人通行。藩的管理者在视察当地情况时一般都是微服私访。

再说说"所有"。巴利纳（音译）这个人在室町时代末期来到日本，他看到日本的王公贵族竟然如此无欲无求而感到无比惊讶。因为大多数的王公贵族都会把他们的领地分给部下。一旦从官位上退下来，就会隐居在一处偏僻狭小的地方过一种隐姓埋名的生活。这种事在欧洲根本就是无法想象的。日本在传统意义上对"所有"的看法与欧洲有所不同。

黑部的水源涵养林在明治时期成为国有林之后，关西电力公司立刻就在那里建起了水库。近代社会里的"公"在概念上等同于"国有化"。森林一旦被收归国有，就由从前的"共同管理"变成了国家的"自己所有"。林业部开始从事林业的经营。从某种意义上来说仍然是一种私有化。"国家"成为私有化的主体。经历了一番这样的变化之后,问题就集中体现在如何去使用,而不再会考虑如何认真管理了。一到春天我总是被花粉症折磨得痛苦万分。这不正是这样一种行政管理所结出的恶果吗?

大河的管理权划归到建设省。迄今为止,由共同体建立起来的管理体系土崩瓦解,并被渐渐遗忘。洪灾发生时责任归到建设部,并且还为此打了官司。"所有"、"管理"和"使用"这三个概念常常被混为一谈。而且,欧美对"所有"、"管理"和"使用"的理解与日本有着极大的不同。不很好地进行整理,即便在对"公共财"(共有地)这个同一概念进行讨论时,也会引起混乱。这是我的一点印象。

小林正弥:宇泽先生认为经济学给出的"公共财"概念的定义有问题,对此我抱有同感。我们对"公共性"这一概念已做过大量的讨论。在我看来,近代意义上的"公共性"概念还是应该把"公开性"、"公然性"、"自由操作"等作为核心内容。无论是经济学、政治学还是社会学都应如此。这个近代意义上的"公共性"概念在"信息公开化"等方面有着非常重要的意义。可是,在我看来,光有一个近代意义上的"公共性"定义是不够的,环境问题就是一个很好的例证。

在古代(classical antiquity)的"公共性"中,"公共性"(具有公共性的事或物)概念与共同体成员的整体利益相关,可叫做"公益性"。如果从古代"公共性"的另外一个用法,即与"共同体构成员全体相关联"的"公共性 = 公益性"这一点出发,我们可以很好地理解"环境问题"。哈丁在《共有地的悲剧》中明确地表达了这一点。

刚才谈到了"公共善"、"公共恶"以及"公共害"的问题,其实"公害"的概念不正是来源于"公共害"这一语汇吗?通过刚才的谈话,我对上面的论述有了新的认识。这里的"公共"显然与"公共性＝公益性"里的"公共"如出一辙。我所说的近代原子论里的"公共性＝公益性",是从古代整体论中的"公共性＝公益性"的定义里区分出来的,这让我体会到了整体论中相关定义的重要一面。

我想对石弘之先生提一个问题。在石弘之先生的命题中分别列出了"共有"、"公共"和"共存"三个阶段。这样看起来问题的焦点似乎跑到了标题上。如果说经历了"共有"和"公共"阶段向"共存"阶段发展,那么按照这种理论推断下去,下一步又会是什么呢?

石弘之:其实我一直在担心会有人问到这个问题,只是在最后战战兢兢地提出了"共存"理论(笑)。从"共有"发展到"公共",我想许多人都会赞同,以后又会怎样发展,我倒是很想听听小林先生的见解。难道就没有一个能与"公共"抗衡的概念吗?从"共有"发展到"公共",有它的阶段性历史背景,某种程度上还可以理解。"公共"之后的发展阶段又是什么呢?

小林正弥:我认为"公共"这一发展阶段至今仍在继续。

石弘之:是这样吗?就没有感觉到它的一些变化吗?说到"公共",就会使人联想到国家管理,与国家概念很接近。把它放到地球概念上……

小林正弥:你是说脱离国家这一层面,而把问题的焦点转向地球这一层面上的公共吗?

石弘之:就没有一个更合适的词汇吗?

小林正弥:"地球公共性"不是很好吗?

石弘之:不是把两个词结合起来,而是想一个更准确的词出来

（笑）。从 20 世纪 80 年代后期进入到 90 年代，"公共性"这一概念突然间具备了全球性。这究竟好不好？我认为还是应该有一个全新的概念比较好。

另外，在鬼头先生的谈话里有关森林问题那部分也很有意思。有关森林问题的一些研究还是很有名的。其中一个例子就发生在尼泊尔。1954 年尼泊尔把原来的私有制、共有制的森林管理全部转化成公共所有（国家管理），随之而来的便是大规模的破坏行为。因为在共有制管理期间，村民考虑到了森林的可持续性利用。森林到底应该接受一种什么样的管理方式比较好呢？其中也涉及一些很有意思的实证研究。刚才提到了黑部地区的森林管理，信州也是那样。有些地方甚至明文规定"一枝一指"、"一果一头"，有些近乎恐怖了。

金泰昌：我认为这些议论是这次研讨会最重要的内容之一。石弘之先生陈述了两点：一个是在"公共"发展阶段之后，下一个发展阶段是什么？同时还认识到"公共"与国家管理、国家概念很相近。我想重申一下我始终如一的观点，即石弘之先生所说的"公共"其实不是"公共"，而是"公家"。"公共"这一概念既是地方的，又是国家的，同时还是世界的。这个概念在多个层次上都具有关联性，与最终归结于国家（管理）意义上的"公"有着明显的区别。如果能把这一思路理清，问题就会变得明朗化。

桑子敏雄：九州海岸的树林作为防风林保护下来又是一个很好的例子。石弘之先生说过，日本对传统的环境保护意识并不是很强。的确，像保护仙鹤那样把人和自然区别开来的例子好像并不多见。因为在日本，始终都没有把自然和人对立起来看待。

不过，在考虑到如何治理山水等公共事业时，还是有些独到之处的。如果单从"自然保护"这一范畴来看，很难看清。我们能否进一步做一下反思呢？

在日本确实也有过对大自然的破坏行为。江户初期，许多大树被砍倒用来修建庙宇。与熊泽蕃山持相反意见的思想家也有。如果不从"共有地"的所有形式来看，而只一味地把它看成是一种"自然保护"的话，江户时代对于黑部地区的管理，追究其目的尽管不是为了保护自然，但在这方面取得的效果还是可以从中略见一二的。

石弘之：倒不如说是自然资源管理。

桑子敏雄：是的。像日本这样自然灾害深重的国家，森林管理也就是减灾管理。听说英国正在发洪水。我还在想是否可以从其他方面对河流的管理再进行一下改革呢？

石弘之：一发洪水，必定会重提禁止砍伐森林的老话。无论是长江的洪水还是英国的洪水都是这样。有些环境历史学家认为，古代文明的破灭多数都是环境破坏直接造成的恶果。这种环境历史观至今仍然保持着很强的影响力，我也倾向于这个观点。但是也有人认为环境历史观有些被过分夸大了。

金泰昌：通过论题一以及与此相关的讨论我强烈地感受到，日本旧有的公私观——特别是在"公"这一点上具有一种倾向，即带有浓厚的国家色彩，并尽可能地抑制它的向外发展和扩张。再就是还有一种非公即私的极端对立性思考，即不管出自何种理由，但凡想要从这种对立性的思考状态中解放出来，就立刻被戴上一顶"私"（私利私欲）的帽子，而遭到排斥。这两点至今仍深深地影响着我们的思考和判断能力。

我始终都认为，当下的紧急课题就在于我们在判断事物时，应该确立一种方向，同时做到把公、私和公共性这三点紧密联系起来考虑。

论题二

地球温室效应和伦理

宇泽弘文

一、共有地的管理

从世界范围来看,共有地的管理方式是多种多样的。实际上由于对象和地区之间存在差别,共有地之间也有许多不同,有许多还被冠以晦涩难懂的名字,为了方便起见,我们把它们统称为"共有地"。这些共有地历史悠久,曾经都与当地居民的生活发生过紧密的联系。然而在所谓的近代化过程中,这些共有地不是消失了就是丧失了其原有的功能。

斯里兰卡的灌溉蓄水池就是一个很好的例子。斯里兰卡每年要刮两次季风。一年当中,除了季风期以外一般不会下雨。当地人自古以来就在高原和山地上从事农业生产。斯里兰卡的僧伽罗文明,早在公元1—3世纪时,因其发达的水利灌溉技术就在世界上享有盛誉。农业生产力在当时几乎达到世界最高水平。为这一高度发达的农业生产打下坚实基础的正是蓄水池的灌溉技术。在斯里兰卡,以小型村落为单位对蓄水池进行管理。各地区修建蓄水池,在经济上达到独立。斯里兰卡的水利文明程度,正是体现在各地区对蓄水池的共同管理以及责任的共同承担上。

39

然而,今天的斯里兰卡从整个世界范围来看,农业生产力是最低下的,自然环境也受到严重的破坏。这是为什么呢?原来,葡萄牙特别是英国使斯里兰卡沦为其殖民地后,派军队捣毁了所有的蓄水池,并在大河上修建水库,建立了中央集权制的灌溉管理体系。同时砍伐树木,开辟红茶和橡胶园。河流因此受到了污染,生态系也遭到了破坏。山野变成秃山,自然灾害频频发生。斯里兰卡成了世界上疟疾病蔓延的第一大国。疟疾病经由蚊虫进行传播,通常都发生在卫生条件差、被污染过的地区。

日本的蓄水池灌溉技术直到江户时代末期还很发达。蓄水池灌溉对当时的农业起到了很大的支撑作用。神户大地震之后,我对兵库县的蓄水池做过调查。仅兵库县就保留了三万多个蓄水池。但是几乎所有的蓄水池都已弃而不用。因为当时的明治政府在河流管理上采取了一系列的措施,迫使当地村民在生产或生活上都变得无法离开河流。

数年前,我曾和农业省的一位高级官员谈过一次话。那位官员听说香川县至今仍保留着上千个蓄水池之后,感到非常遗憾。这让我感到惊讶。据说在防波堤遭到破坏的地方,几乎全都有保留蓄水池的痕迹。

我在 20 世纪 60 年代末回到日本后,曾在建设部工作过一段时间。在一次和建设部门的高官共饮之际,恰好听到消息说,某地区因受台风影响而河水泛滥成灾。记得听到这则消息,那位官员当时蹦出的第一句话就是:"行了,可以增加预算了。"我真的是大吃一惊。这就是日本政府部门所持有的态度。表面上声称"洪水百年一遇",实际上却在人为地改造水系,利用钢筋水泥修筑水库,并从水库里引水加以利用。这样的一种管理政策,只会对日本的自然环境造成更为恶劣的影响。

几年前一个叫理查德·韦德（音译）的人写了一篇很有意思的论文。论文中把印度和韩国的农业生产做了一番比较。印度和孟加拉国在世界上都属于农业生产比较落后的国家。相反韩国的农业却极为发达。论文把产生这种差别的原因归结为印韩两国对待水利灌溉系统的不同管理。

印度设有大规模的中央集权制灌溉管理部门，对全国的灌溉工程进行统一管理。采取了拆掉蓄水池，在河流上修建水库引水灌溉的措施。由于它的中央集权式管理方式，效率极为低下，并导致腐败现象滋生。对于现在的农村来说，这几乎是一种最坏的管理方式，完全是一种官僚主义。

而在韩国，采取的却是分权制。由村长全权负责灌溉设施管理。韦德不是经济学家，如果是经济学家的话，一定会在数据上做一些分析处理。他的论文多少有些夸张，却给人留下了深刻的印象。

在日本，对共有地的管理极其严格。共有地的管理有时会受到社会文化的极大制约。日本的山村并非指村落共同"拥有"，而是由村落共同管理。我常去登山，许多山村都有可供自由出入的小路。途中如遇到危险，林中还有事先搭好的小屋可供躲避。

"管理"中最重要的一项就是为劳动制定规则。比如说，就像某一家的男主人得了重病，村里会派人来替代，这里非常重视社会的公正原则。另外，还会把问题的焦点集中在共有地自然资源和设施的可持续利用上来。

共有地的所有形式是多种多样的。过去几乎都归"村落"或"藩主"所有，现在归个人所有。但是《农业基本法》（1961年制定）在最大程度上破坏了共有地。该法律提出了"自立经营农户"的古怪概念，使农民变得极为分散。要求农民和工厂一样提高生

41

产力,这根本就是一个无法实现的梦想。兴盛一时的"自立经营农户",完全拒绝了共有地,而是把精力集中放在了"个体经营"上。

非常令人难以置信的是,"自立经营农户"要求每家拥有80公顷的水田。《农业基本法》刚刚出台时,平均每家的耕地只有0.8公顷。也就是说需要农民拥有的土地面积比他们持有的土地面积高出了100倍。为了适应这一规模,对农田和配水设备都进行了调整,并要求农民负担其中费用的25%。日本农业目前所处的危机状况,基本上都是由这部《农业基本法》造成的。问题就出在把农业上非常重要的共有地资源管理交给了个人去操作。

今天的"农协"是战争期间为了确保粮食生产,实现国家对农民的中央集权式管理建立起来的一种组织方式。第二次世界大战后,"农协"处在农林省的恣意管辖之下。到"农协"的仓库看一看,就可以发现那里存放着许多大型农机具。因为购买农机具可以获得补助金,这些都是从各厂家手里购来的,可是农民们根本就没有使用过这些农机具。这就是"农协"的现状。

二、社会的共通资本

如何看待"环境",在石弘之先生的讨论中我们受到了很大的启发。经济学在讨论"环境"概念时,着重于它的性能和作用,我想用"社会共通资本"(social overhead capital)这一概念对此加以整理。

公司使用的"overhead"是指"间接费用","overhead cost"是指"间接成本"。但是,作为经济学术语,"overhead"却表达了不同的意思。主要指构成社会基本建设的"设施"、"物资"、"资本"以及

"制度"等方面的内容。

最近,在实际使用过程中出现的"social overhead capital"概念,对其定义做了如下规定。社会共通资本就是"在某一社会或地区内,能够达到维护个人尊严并保持精神上的独立,能够最大限度地维护市民基本权利的资本"。也就是说,作为一种理念,社会共通资本对于社会来说是一种共同财产,应按照社会的基本原则进行管理。这与石弘之先生所说的"共同"概念是完全一致的。具体来讲,以"自然环境"为中心,还包括大气、河流等其他方面。

另外还有城市基本建设。主要指道路、公交系统、电力以及给排水工程等等。第三个内容是指"制度资本"(institutional capital)。包括学校、医院、金融制度、司法制度等,行政也属于这一块。这部分资本在维系人们的生存,保护个人尊严方面起着极为重要的作用。这些资本依靠社会标准进行统一管理。

任何一种关系既有私的一面,也有公的一面,其运营、管理和服务方式会完全按照社会基本原则来进行。这个标准既非官方的,也不受市场条件的制约。"社会共通资本"种类繁多,其管理凭借专家的职业规范以及专业知识独立运行。比如说学校、医院、司法、金融等部门全都应该按照这种方式进行管理。

日本在金融泡沫破灭之后出现了很多问题。其根源就在于大藏省以护送船团的方式,将金融肆意私物化了。结果导致日本银行业的职业规范和服务水准降至世界上一个较低的水平。

最近我有机会去了趟法兰克福。20多年前曾有30多家日本金融企业进驻那里,然而现在只剩下5家,这5家也要在两年之后撤出去。法兰克福是国际金融中心,这里奉行的完全是一种优胜劣汰的竞争机制。在法兰克福,欧美银行的营业大楼鳞次栉比,而日本的金融企业既没有良好的服务标准,又不具备较强的竞争优

43

势,事态每况愈下。这一结果完全是由大藏省的官僚把金融这一社会共通资本私有化所造成的。这也与林业厅把国有林私有化、文部省把学校教育私有化所造成的混乱局面有着异曲同工之妙。"私有化"现象在日本的政府部门普遍存在。

在论及"社会共通资本"时最重要的一点就是,各地区或机关单位要严守职业操守,并做到独立经营。出现赤字在所难免。赤字一旦出现,其风险要由全社会共同承担。这也是社会共通资本的又一大特征。在意大利,金融企业被看做是一种社会共通资本。因此银行有义务拿出储蓄存款的 50% 用于公共事业建设。梵蒂冈的维修费用全部来自银行存款。

日本在这方面表现得非常乏力和无能。SOGO 就是一个很好的例子。日本兴业银行的董事长(安部晋太郎)与自民党的党首勾结在一起胡作非为,酿成了 1 兆日元的赤字结果。其中的 1/10 不得不由老百姓去负担。这种丑事在国外是根本看不到的。

三、亚当·斯密、穆勒和凡勃伦

"社会共通资本"概念的出现最早始于 19 世纪末期,这一概念是最古老的经济学概念之一,最早出现在亚当·斯密的《国富论》里。亚当·斯密出生于苏格兰的格拉斯哥。在他出生后不久,苏格兰就被英格兰吞并。格拉斯哥作为苏格兰最大的港口,吞并后尽管在经济上取得了长足的发展,而在历史文化上却失去了许多重要的东西。亚当·斯密在其成长过程中强烈地意识到了这一点。

亚当·斯密从 16 岁起有 6 年的时间在牛津大学读书。由于他出身于苏格兰,因而被视做乡下人,备受歧视,这使他感到非常痛苦,特别是牛津大学里弥漫着的那股浓厚的官僚气息。这里每时每刻在每个人身上都会释放出一种强烈的自负情绪,似乎在告诫每一个人,"英格兰是靠他们支撑起来的"。他回到格拉斯哥大学后,在道德哲学领域里做了一名年轻的教授。他的第一本著作就是《道德情操论》。他在书中用哲学的思维方式考察了人在维护自身尊严,保持精神上的独立,并像一个真正的人一样去生活的真实意义。也就是说,人活得要像个人样,有喜、有悲,并要和许多人去交往,而且还要拥有家庭。但是最重要的还在于,人在一生中能够从事一份体现自我志向的工作。这正是他的理想所在。

亚当·斯密在书中最后一章写道:"为了使每一个人在这个社会上能够生得其所,就必须在一定程度上发展经济,让人民的生活富裕起来。"经济发展,人民生活富裕,这究竟意味着什么,他花了二十多年时间思考这个问题。在这期间,他辞去了格拉斯哥大学教授的职位,潜心钻研,在 53 岁的时候出版了著名的《国富论》。书中他始终强调的是,"Nation"是国土和国民的结合物,而绝不是指"State"(作为权力机关的国家)。

日文版将其译为《国富论》,听起来与明治时期的富国强兵论有些相似。然而,他在强调"人应该像人一样去生活"的同时,还指出应该"可持续地利用并维护丰饶的自然环境"。在第五分册中阐述了"政府应该做什么",比如说应该怎样教育青少年,或者说如何保障道路的持续畅通等等。用今天的观点来看,就是如何维持、管理社会共通资本。

亚当·斯密特别强调的是什么样的制度才可以使社会变得富裕。这并不代表就一定是"资本主义"制度。在当时还没有出现"资本主义"这一概念。劳动者在整个劳动过程中采取一种什么样的生产管理方式,这应该在互相探讨中自然而然地形成,并有必

45

要将这样一种制度推行下去。他强调指出,经济制度应该是在一种民主政治的发展过程中逐渐浮出水面的。

继承了亚当·斯密的观点,穆勒在1848年撰写了著名的《经济学原理》。这本书集中体现了亚当·斯密以来古典政治经济学上的主要观点。只是马克思和恩格斯在同一年里撰写了《共产党宣言》,因而经济学界把目光的焦点转向了马克思和恩格斯这一边。特别在日本,马克思经济学的研究人员撰写了大量的论文著作,而穆勒却被弃置一边,并被视为叛逆者。我们都曾受到过告诫,"千万不要读他的书",我读到这本书还是很久以后的事情了,读过之后产生了极大的触动。

穆勒在书中引用了亚当·斯密的"定常状态"(stationary state)概念。意思是说,从外部来看,国民所得、消费、人口及其他指标都很稳定,但深入内部去观察,就会发现每个人都很活跃。不断有新的技术和文化被创造出来,人与人之间的交流也在频繁广泛地进行。而这一切从总体上看去,却处在一种定常的状态之中。穆勒在结论中指出,古典派经济学家亚当·斯密把这种定常状态当成了一个理想世界。

穆勒的"定常状态"(stationary state)用现在的话来说就是"可持续"(sustainable),今天的这一可持续发展概念从经济学的角度讲,倒不如说是穆勒理论的一种延伸。问题的关键在于现实当中如何实现这一概念。有经济学者对此作出了解答。这个人就是活跃在19世纪末20世纪初的凡勃伦。我认为凡勃伦是美国最伟大的经济学家,他对"制度主义"这一概念做了充分的展开。大致来讲,他认为资本主义在某种意义上达到了追求利润、灵活运用市场规律以达到发展经济的目的。相反,社会主义归根结底要恪守马克思主义的观点,认为劳动生产中的社会关系决定一切。与上述两种观点不同,参照一时一地的自然、历史、文化、经济和社会等条件,确立一种制度,来实现穆勒所提倡的定常状态。这就是凡勃伦的"制度主义"。

以凡勃伦为代表的理论学派在经济学上被称为"制度学派"。特别是在 20 世纪上半期,这一流派在美国大学里大为盛行,成为学术界的主流派。只是这种制度学派的观点非常暧昧,因此,米歇尔等人完全否定了凡勃伦的理论,而逐渐演变成今天这种只靠统计数据去搞论证研究的思维定势。我认为凡勃伦的制度主义正体现了"社会共通资本"的观点。两种观点都认为通过对职业标准和专门技能的充分利用,以达到促进人类社会圆满向前发展的目的。这同时也体现了农业共有地形态的一个侧面。

四、《京都议定书》在遏制全球气候变暖
环节上存在的问题

"大气"这一最大规模的社会共通资本,作为共有地该如何对其进行管理呢?"全球温室效应"问题就此为我们作出了一个极为重要的提示。以"大气"为代表的全球范围内的国际社会共通资本将按照一种什么样的标准进行管理,将成为今后经济学上最重要的课题之一。

这个问题在 1992 年里约热内卢召开的第三次联合国环境大会上就已备受关注。那次会议之后,全球温室效应、生物物种多样性的丧失、沙漠化、海洋污染等全球环境问题迅速受到了高度重视。受此次会议的影响,1997 年 12 月在京都召开了遏制全球温室效应进一步恶化的京都会议(COP3)。会议有 188 个国家参加,成为日本历年来举办的最大型国际会议。会议签署了《京都议定

书》，然而在议定书签署后 2 年半的时间里，申请加入的国家至多不过 15 个，还都是一些南太平洋上的岛国。欧盟各国、日本和美国都没有加入，抑或根本就没有打算加入。这对于日本来说是一件非常可耻的事情。

欧洲国家强烈地批判了日本在这个问题上的态度。环境厅的官员们到处拼命地游说，却不能收到预期效果。这是为什么呢？因为《京都议定书》的内容完全违背了社会的公平与公正。我认为如此不平等的国际性条约在条约史上是罕见的。条约中规定了把 1990 年的二氧化碳排放量作为标准，在此基础之上做百分之几的削减。这一削减任务要在 2012 年完成，欧盟削减 8%，美国和日本分别削减 7% 和 6%。这是非常不公平的。

美国在遏制地球温暖化方面什么都没有做，也并不打算做什么。理由之一是因为美国的煤炭埋藏量极为丰富。按照现在的开采进度，至少可以持续开采 300 年。由于基本上都是露天开采，成本低且均分布在落后的州郡。美国低廉的电力价格是靠煤炭业支撑起来的。换句话说，美国的煤炭业支撑着美国的产业、经济以及美国人民的生活。

另外一个原因与美国的都市结构有关。旧金山就是一个很好的例子。整个城市的通勤范围有关东地区那么大，要驾车跑很远的路去上班，晚上再开车回来。在日本生产一辆小型轿车，直接或间接排放出的二氧化碳是 900 公斤。这部车在日本跑上一年要排放 700 公斤的二氧化碳。因此，生产并使用一部车一年合计要排放 1.6 吨的二氧化碳。在日本，平均每个人的二氧化碳排出量是 2.7 吨，而在美国却是 8 吨。因为城市结构不同，在美国只要提高少量的汽油税，政治上都很难通过。这两个主要原因导致了美国在削减二氧化碳问题上毫无诚意。这就使美国直到今天也没有作出任何有实际意义的贡献来。

日本在石油危机之后,加速了节约能源技术的开发利用。如果(以1990年时点的二氧化碳排放量为基准)利用征收煤炭税兑现《京都议定书》的话,结果会怎样?哈佛的约根松(Jorgenson)做过一些假设,推算出美国在减少1吨二氧化碳时需征收30美元的煤炭税。现在汽油税及其他的费用已超过了这一数字,因此已没有必要再做任何事情。而日本在节省能源方面已经付出了相当大的努力,要想减少1吨二氧化碳的排放,则需要增加预算费用400美元。相同条件下进一步减少排放量,所承受的痛苦要比美国大得多,400美元这个数字就足以说明问题。欧盟也大体如此。

《京都议定书》的另一个问题是指"排放许可"(emission permit)。具体要求建立一种市场运作机制,来达到调节二氧化碳排放量利率的目的,或直接对二氧化碳的排放量进行市场交易。然而即便买卖"排放许可",也不可能真正做到削减二氧化碳的排放量。日本和美国都把目标投向了俄罗斯。俄罗斯有能力把1/3的排放权拿到市场上进行交易。为什么呢?因为俄罗斯在1990年时二氧化碳的排放量达到了一个高峰值,此后一直在走下坡路。俄罗斯可以拿出1/3的"排放许可"卖给美国或日本。如此不平等不公正的交易居然存在。俄罗斯极大程度地破坏了环境,破坏了人类生活,却在二氧化碳排放量的削减上不必做任何努力,并且在交易中大获其利。这个问题不管从哪个方面看都是极不公平的。

几乎所有发展中国家对待《京都议定书》都采取了拒绝的态度。虽然参加了会议,却拒绝加盟,这一状况在今后也不会有所改变吧!让懒惰之人从中获利,并且根本无法让发展中国家接受的这份议定书,却为什么会在京都会议上通过呢?实际上,负责组织

49

会议的是一些通产省的官僚。主要负责人是一个叫做大石的环境厅官员，第二负责人则是通产省的官员清木。

这些官僚无非是想把大家对全球温室效应问题的关注作为一项契机，来实现通产省 2010 年建成 22 所原子能发电站的梦想。为此还专门成立了一个不知名堂的地球环境文化财团。这个财团由财大气粗的电力公司出资建成，通产省每年拨款予以补贴。清木等人揣着这笔资金周游世界，摇身一变成了日本的核心代表。

刚才提到日本削减二氧化碳排放量的成本是 400 美元，这里边也包括了修建 22 所原子能发电站的费用。但是到 1999 年为止已由 22 所削减到 16 所，因此这一前提已不成立。据说将来能够建成的发电站大概只有 6 所。原子能发电站的修建完全受控于通产省，与环境厅没有任何关系。如果说大藏省有个"山口组"①的话，通产省就有个"共政会"②与之相匹配，简直就是一群无赖。势单力薄的环境厅开始曾反对修建核电站，却被通产省挡了回来。这可以说是日本的耻辱。

在国外许多场合有人提到"日方代表"时，如果我的名字被叫到，清木会以"He is controversial"（他会引起世人的争论不休）的理由拒绝接受我。我都有心要为此事起诉清木，可在《京都议定书》签订之后不久清木就死了，我也只好作罢。日本的行政人员在发言时可以任意诋毁他人的名誉，公然利用自己的职权牟取私利，这是不公平的。不管怎么说，对于《京都议定书》，我只能得出这样一个结论来。

---

① 日本最大的暴力团伙，总部设在神户市，支部遍及日本全国各地。——译者注

② 亦指暴力团伙。——译者注

五、按比例征收的煤炭税

德国和荷兰在京都会议之后,立刻着手实施煤炭税征收制度。这一点我在上次的研究会上(1997年11月,京都)就已经提到过,其实很早以前我就曾倡导过"按比例征收煤炭税"。

日本一周内的二氧化碳排放量可以绕地球一周。因此只要有二氧化碳排出,不管是在哪里,都要按一定比例征收煤炭税。经济学者在思考问题时,要把这一条作为一项基本原则来看待。瑞典从1991年开始的煤炭税征收金额平均达到每吨150美元。否则很难收到预期效果。

日本每年的二氧化碳排放量人均2.7吨,1吨按150美元计算大约合500美元,国民所得收入人均大约3万美元,拿出其中的500美元缴税还是可以接受的。美国的国民所得收入也是3万美元,因为排出量大,所以合计下来会达到1000美元。欧洲也大体如此。印度尼西亚每人的年排放量是1吨,按道理要缴付150美元的煤炭税。可是,国民所得收入只有400美元,这是绝对行不通的。孟加拉国国民所得收入只有250美元,现实更为严峻。因此,发展中国家在一开始就对煤炭税征收制度抱有消极的态度。鉴于此,我提出按国民所得收入比例征收煤炭税的方案。日本和美国是150美元,印度尼西亚是4美元,孟加拉国只有2美元50美分,这样发展中国家都可以参与进来。美国经济学家猛烈抨击了我的这一提案。反对的理由是为了削减成本,就会把新工厂修建在发展中国家,从而妨碍了生产效率的进一步提高。可是从长远角度来看,这种做法只会带来好处。

此后时隔不久,又发生了一件事。克林顿政府前财务部长拉

51

里·萨默斯在担任世界银行首席经济学家期间,曾发过一纸通文。该通知声称如果旧金山发生公害问题,造成一名市民死亡会损失3万美元。而在菲律宾,死一个人只需500美元就可以了结。因此,为了提高效率,应尽量把污染严重的工厂建在发展中国家。绿色和平组织拿到这份通知后,立刻展开对此人的罢免运动。结果他很快丢了官。不过后来此人摇身一变,又成了财务部副部长。真是令人难以置信。我把比例煤炭税和这件事混到一起了,如果发生了公害问题就应该严加惩处。

六、全球温室效应问题的解决办法

《京都议定书》签订2年之后,CO_2 的排放量增加了30%,增势极为迅猛。1992年召开里约热内卢会议之前,我就呼吁欧盟各国实行煤炭税的按比例征收制度,并基本上争得了各国的同意。德国尽管在温室效应问题上始终表现积极,然而在对这一制度的推行上却投了反对票。

但是今天,以德国为中心,欧盟各国已陆续导入了煤炭税征收制度。在城市里,以"再生"为由,尽量不使汽车出入街头巷尾,尽一切努力积极打造一个完美的都市生活环境。德国的企业界也在积极采取对策,为遏制进一步恶化的全球温室效应尽最大努力。

我的一个很要好的德国朋友在戴姆勒奔驰汽车公司工作。他在公司里负责环保项目,我们的结识是在他的公司。开始我始终抱有一种抵触情绪,认为生产汽车就一定会排放二氧化碳。然而,这个公司让我改变了固有的看法。戴姆勒在环境保护方面做得非常好。

继里约热内卢会议之后,戴姆勒制定了基本方针,动员公司全体力量,共同对付全球温室效应这个 21 世纪人类所面临的最大问题。比如说在原材料利用方面,按照制造商责任原则,材料全部由公司自行回收并做到循环再利用。同时,内部包装全部采用麻类的天然农作物。巴西有一种特别美丽的鸟。它的美丽不是因为羽毛本身的颜色,而是由于羽毛自身的物理构造,能够折射出一种绮丽的光芒。利用这一发光原理就可以省去喷漆的工序。还有,利用莲花自身的水球,只要把水浇在车身上,不用特殊清洗,车身就会变得非常干净。德国工科大学的老师把这一植物的生理现象运用到人工技术上并获得了此项发明的专利。戴姆勒利用这一原理,在制造汽车时尽量不使用油漆,并且只需把水浇在汽车上就可以完成洗车的全部过程。

利用氢能驱动汽车行驶的研究也在进行中。加拿大的巴拉德企业拥有燃料电池的专利,与戴姆勒、福特合作,计划把这项技术推向市场,并已研制出了试行车。德国把该项目的研究成果又推进了一步,现已尝试制造出了 15 辆直接利用氢能的新型车。公司计划把其中的 10 辆送给日本,这让我非常感动。

德国政府已决定废弃所有的核能发电站。实际上以巴拉德和戴姆勒为中心研究开发的氢能技术,已初步显示出广阔的市场前景。在德国,州政府和自治体拥有很大的自治权。以自治体、都市、企业为中心积极展开运动。欧盟则超越了"国界",做到了资金的最大限度分配。对付全球温室效应问题的关键在于,中央及省政府尽量做到不去干涉,而是把政府职能分散到各个地区去。

以前我经常去德国。美国和法国的存在,为当时的德国笼罩上了一层强烈的自卑色彩,这一点给我留下很深的印象。第二次世界大战战败后,许多德国人都认为他们不得不去为纳粹所犯下的罪行承担责任,因此极度消沉,我的许多德国友人都是这样。但

53

这一次去却感到了明显的不同。所有的人都挺起胸来,显露出高昂的精神状态。德国之所以又恢复了元气,是因为他们完全承认了纳粹在战争中所犯下的罪行,国家出面谢罪,并重新修改了法律,规定凡是对纳粹主义鸣冤叫魂的人必施以重罚,充分显示了与过去彻底决裂的决心。还有一个重要的原因就是,德国同时还保留了很好的地方历史文化。欧盟各国尽量缩短国与国之间的差距,把焦点聚集在都市、文化和地域问题上。欧洲的这股崭新的潮流让我备受感动。再回过身来看看日本,森喜朗首相正在发表什么"神国"论,这让我感到十分沮丧。

围绕论题二的讨论

小林正弥:在上次举办的第 26 届公共哲学共同研究会上,有许多核能专家到会,会上提出了有关核能发电的问题(参照第八卷《科学技术和公共性》)。他们从社会科学的角度论证了利用核能发电的可行性和持续性。

我认为"科学技术"本身可以按照不同的目的和方向去发展。从这一点来看,它具有中立的性格。而如果只把科学按照某一个方向去发展,并在实践中奉行这一点,科学就会丧失其中立性,只会起一种好的或不好的作用了。因此,科学技术按照一种什么样的方向去发展是非常重要的。为了用好科学技术,有必要对"科学技术的理念"进行一番探讨。特别在上次会议我就强调过,"环境"和"生命"作为科学技术问题被提出来,这一点非常重要。

我还建议日本应推行"科学技术立国"的政策。当时没有讲透,我认为应进一步明确科学的目的性,比如说改为"环境科学立国"是不是更好? 这样科学技术在发展过程中才不至于走弯路。

比如说,大力倡导的怀开发政策就应该立刻被中止。相反,应该集中国力,上一些环境效益型的、能够为社会带来公共效益的大型项目,这可以使人联想到过去的曼哈顿计划。

当时,感到最棘手的就是"能源问题"。宇泽先生在发言中谈到,德国全面放弃核能发电,致力于氢能的开发利用研究,这让我看到了一种极大的可能性。关于这一点,能不能再做一下详细的说明呢?

另外,宇泽先生是经济学界的带头人,我想提一些经济方面的问题。对于"社会共通资本"这一概念,我读了您的著作之后有所了解。今天的话题追溯到了亚当·斯密,我带的研究生(一濑佳也)恰好也在研究亚当·斯密的"political economy"(政治经济学)。"political economy"意味着"经济"是不能单独存在的。回顾我们为此所做的争论,今天您又把"stationary state"(定常状态)概念与我们常说的"sustainable economy"(可持续发展经济)联系在一起,对此,我感到十分新鲜有趣。

只是亚当·斯密在论及"像人一样去生活"时,在《道德情操论》中阐述了一个中心概念"同情"(sympathy)。这与古典伦理学中的客观伦理"善"不同,是一种按照主观意识,用同情概念导出的伦理观。您在今天的论题"全球温室效应和伦理"中也认为必须建立一种"道德",我对此完全赞同。从亚当·斯密追溯到凡勃伦,这在现阶段来看是一种非常有效的研究方法。另外,我们还可以认为,曼德维列(Bernard Mandeville)的"私利即公益"的观点也对亚当·斯密产生过影响。例如,企业在追逐利润时造成了水俣病的发生,那么经济学在某种意义上是否为企业这种行为的正当化提供了一定的理论依据呢?按照这一思路下去,包括亚当·斯密在内,经济学的理论必须要从根本上发生变革。关于这一点您

55

怎样看待？

宇泽弘文：氢能的开发研究因为是企业秘密，受到了严格保护。它的原理就是利用氢能制作燃料电池，为汽车和家庭用电提供能源。制作燃料电池的巴拉德公司20年前还是一家小型风险投资企业。加拿大政府购买GE专利时，曾投入了大量资金，企业利用这笔资金搞技术开发研究，只是还没有投入生产。当时戴姆勒、福特、通用等公司也都参与了共同开发，以期能够使这项技术进一步实用化，力争在普通型汽车中得到普及推广。

另外，还有一种更为超前的构想，就是不通过能源转化，而是直接利用氢能发电驱动汽车奔跑。但是，不管是哪一项开发费用都是相当可观的。据说，氢能的开发研究大约耗资10亿日元。我最近听说汽车业界的大规模重组，全都离不开氢能开发研究的资金调度问题。

至于在完善氢能源利用设施方面，我听说只要对现有的加油站稍加改造就可以了，只是耗资巨大。氢能利用是非常危险的，距离实际投产使用，还有许多问题需要解决。但是戴姆勒对此项研究非常投入。从他们身上可以找到一种良好的时代使命感，作为技术人员，他们已深深感到绝不能再让汽车制造（燃烧石油）这个行业为人类带来更多的不幸了。

最近，在日本工学界也有了一个不小的变化。东京大学工学部出版了一本新书（中岛尚正编《工学的目标是什么》东京大学出版会，2000年），对工学技术在社会中的应用问题做了一番探讨。庆应大学等高校也尝试着开设了如何看待社会问题的实习课程。只有"经济"学界看不到任何改变，这让我感到厌倦。

对于亚当·斯密自身来说，一种好的生存方式就意味着一份好的工作以及丰厚的收入，再就是把这些不同的动机有效地结合起来,达到一种不受任何人约束的、可以充分享受到自由的良好状态。而且"制度"本身就是在人们的实际操作过程中不间断地自发形成的。

把这一观点进一步理论化了的是凡勃伦的"劳动者的本能"(instinct of workmanship)理论。也就是说,作为一种本能,人有制造好东西出来的愿望。比如说,木工师傅在盖房时,要不停地考虑如何能使房子住起来舒适,房子如何能造得结实耐用,并且还要做到外观漂亮等等。这就是"劳动者的本能"。

但是,在资本主义企业里必须遵从经营上的基本原则。凡勃伦的"自我异化"论强调了存在于劳动者、技术人员身上的本能性向与经营基本原则之间的二律背反问题。

在经济学史上,凡勃伦被视为异端。但是仔细阅读他的著作之后就会发现,经济学正是经历了一个从亚当·斯密到穆勒,再到凡勃伦的发展过程。我写的一本关于凡勃伦的书最近由岩波书店出版,大约会在这个月末与大家见面(《凡勃伦》)。希望学生对凡勃伦能够有所了解,书中还提及继凡勃伦之后的凯恩斯和琼·罗宾逊,还有美国的都市专家简·雅各布斯(Jane Jacobs)和教育学家鲍莱斯(Samuel Bowles),再就是我了。真有些羞愧难当,这份感觉恐怕一直会保持到我死的那一天吧(笑)。

薮野祐三:我的研究领域是政治学。日本现在存在两种极端对立的观点:一方面强调自由竞争和放宽制约机制;另一方面则要求进一步加强控制,强化制约机制。比如说后一种观点认为,在保护"环境"方面有必要进一步强化规章制度。宇泽先生所说的"制度"是把这种观点制度化了的道德行动。约翰·穆勒在《代议政治论》一书中对秩序是否破坏了进步提出质疑,这与"制度"是相一致的。

57

最近,不光是"自然环境","人类环境"这个词也逐渐得到广泛应用。人类自身就构成了一种"环境"。我们在讲述环境时,把"人"的存在置于物理环境和其他生物之外。其实在他们中间原本就没有界限可分。况且我们"人类环境"自身又是怎样的一种状况呢? 由于竞争和生存压力,不也存在被破坏的一面吗? 因此,我们是否有必要建立一个新的概念对"环境"重新做一番思考呢?

某位市长在打出"环境立市"旗号的同时却为该市的垃圾处理问题伤透脑筋。我建议他把"环境"概念放在一个更为宽泛的空间里去思考。因为"环境"除了"自然环境"之外,还包括"社会环境"和"人类环境"。

一方面,主张男女共同参与社会建设的女权解放运动已形成一种趋势;另一方面,未被制度化了的共有地以及类似的环境,从环保的视点来看,其运转是非常有效的。不过,身在其中的人们难道就真的不希望从那种束缚、压抑、不自由的状态中解脱出来吗? 也就是说,(那种形式)从保护(自然)环境的角度去讲是一种很和谐的状态,但是从其他视点(人类环境)来看是不是还很和谐呢? 这类矛盾到处存在。

"汽车"的问题也是这样。我平时很注重环保,没有私人轿车。为了保护(自然)"环境",有必要建立健全法律规章制度。然而当今是一个追求"自由化"和"人权"的时代,我并不知道如何去做才能将两者很好地统一起来。

常说到生育权和老年人的福利问题,可是从环保的角度去看,我非常赞同"少生"。为什么呢? 因为在今天,日本的孩子一生中要消耗大量的能源和电力。老龄化也是这样。在器械利用方面也需要消耗大量的电力。如果我提倡少生,就一定会招来人口政策方面人士的批评。关于如何化解这些矛盾,宇泽先生能不能给我一些启示？

宇泽弘文：这是个很难回答的问题。只能做一些片面的探讨。尽管小儿科病人在不断增加，厚生省却要求削减小儿科大夫的数量，并有意取缔小儿科专门医院。自20世纪90年代起，精神障碍方面的儿童患者数量不断增加，到现在为止这个数目已上升到80％。然而，据儿科大夫讲，这些孩子根本不可能被送到精神科接受治疗。做一名儿童精神科的专职医生简直就成了每一位小儿科医生的梦想。厚生省对此却不置可否。

针对这一现状，我认为在很大程度上已经侵犯了孩子们的人权，而形成这样一种局面的其中一个重要的原因就是大学入学考试制度。我一直待在东京大学，东京大学特别是在实施了统一招生考试制度之后就被彻底空洞化了。学生在待人接物上表现得越来越糟糕，并且胸无大志。如果说那里只是集聚了一些社会青年中的渣滓或许有些过分，可是给我的感受正是如此。

去年我参观了东京大学最高入学率的一所中学，亲眼目睹了所谓的统一考试制度。考题大多被模式化，只不过利用一些统计符号快速作出解答，老师和学生都接受着同样的训练。"这样做到底行不行"，一些高中老师不禁发出类似疑问。东京大学医学部准备在今后的入学考试中把"面试"加进去。通过面试，精神方面存在障碍的学生就会及时被发现。

文部省推行的政策，牺牲了孩子们的利益，只图一个不求有功但求无过的结果。统一考试实施前，我曾和几个人一块儿喝过酒，里边有类似文部省的事务次官一级的大人物。听了他的话我很受震动。他说："文部省的高级官员与大藏省和通产省相比，从职位上退下来以后继续从事工作的机会要少得多。因此，考试中心就成了他们退下来后的一个很好的去处了，并把疏通这种机构作为在职期间的一项工作。"事实上,之后不久就诞生了统一招生制度。这种制度毁了日本的下一代,我认为已经不能再继续保持沉默了。

石弘之:薮野先生的一席话好比潘多拉盒子一样。现代精神中所提倡的"自由、平等、博爱",对"环境"都会产生不良影响。"自由"恰好导致了环境的恶化。说到"平等",全世界所有的人如果都按照美国人的方式去生活,无论是资源还是环境,都将无法承受。我过去在非洲生活过很长一段时间,非洲的这 200 年就是一段饥饿的苦难历史。进入 20 世纪 70 年代,随着信息技术的普及化,人们了解到"生活在非洲的孩子们还在忍受饥饿的折磨",于是就讲起了人道主义的"博爱"来。

但是,如果我们只一味盲目地信奉这样一种"自由、平等、博爱"的话,在我们中间也就不会引起任何争论了。直到环保主义者们在世界贸易组织(WTO)里用一种近乎暴力的手段开始反对"自由竞争"时,人们才逐渐醒悟过来。

环境问题是 21 世纪最大的课题。妥协生态主义与法西斯主义有着很深的渊源关系。这是我的一贯看法。历史上只有两个国家在环境政策方面取得了成功:一个是纳粹统治时期的德国,再一个就是李光耀在任期间的新加坡了。为什么今天的德国能有一个良好的环境呢? 纳粹政府强制把城市人口限制在 10 万到 30 万之间。在城市与城市之间修筑了道路,并让所有裸露的土地都种上了树。德国人再吹捧自己,在当时侵犯了人权却是不争的事实。我想这段历史很值得我们认真地讨论一下。

今天的环境中心主义并没有涉及这一点,我认为这是很危险的。薮野先生提出的问题我们必须真正重视起来。今天所做的有关"公"和"私"的议论也与此有关。"需求的解放"标志着真正的现代化。需求得到了解放,人们在取得成功之后,又会产生更大的需求。这样下去结果会如何? 我希望能够听到有关这方面的议论。

吉田公平:"公害"一词早在 17 世纪的中国就已经出现过,意思是"大家受害"。有一位叫黄宗羲的哲学家把"公害中最大的问题"归结为"政治上的贫困"。

说起环境问题,一般主要是指"自然环境"和像今天薮野先生提到的"社会环境"问题。其实,对于作为构成社会环境共同体的每一位成员——人类,如何把握他们自身的人性,以及如何看待保持人类尊严的生活方式中所蕴涵的伦理道德,追根溯源,一些做法到底好不好,是不是值得提倡,科学家和社会学家有必要为此做一番全面论证。这些都属于自发性的探讨。

"公害"的反义词是"公利"。"公利"一词在中国并没有做过更多的议论。黄宗羲笔下的"公害"一词在中国也没有得到普及,这一点我在探讨公害问题时始终给予了关注。

黄宗羲在《明夷待访录》里指出,国民蒙受灾害(公害)的原因在于政治制度的贫困,这个贫困的政治制度具体指的是君主制。从一种更为普遍的意义上讲,"政治的贫困"会带来极大的危害性。对于黄宗羲的评价始终限制在政治思想史的范围之内,如果从"地球环境和公共性"这一角度出发理解"公害"概念的话,就可以从黄宗羲的解释中脱离出来重新做一番论述了。

61

另外,还有一点始终令我感到不可思议,但凡提到"公害"问题,究其原因全都归结在一个"私"字上。私人团体或者一些公共团体在考虑到私利时,就会发生公害问题。尽管如此,为什么会被称做"公害"呢? 是否在对词语内容的理解上存在一些误区? 因此,按照黄宗羲的解释来理解"公害"概念,才会找到解决问题的出路。

石弘之：是这样吗？对此我并不是很了解。在当代中国的许多书籍上都使用了"公害"和"环境"一词，这完全承继了日语中的意思。

吉田公平：前一段时间我在中国，一位曾在日本留过学的外交部高官告诉我说，中国在"实现现代化的过程中，把日语中能用的汉字都用上了"。这就意味着"公害"一词也是这样。但是，"公害"一词本身很早以前就有了。因此在使用该词汇时尽管取了日语中的词义，但是这是中国自古以来就有的概念。黄宗羲在中国受到极高的评价，因此他的著作应该是众所周知的。

另外从讨论中得知，日本的河流管理经历了从蓄水池的共同管理到中央集权制这样一种变化。我在广岛大学工作时，为了考察江户时代的儒学人士，曾去过中国地区和四国。比如说东广岛市就有 2600 多个蓄水池。在香川县也有很多。这些地区修建了许多蓄水池，要想修建大型水库是很困难的。

因此，河流管理要受到地理条件的限制，光想着修建水库，就会产生许多不利因素。尽管如此，还是有大量类似的问题存在。我感到不可思议，曾去问过究竟。

原田宪一：我在新西兰做过调查。英国人曾对新西兰的森林造成极大程度的破坏。日本的游客看到新西兰的大片草原之后，赞叹不已，认为这就是"自然"了。这与把农田看做"自然"是一回事，都是对森林的破坏。然而在今天，对于亚马逊热带雨林地区森林的破坏程度已超越英国人的水平。英国人认为，"与其说毛利人过着一种与自然共存的简朴生活，倒不如说他们毁林开荒，使不会飞翔的恐鸟绝迹，使生活在海边的海豹数量大幅度减少。保持一种原始状态并不就意味着与自然达到了共存。在人口规模上，他们所持有的破坏力远远超过了我们"。

但是我们在仔细研究了毛利人的生活之后就会发现,正是因为有了这样那样的破坏,毛利人才制定了许多禁令用来限制人们的"自由"。"自由"这个概念如今被过度评价,而在从前几乎所有的国家都曾为如何遏制欲望的进一步膨胀做过最大限度的努力。人类在自我意识形成之后的这段历史,演绎的是一个使欲望不断升华的持续不断的过程。

进入大量消费时代,"物欲是好的,物欲OK",这种提法对老百姓来说不啻为一种福音。过去提倡利用"修行来抑制欲望",如今来了一个大逆转,一变而为"放纵欲望追求个性,才是人类的梦想"。

从这个意义上来说,至今还在提倡的"自由、平等、博爱"就是一种非常浅薄的哲学了。毕竟,离开"环境"人类是无法生存的。必须重新认识人类的"欲望"。扩张个人权利是善,"环境"问题也只能通过技术手段解决,这种逻辑我认为是行不通的。由此来看,正如薮野先生提到的那样,我们必须对"自由"这一概念重新加以认识。

足立幸男:我理解原田先生的意思,认为"自由、平等、博爱"是一种浅薄的哲学。

宇泽先生指出分权使蓄水池发挥了很好的作用,并保护了环境,提高了农业生产力。把韩国和印度的农业拿来做比较研究,这很有意义。只是像我们这样生长在第二次世界大战后的一代人,在某种意义上对大众社会抱有极大的好感。分权制度下的村落共同体在日本就是指家族式社会,这种社会只会把我们自身所拥有的东西全部破坏掉。为了摆脱这一束缚,我逃离了家乡,独自闯到了京都。那时的我,简直就要高呼"万岁"了。因为总算得到了解放。

村落共同体的影响力逐渐削弱，中央集权化了的国家与个体之间在利益上产生了冲突。但是，个体却获得了最大程度的解放。因此，与村落共同体制度相比，我们更喜欢大众社会。这种来自感性上的认识是非常强烈的。一旦享受了现代社会带给我们的"自由"之后，不管进行怎样的说服教育，都很难回到从前。

我一直认为通过国家政策来改变人们的感性认识是非常重要的。让大家感受到善待环境是一种美的行为，然后产生付诸行动的愿望。国家必须采取一些政策措施来培养这样的感性认识。且不必谈论哲学上的"自由、平等、博爱"是否浅薄，先通过艺术教育来改变人们的心灵。即改变罗伯特·N.贝拉（Robert N. Bellah）所说的心灵的习惯。对此我们有必要认真对待。单纯从理论上强调"自由、平等、博爱"行不通而要回归传统主义，对此我并不赞同。

宇泽弘文：上面的讨论很有趣。我有一个学生就读于联合国大学，他来自巴西。从他的论文中我们可以了解到美国制药公司开发新药，并由此获取丰厚利润。而其中75%的新药又是怎样开发出来的呢？公司首先派专家到亚马逊热带雨林区拜见当地部落首领。要知道，这些部落首领对将近五千种生活在热带雨林区的小动物在食用了哪些物品之后会产生什么样的反应了如指掌。该公司了解到这些知识之后，把样本带回国，在实验室通过人工分析研制出新药来。最近颇受好评的回春新药（viagra）就是一个很好的例子。于是，巴西政府向美国制药公司提出，要求公司向这些部落首领支付咨询费用。由于条件并不高，制药公司答应了巴西政府的要求。然而，部落首领们却表示拒绝接受。他们认为，再没有比用自己所拥有的知识为人类造福更让他们感到高兴的事情了。用金钱做交易为他们所不齿。这是一种多么高尚的行为啊。

不过,事情远没有结束。巴西政府为此专门设立了机构,负责征收费用。那个巴西学生在他的学位论文中证实了征收来的费用全部用于该机构的运营管理上。如今他在巴西找不到工作,不得不考虑在日本就职。

德川时代的农民,由于暴君的统治,承受着繁重的课税和体力劳动。之所以会形成村落共同体,是不是也有抵抗暴政、谋求自生的因素在里面呢?

我曾经一度将自己关在寺庙里,一心想当和尚。当时也产生过类似亚马逊部落首领们的想法。德川暴政之下生存都很困难,出世就更是难上加难了。逃避自然就成了人们的必然选择。

鬼头秀一:原田先生在刚才的谈话中提到,新西兰的大自然遭到破坏,于是设置了许多禁令来加以限制。其实,如果我们到现场实地勘察一下就会发现,他们在有些地方其实做得很糟。新西兰的情况我不是很清楚,事实上,在采取措施遏制白种人利用自然的同时,却使当地居民再也无法按照传统方式对自然加以利用了。现实当中这样的例子数不胜数。

也就是说,在否定"自由、平等、博爱"的同时,按照某一类特定人群的标准对自由加以制限,这样一来就会产生极大的问题。谈及如何回避这类问题时,不是要重新回到传统主义,而是依然要依靠"自由、平等、博爱"的观点。这一观点自身或许存在许多问题,但是相反,如果我们不从这一观点出发,就无法对社会正义作出公正判断。

桑子敏雄:宇泽先生讲话中关于"自由"、"管理"问题的相互关联部分让我感到了极大的兴趣。话题中涉及的一个重要内容就是在社会共通资本中有一种资本叫制度资本。就拿 IT 产业来说,与其说完善基础产业设施很重要,倒不如说如何完善制度才是问

65

题的关键所在。另外,还要特别强调运营管理。运营管理是指对刚才谈及的规章制度的控制和强化。我们知道英语中有 management,日语则译为管理。只是管理和控制概念非常接近。如何区分二者的区别是我想问的第一个问题。

20 世纪 80 年代美国内务部针对开拓局的工作作出反省,按照 conflict management 的方式制定了工作手册,其目的在于防止行政内部、行政与外部之间发生对立,对立一旦发生,又如何解决它。他们采取了一种开放的方式,让所有的行政人员都能够获得学习的机会。今天,我们常常对行政的管理能力产生疑问。美国的行政管理让我的确认识到,他们在这方面做的要好得多,特别是在近十年中取得的进步尤为明显。

日本总是把社会资本当做一种"物品"或是"箱中之物",这常常受到世人的批判。直到今天,这种状况依然没有得到改变。大型百货商店的负责人在宣布破产时,完全看不出他们对运营管理中存在的问题作出任何反省。他们完全没有弄明白拥有企业和如何经营它这两者之间的区别。

今后,制度和运营管理各自应发挥什么样的作用(也包括行政在内),或者说如何把握它的概念及总体形象,希望能在这些方面得到宇泽先生的赐教。

宇泽弘文:用英文来解释分别是"management"和"administration"。最合适的词汇应该是"医院管理学",英文为"hospital administration"。如译作"管理",控制色彩就会变强,它的本意其实是指某一组织如何按照本来的目的进行运营及管理。

谈到"社会资本"时一般使用 administration 或 management。国民把重要的事情交付给行政管理,英文中把这种行为叫做 fiduciary。暗示接受了非常贵重的东西,比 trust 色彩更强烈,责任更重大。在早先的尼克松丑闻事件中,尼克松总统受到起诉,其中美国的宪法学家特别强调指出,尼克松作为总统,却滥用国民赋予他的权利,因而比起一般人所犯的罪行还要恶劣,还有像大藏省的滥用职权。SOGO 的问题其实正在于大藏省玩忽职守造成恶劣影响。放弃受托人所应承担的职责是一个极大的问题。

金泰昌:当前的议论中最让我感兴趣的是,对自由、平等、博爱的理解以及在运营管理社会共通资本中的信赖和委托问题。恕我直言,对于自由、平等、博爱的理解千差万别,很难有一个统一的认识,包括环境问题在内的现代社会诸问题,即使用自由、平等、博爱的观点去思考也不会获得更大更实际的效果。不过,从理念的角度去理解至少可以认为,自由乃是指自立、自律、自我判断(决定、责任),平等是指对于特权、独占、独善、歧视、偏见的废除。而博爱呢,则是指无条件地相互尊重和相互亲近。那么,为什么它们会对环境产生不良影响呢? 这是因为实际上等于把自由理解为放纵,平等理解为平均化,而又把博爱理解为缺乏规范和节制。至于谈到信赖与委托问题,比如说由于对政府机关或民间组织的高级管理人员(代表、会长和干部)给予了高度信任,于是把与市民生活息息相关的健康安全公共财产(善)——这一公共财不知能否划到宇泽先生所说的社会共通资本的范围之内——交给他们管理,这种信任就是 trust,时刻意识到国民对自己的信赖,并认真履行职责,这就是委托了。

因此,针对市民的信赖和期待,有责任作出诚挚的回应。作为受托人,如果违背了自己所应承担的责任和义务,就不光会涉及法律,在此之上更是一个道德的问题,这也正是公共性问题的核心所在。

另外,针对薮野先生、石先生和吉田先生的议论,我可以找到这样一个共通认识,即抑制"私"(私是指自由、欲望以及对于权利的主张等等,尽管它的具体表现各有所不同)并对其进行管理,使其制度化。宇泽先生在讨论中进一步阐明了超越外部介入之上的自我生成观点,我对此深表赞同。只是冒昧地提一点,包括桑子先生的论述在内,似乎存在一种对"公"过分依赖的倾向,不主张自发地形成制度,而是过分强调来自政府官方的影响力。

当然,重要的是如何保持两者之间的平衡。有必要集结众人的智慧,以免走极端。我个人认为,现代社会中的诸问题,其根源就在于人类对浮士德式境界的过分追求。充分检点自己的行为所带来的后果,避开"害",想方设法使它朝着"利"和"善"的方向发展。具备这样一种认识是很重要的。在希腊神话中这应该被称做"厄毗米修斯的忧虑"。

我们在思考包括环境问题在内的现代社会诸问题时,只有这一点才真正体现出公共哲学必备的想象力和判断力的基本要素。作为东方思想文库中的概念,"中庸"和"节度"也应该这样去理解。即使在环境问题上,这个不行了就去换另外一个,这种极端的做法(非此即彼)是行不通的,重新回到原点,为了谋取平衡重新思考,这难道不是我们应该选择的方向吗?

宇泽弘文:我非常理解金先生的这番话。只是三十年来,我始终待在水俣等公害现场的第一线,看到他们所承受的痛苦,无论如何也无法保持"中庸"的姿态,总要做得过激一些。造成这种局面的主要原因在于通产省的官僚和国土厅,这让我更感激愤之至……

实际上在1995年的京都会议之前,以著名经济学家阿罗先生为中心,近百名经济学者齐集内罗毕,召开了京都会议的预备会议,倡导从伦理学的角度去看待全球变暖问题。来自世界规模最大的加拿大环境问题研究所主任研究员在会议上做了基调演讲。这个研究所是由世界各地的基督教团体联合组建的。该研究员的基调演讲中有以下一段内容：

"当今环境问题的根源可以从以笛卡尔、培根为代表的近代理性主义中寻找到。因为他们认为人类可以征服并控制自然。特别是笛卡尔认为自然是一种机械主义的存在，只要能掌握它的运作原理就可以驾驭它（自然）了。这是最根本的一个错误。我们必须学会印第安人和印加人对待自然的态度，学会与自然共生，不是去征服自然，而是要按照自然规律办事。"

之后，该研究所一位研究人员做了一次颇为过激的发言。他认为"在笛卡尔、培根的近代理性主义中也可以找到基督教的思想"。由于这一言论，此次会议最终不欢而散。

今天来看，京都会议之所以会出现那样一个结局，完全是因为会议根本忽视了"伦理"问题，而只把问题的焦点放在权衡利弊这一点上。当时通产省的代表直言不讳地说："这里是一个权衡并使每个人的利害得失不断碰击的场所。"这一认识真正构成了问题的所在。欧洲人则超越了这种认识，他们认为"绝不能允许世界大战再度爆发，全球变暖问题要由大家齐心协力共同解决，这样才可以迎接新世纪的到来"。我感慨无量！

69

论 题 三

从未来后代的观点来看待
资源和环境的公共性

原田宪一

首先解释一下,为什么理科出身的我也想对公共性和未来后代等问题发表意见呢?

我毕业于理工学部的地质矿物学专业,硕士论文的题目是关于 6000 米深处海底锰块的成因。过去搞的完全是纯理科那一套。自从锰块变成了海底矿产资源后,曾经与人类生活毫不相干的 6000 米深处的海底世界,一下子变得和我们的生活环境息息相关起来。如果每年开采的锰块数量达数百万吨,深层海底世界将会变成一副什么样子? 深海 6000 米处会遭受多大程度的污染? 这些都是极为深刻的问题。不光是二氧化碳的排放问题与发达国家密切相关,其实从深海海底回收锰块也只有发达国家才可以做得到。海洋矿物资源只被这些国家利用是否合适? 况且,锰块一百万年只增长 2—10 毫米,一次性用光之后,今后数百万年都不可能再生。这类不可再生资源难道在短短几十年之内就要被用光吗? 当初我对此就已经心存疑虑了。

然而,在这一方面我并没有获得更多的学习机会,也不明白该如何去思考这类问题。幸运的是,10 年前我参加了京都举办的

"科学和宗教之间的对话"研讨会,开始接触这方面的问题。1992年未来后代综合研究所建成,我逐步感觉到用"未来后代"的观点去思考,对于环境问题的理解要容易得多。之后,又听说金泰昌先生推出了新公共性概念,并成立了专门研究会。我深刻认识到不对"公共性"概念有一个很好的认识,在理解环境破坏、资源枯竭等问题上,都只能归结为成本和技术问题,或者归结在国际争端的框架之下,这样一来就会弱化环境问题。因此,我迫切要求参加这次公共哲学研讨会,并为此做了一些准备。

今天,我想谈谈自然界的变化过程中,地球环境资源是如何形成并被继承下来的?另外我还想谈谈对自然加以利用的技术问题以及支持这些技术的自然观和人文观等等。如果时间允许,进一步想利用未来后代的观点对资源和环境问题重新做一番思考。

一、生态系成立的基础

如果我们从 45 亿年开始就站在月球上向地球观望的话,一定会发现地球是变得越来越漂亮了。当前的地球是 46 亿年以来最漂亮的。为什么这样说呢?月球从 30 亿年前开始冷却凝固,这一状态一直保持到今天。与此不同,地球尽管没有扩大或缩小,本质上却在发生变化。与月球相比,地球要大很多,通过地球引力可以使水和空气附着在地球表面,而且地球与太阳保持了适中的距离,既不像金星那样过于炎热,也不像火星那样过于寒冷。因此,地球上的生命随着地球的变化也在不断进化中。

地球的半径约 1.3 万公里,而在直径为 130 厘米的地球仪上,大气圈(对流层)的相对厚度只有 1 毫米。海水的平均深度为 0.4毫米。地球仪为我们显示出来的生存空间只有薄薄的一层。在它下面,还有半径为 64 厘米的球体存在。不对地球的纵深构造有一个详尽的了解,就不能很好地理解地球的环境以及资源,而我们当中的许多人在思考"地球环境"问题时,往往只看到地球表层的生态系,比如空气和水等等。

在问到为什么只有地球才会有生命存在的时候,绝大多数人都会回答因为有阳光、水和空气。可是,这些都只是必要条件,却不是充分条件。也就是说,光合作用需要水和空气(二氧化碳),但是如果没有 16 种元素的存在,植物则很难生长。对于动物来说,还要再加上另外 10 种元素。比如说,植物的三大营养素分别是氮、磷和钾,而镁则是促使光合作用形成的叶绿素中必不可少的元素。这 16 种元素中的 4 种(碳、氧、氢、氮)包含在空气和水中,剩下的 12 种元素(磷、硫磺、钾、钙、镁、铁、锰、铜、亚铅、钼、硼、盐)则来自于土壤。没有土壤生物就不可能生长,高中课本忽略了对这一部分的讲解。

那么,构成土壤的元素是什么呢? 山上的岩石经过风化,受到溶解在沙砾、黏土(黏土矿物)和水中的无机盐类的分解。分解后的沙砾成为土壤的主要组成部分,支撑着植物的根茎生长,溶解在水中的矿物质被植物的根茎吸收,而泥土则是用来保持水分的。因此,或者从山上下来的土沙,或者有火山灰堆积的地方才会有肥沃的土壤。

比如说,新泻县的滑坡地带多有灾害发生。按照欧洲社会学者的观点认为,这片闭塞落后的土地上聚集着一批承受不住社会压力的逃避者或是在社会竞争中的失败者。但是,从空中拍摄到的照片中我们可以看到,没有滑坡现象发生的地带实际上并没有村落存在。大量的人群聚集在灾难频发的滑坡地带。因为滑坡地带的土壤极其柔软,地下水被隆起的地势割破,涌上地面,很容易形成水田。而且还会有新土不时从山上滚落下来,生产力始终能够保持在一个较高的水平上。

还有一个例子就是山形县最上川的河流泛滥地带。过去这里经常发生洪涝灾害,现在筑起了防波堤。水灾虽然给居民带来了损失,洪水却造就了许多肥沃的土地,洪灾过后,第二年必定会是丰收之年。洪水频发当然不是好事,却可以为人类带来益处。这就体现了人对自然的一种既爱又恨的复杂情绪。

河流最终流入大海,并在海岸边形成肥沃的三角洲地带。日本山多,洪水泛滥会把大量的泥沙带进海里。海水中植物的生长同样也需要 16 种元素,如果没有沙土的流入,就无法为生长在海里的植物带来必要的营养。现在,在东北、北海道海岸附近,出现了海藻枯死的现象,即海藻从岸边消失,这样就很难再捕捉到鱼贝类了。其原因之一就在于修建的水库和防波堤阻碍了大量的泥沙流入海里,海中生长的植物因而不能获得必需的营养元素,导致海藻大量死亡。当然,动物也就很难存活,海洋生态系因此变得异常脆弱。

1994 年 8 月 27 日,菲利斯莫公司在大阪召开了环境研讨会,会上对上述问题也做了讨论,《朝日新闻》第二天就对此事做了报道。那一年,晴天多,特别是在濑户内海,梅雨期间都没怎么下雨。河流流入海里的养分减少,经报道得知一种叫做鲷的鱼的个头都小于往年。这就为我的理论提供了事实依据。为了留做纪念,那份报道至今仍被我保留着。

通过人造卫星观察海洋生产力的分布状况,就会发现在太平洋中部有一片并无生物存活的不毛之地。这是因为离陆地过分遥远,无法提供动植物必需的营养元素。可以肯定地说,海洋生物只分布在沿岸地带。这样一来,我们认为地球有生命存在是由于有水、空气和光照存在这种说法其实并不准确,有了土壤从陆地向海洋的最初移动,并配合光合作用,才最终形成了生态系统。

从生态学基础理论奠基人奥德姆所描绘的世界第一生产力的分布图中可以看到,沿岸地区的海洋生产力始终保持在一种较高的水平上。稍差一些的是山区的森林和农田。与此相对比,深海区域的生产力水平骤然降低,几乎与沙漠地区等同。很多人都认为海洋是取之不尽、用之不竭的食粮宝库,其实这完全是一种不着边际的误解。鱼贝类只有近海才有。日本在经济高度增长时期,近海水域的水资源均受到沿岸地区工厂的污染,不得不到离海岸较远的地方去捕鱼。但是,远离岸边的深海地区并没有鱼,这其实就是越过深海海区到别国的海岸附近捕鱼。因此才会引发国际争端。

奥德姆的研究告诉我们,没有沙土流经的地区生产力低下。但是,到亚马逊看一看,就会发现那里是绿色的海洋。尽管看不到山,却依然绿林葱郁。因为这里绝大部分的营养元素都做到了循环利用。枝干断落下来,或是虫子死后,立刻被分解还原为植物的营养成分。但是有一部分还是流失了,这就导致了营养不足。那么,这部分短缺的营养成分从哪里得到补充呢?美国前副总统戈尔在1990年撰写的《濒临失衡的地球》一书中写到,从撒哈拉沙漠地区刮来的风沙为亚马逊平原地区的矿物营养源做了必要的补充。从人造卫星上可以观察到,11月份在大西洋的赤道附近,浮游生物大量繁殖。这是因为撒哈拉沙漠地区的风沙变得极为强劲,沙尘一直刮到了亚马逊地区。1993年的研究证明了分布在大西洋的鱼类产卵区,全部集中在风沙聚集的地方。这使我们充分认识到,没有陆地,海洋生物就失去了生存的空间。

分布于地球上的海洋和大陆,共同构成了生命生息繁衍的摇

75

篮。在环保问题上,鲸鱼保护人士会提醒人们保护好海洋环境,森林保护人士会说没有绿色地球将会毁灭等等。其实,两者都很重要。

因为有了水的循环,沙砾、泥土和矿物类都会从山上被水流搬运下来,最终沉入海底。如果这种搬运过程不断进行下去的话,将近9000米高的珠穆朗玛峰也会被蚕食成只有几百米高的小山峰,最终变成和美国中部地区一样的平原了。按照地表的水土流失率来计算,1亿年之后,地球表面就会变成与浅显的海水相连的一片片湿地。这样,土壤就不会继续保持流动,矿物类的补给也会中止,无论是陆地还是海洋生态系统最终都只会走向衰败。

然而幸运的是,地球内部有地热(内部能源)存在,与地幔发生对流,带动了覆盖在地球表面的十几大板块的运动。板块在向地幔下沉时,聚集在海底的厚厚的土沙(堆积岩)中的一部分逐渐进入到地幔深部,在地热的作用下熔化成岩浆,从地球表面喷出形成火山。并且板块与板块相碰撞,形成突起,造就了珠穆朗玛峰那样的高大山峰。1亿年之后本该夷为一片平地的地球表面,因为有了板块运动,4亿年前自从陆地上出现了生物以来,并未有山脉从陆地上消失过。并且,在水和风的作用下,土砂不断地从陆地流向了海洋。正是这样,不论是陆地还是海洋里的生态系统都变得愈加丰富生动起来,而我们的地球也因此变得更加美丽了。

二、生命的循环和物质循环

为了使生物不断地进化发展下去,大气圈(天)、岩石圈(地)与水圈(水)之间的循环是必不可少的一个过程(参见图1)。月亮和火星处在一种冷却凝固的状态下,已不具备形成山体的能力。

因此,即使把火星改造成具有大气和水的适合居住的星球,过上3000万年或4000万年,那里依然只会变成一片平坦的湿地和浅显汪洋的海洋世界,生物的进化过程也会停滞不前。处于静止状态之下的星球不可能具备生物生存的必要条件。据说,宇宙物理学家霍金曾断言过,地球在1000年后将会进入高温期,人类必须考虑移居宇宙。物理学家只会从能量的角度去思考问题,只要有太阳、水和空气,生命就可以不断地繁衍进化下去。然而这样一种看法并不正确。生物只能在处于活跃状态下的星球上生存,移居宇宙根本就是一项无稽之谈。

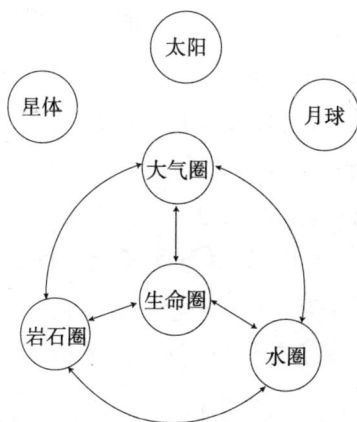

图1 支撑生命圈的天地水之间的循环以及日月星辰的作用

那么是否说给沙子和泥土浇上水就可以变成土壤了呢?答案是否定的。土壤中要有蚰蜒和蚯蚓等生物,这些生物死后,它们的尸骸和腐烂的植物混合在一起。并且还要有适量的水和空气,才会构成我们所说的土壤。农民常说"培育土壤"是很重要的。当然,原材料都是自然生成的,施肥料以增加有机成分的含量,掀翻土壤以调节水分,这就是我们所说的"培育土壤"了。与此相反,向农田里喷洒杀虫剂和农药,杀死土壤中的生物,土壤最终只会变成一些单纯的堆积物(沙砾和泥),从而丧失了生产力。

正如达尔文一语道破了蚯蚓对于农业的重要性一样,各种各样的生物把土壤吃进去,将其排泄物与土壤结合成颗粒状物质,用以保持土壤中的水分和空气。还在地下挖制洞穴,制造出微生物来。这些过程相互作用,促成了农作物的生长。根茎部微生物专家京都大学农学部的小林达二研究证实,植物的根茎与土壤中的一部分生物结成同盟关系,浮游生物或线虫的侵入给毛根系带来危害时,附着在毛根部的细菌类一齐出动来对付这些外来入侵者。另外还有一项惊人的发现,植物故意把虫子招来,让虫子咬食根部,然后从伤口渗出大量细胞液促使细菌繁殖。细胞液干涸后,细菌类由于营养供给不足死亡,细菌的躯壳融化成液体被根部重新吸收。这里看不到弱肉强食的现象发生。欧洲人讲求竞争。动物行为学诺贝尔奖获得者罗伯兹也常常谈到生存竞争,津津乐道于在人工繁殖墨斗鱼的水槽内,观察墨斗鱼之间相互吞食的情形。然而,这也只反映了生态系统的一个侧面,即使吃与被吃这种关系始终存在,互相支撑谋求共生也同样为我们揭示了另外一个事实的存在。

利用土壤来观察生态系,我们可以明显地感觉到生命的支柱来自于循环。另外,还存在一种吃与被吃的关系,并非孰优孰劣,只是相互利用而已。尽管如此,欧洲人还是喜欢把生态系描绘成单纯的金字塔状。具体来讲就是,植物微生物作为动物微生物的食料,然后动物微生物又被小鱼吃掉。小鱼在成为大鱼或鲸的捕食对象的同时,凌驾于自然之上的人类又把大鱼或鲸作为自己的食物。其实,这是一种误解。人类的生存完全离不开其他动物、植物和微生物(参见图2)。这是生态系的本质所在。

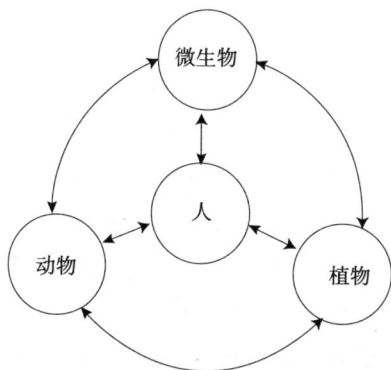

图2 生态学中关于人类的定位

　　不过,金字塔式的图解也显示了它的重要意义所在。通过这一图解,我们可以看出保护野生动物的理由。比如说,在放牧牛、马时,牧场里如果没有昆虫,牧草就无法生长。农作物的栽培要动用大量的人力,可是如果土壤中没有生物以及昆虫的话,农作物同样也无法生长。也就是说,只有处在金字塔底部的野生生物世界是健全的,才有可能让处在较高位置的家畜以及农作物健康生长。大肆捕杀野生生物,大量使用农药和杀虫剂,或者说大量破坏森林、草原,都会为家畜和农作物的健康生长带来不利影响,最终导致最上边的人类自身的粮食供给不足。

　　被我们称做环境的实际上是一个非常复杂的物质循环和生态系的复合系统。也就是说,山上的岩石经过无机作用,风化后变成沙砾、泥土和矿物类,最终流入大海。在这个过程中,形成了土壤生成的原材料,为动植物提供了必要的矿物营养源。在土壤中各种生物互相支撑,互相帮助,生态系因此得以维系。这是构成物质循环的基本框架。在这里我们不能忽略一点,在整个循环过程中,物质的扩散和浓缩是两种完全对等的关系,两者共同构成了物质的循环。

水循环在中学的教科书里已有所涉及,但也只是泛泛谈了一下地表与大气之间的水循环。实际上,水循环的过程还包含了扩散和浓缩的过程。水吸收了太阳光热之后蒸发,水分子扩散成为气体(水蒸气)。在上升到3000—4000米的高空时,变成气体的水分子又会凝结(浓缩)成冰,形成云。这些结晶体越变越大越变越沉重,就会向地面降落下来。由于气温升高,结晶体融化,最后形成了雨。在整个过程里,扩散在大气中的火山灰、粉尘和汽车尾气就会被融进雨水中来。这就是浓缩过程。

在中纬度地区大气约在两周之内就要绕地球一周。每隔10天有一次降雨,大气在回到最初位置时,一定会在什么地方碰到雨水。在雨水的净化作用下,大气重新又变得洁净。酸雨这一现象恰好说明了雨水对空气所具有的净化作用。如果没有水循环中的浓缩或扩散,也就不会有酸雨。那么,空气只会越变越脏。结果只能是陆地上的生物全都患上了像四日市哮喘病(呼吸系统障碍)那样的呼吸系统疾病,全部死亡。

三、有 限 的 资 源

岩石在山上经过风化后变成沙砾和泥土。经过河流的搬运清洗,分选出粗大沙粒和细小沙粒。粗大沙砾留在上游,细小沙砾流向下游,泥土淤积在河流入口处。颗粒状的沙砾成为钢筋水泥的主要材料。但是,沉淀在水库底部的沙土,大粒的沙子与细小的泥沙混在一起,已不能再作为建筑用材料。溶解在水里的水溶性无机盐类(矿物类)由于生物的作用或水汽蒸发浓缩成盐类。硅藻土、磷矿岩、岩盐和石灰岩都是这样形成的。一般资源都经过这样一种浓缩蓄积的过程,并且都集中分布在浓缩场地的附近(水田、渔场、炭田或油田)。

石油和碳氢化合物的生成也经过了浓缩过程。石油来自于1万米以下的富含有机物的海深泥岩,地层出现褶皱,形成碗状的隆起构造,石油在碗状构造的底部蓄积起来。不具备这样的构造就无法生产出石油来。谈论石油的来源时,一般解释为由储藏在堆积岩中的有机物分解而成,也有人认为石油产生于地球内部的沼气。但是,不管起源如何,如果没有地下隆起构造,就不可能有石油生成。中国东部海洋海底可望发现大型油田,曾引起广泛关注,然而经地质研究证明,碗状构造的底部被一些断层切开,于是发现大型油田的可能性被否定。即使在碗状构造的底部藏有石油,也会沿着断层接口处流失掉。

石油的生成首先需要有厚度在1万米以上的泥质堆积物存在,这样的堆积场所只会在大陆的边缘地带才会有,一味在深海海底寻觅油田只能是一种徒劳。还有圈闭也是必不可少的。圈闭大概有五种。大的油田都集中在有隆起构造的倾斜圈闭上,能够满足这些条件的地区在世界上是极为有限的,油田勘探已基本告一段落。意外发现大型油田的可能性几乎为零。从这一点上也可以看出,石油资源是有限的。

我们来统一看一下油田的地质时代和产油量,中生代侏罗纪时代的油田数量虽少可产油量丰富,这一时代生成了许多大型油田。稍差一点的是白垩纪。在新时代,比起产油数量来说,被发掘的油田数量大幅度增加。时代越古老,产油量就会骤然减少,油田的数量也就会减少。因此,真正的石油生产时期是从恐龙大量繁殖的侏罗纪到白垩纪之间的1亿年间。石油资源的有限性也可以从这里得到证明。今天,石油的最大埋藏量被认为有3000亿吨。

论题三　从未来后代的观点来看待资源和环境的公共性

基本上都是在这1亿年间形成的,石油的年生产量只有3000吨。然而,我们现在的石油年消费量却达到30亿吨。100万年才能够形成的石油只在短短1年之内就被消费殆尽,这样算来,石油资源的寿命只能维持100年。现实当中有可能延续到120年或者只有90年。300年或是50年之后就会枯竭的说法是不现实的。

被称做地下资源的金属矿床也经历了浓缩和扩散的过程。在我们刚才提到的板块运动的作用下,地表的岩石被送进地下很深的地方熔化掉。这样埋藏在岩石里的金属元素就会流出来,通过重力作用被分离并从热水中解析出来,其中一些特定的金属元素浓缩结块,形成了火成矿床。另外,在地下经过高压作用形成了被称做变成矿床的金属矿床。另外,新的板块形成之后,中央海域的中轴部会有富含金、银、铜、铅、亚铅等硫磺物质的热水喷出,形成多种金属硫化物矿床。产于深海海底的锰块,也是由融在海水中少量的铁、锰、铜、镍、钴等酸化物质沉淀聚集而成。

地球表面的物质由于太阳能和地球内部能量的作用,形成了山体与海水之间的循环,从而维持了整个生命系统。同时,因为浓缩和扩散作用在地下形成了矿床。我们之所以能够生存下去,正是由于动植物和微生物浓缩收集了大量有用的无机物和有机物。因此,如果在这一循环过程中有像二噁英、DDT、PCB等具有高度残留性的有毒物质介入的话,即使在扩散作用之下,瞬息间似乎从眼前消失了,最终也会通过生态系的浓缩作用又都重新聚集起来。由于氯气系列的有机物在天然状态下基本上不存在,以此为食物的微生物也不可能存在,因此在循环过程中就不可能得到分解。同样,水银和镉这样的有毒重金属物质聚集起来进入到生命系统中,最终就会形成像水俣病和痛痛病这样的疾病。

经常会认为垃圾可以得到最终妥善的处理,其实垃圾中的安定化合物、有害重金属以及放射性物质并不能消失。伴随着天、地和水之间的循环而循环往复,燃烧会污染空气,流到水里又会污染水源,埋到土里也不行。我找不出更好的解决办法来,唯一可以做到的就是禁止制造和使用这些有毒物品。

四、未来后代、环境问题和技术

有人认为,说到"未来后代",能够把自己的孩子或孙子一辈联系起来,再往下就过于抽象,有些难于想象了。但是,在考虑天、地和水之间的循环时,我们必须意识到"未来后代"的存在。维系未来后代生存的矿物类全都包含在现有的土壤里。越到后来出生的孩子们所必需的材料其实正是岩石本身。另外,我们眼面前的水和空气也是营造"未来后代"所必需的材料。而周围的生物都将成为我们的儿女、孙子还有重孙子生活的必需保障。因此,保持天、地和水的清洁,保护野生生物,正是保障"未来后代"继续生存下去的必要前提。

没有"未来后代"的观点,死后的地球只会剩下一片"球形的荒野",对于他们这些人来说,环境问题并不存在。因为,在他们看来,石油资源也好,地下资源也罢,50年之内不会有问题。但是,50年之后呢? 对于今年出生的婴儿来说正好是50岁,家庭幸福,养育子女并等着抱孙子。但凡对于那些能够联想到这上面的人来说,在他们的有生之年就一定能做到尽量不去破坏天、地和水之间的循环了。

即使这样,人类同时也要通过利用技术,让自然更好地为人类服务。技术起到了连接自然和人类的桥梁作用,没有一个很好的自然观和人文观,技术就会扭曲。因此技术人员必须对自然和人

83

类有一个深刻的理解,然而现实生活中,更多的人对此却并没有做更深入的思考。

有人认为,环境问题的恶化是由于技术进步造成的。既有人认为科学技术的过分发达造成环境问题的发生,也有人对依靠科学技术解决环境问题持乐观态度。我认为,之所以引起认识上的混乱,是因为把技术、科学和科学技术混为一谈的缘故。简单地说,技术是在利用自然过程中的实践行为。没有技术上的进步就不可能有人类的发展。因此必须要发展技术。为此,就必须发展科学。科学是自成体系的,是对自然的一种理解。而科学技术是指以西欧科学为背景的个别技术。也就是说,现代西方人通过对自然的理解构筑了西方科学,并对这种西方科学里所描绘的自然按照现代主义方式进行利用,这就是科学技术的内在含义了。因此,尽管我们不能判断在现有水平上继续发展科学技术是否合适,但是不发展科学技术却是绝对行不通的。

人类最初开始使用技术是在 250 万年前。最古老的石器是在 250 万年前的考古遗迹中发现的。之后,石器的性能有了飞跃性发展,其他道具也在不断地被发明创造出来并得到了进一步的改良,可以说,技术是始终不断地在取得进步。要想更好地利用自然,就必须充分地了解自然,本来应该说人类在开始使用道具的那一刻就标志着科学已经成立,但是,科学取得真正的发展是在文字和数字发明之后。因为文字第一次对自然做了系统的描述,而数字又是第一次对自然做了定量的记载。尺子和天平的发明正是对这一事实的最好诠释。与有着数百万年历史的技术相比,科学至多不过才 5000 年的历史。

因 KJ 法驰名的喜田二郎先生在《构思法》(中公新书)一书中,把科学研究划分为三类,一类是处在思考阶段的"书斋科学",

一类是处在实践阶段的"野外科学",还有一类就是把实践当中获得的想法拿到实验室来做验证,称之为"实验科学"。在此基础之上,我尝试着把人类和自然的关系用图表现出来(参见图3)。首先,存在于人类身边的自然作为技术利用的对象,一般把它称做资源或地基。在它的外围是作为实验科学对象的那部分自然,再往外就是不能在实验室被利用的广袤自然了。最外侧还有作为艺术对象的更为广大的自然以及在哲学和宗教中出现的至今仍未被人类所认知的神秘大自然的存在。通过技术进一步加深了对自然的了解,从而推动了科学的进步。在此基础之上,艺术就能更加全面地表现自然,并在哲学和宗教范围内对进一步认识自然产生巨大影响(图中→所指的方向)。反过来说,对于自然哲学的认识又会提高艺术的表现力,加深对自然的进一步理解,从而实现对自然的更合理利用(图中→所指的方向)。我认为,科学和技术正是在这种相互作用之下发展起来的。

五、近代西方科学中存在的问题点

四大文明之后,世界各地的许多文明相互影响,共同经历了一个从诞生、发展到灭亡的过程。在这样一个世界文明大的时空框架下,西方文明只能算是一个诞生于10世纪并正在走向成熟的依然年轻的文明。日本也是在10世纪时形成了假名文字,建立了日本社会,此前的绳文文明持续了近一万年。弥生时代以后,先进的文化从朝鲜半岛和中国大陆地区传入日本。尽管有这样一段历史存在,今天的日本人却只对西欧文明情有独钟。

各种文明的产生都离不开自然条件、人类以及社会诸条件。其中包括生产体系和社会体系(参见图4)。我们对其中的人类和

85

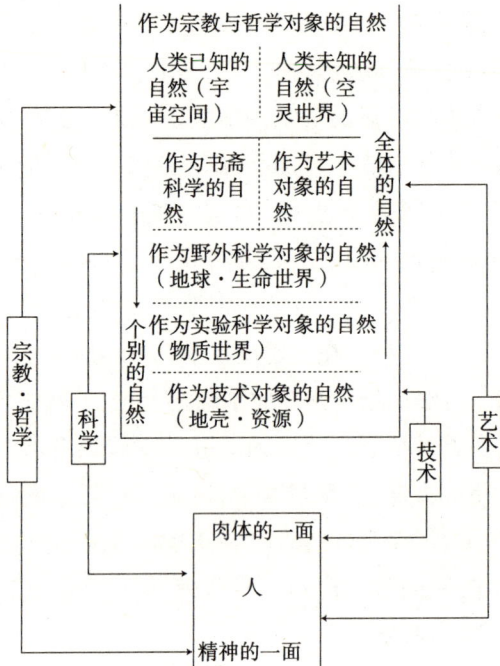

图 3　人类与自然的关系（对自然的理解和利用）

社会诸条件还没有做到充分理解,至于自然条件,它要受到地质和气候条件的制约。时下在日本兴盛一时的风水理论就是重视气候因素的一种环境决定论。农业是生产体系的重要因素,因而在文明的初期阶段,气候条件就成为文明发达程度的决定性因素。而巨大的城市空间一旦形成,伴随着烧制和冶金技术的发展,地基、地下资源等地质条件就会成为影响文明程度的相对重要的因素。

文明的渐趋成熟尽管受到各种地域性风水和地质条件的制约,然而在产业革命之后,物质的大量流通成为可能,资源的地域性制约问题从此得到解决。翻开经济学的通俗读本可以看到,在对生产和分配展开议论时,资源是支付费用进行利用的自然,而环境则是指无偿使用的自然,两者均建立在无限度使用的前提条件之下。不过,这一议论只能局限于大量流通成为可能的前提下。正如新兴科学环境经济学的研究指出的那样,环境和资源存在一种表里关系。也就是说,我们把经浓缩蓄积之后的物资作为资源用于生产,再利用分散作用将废物排出,如果不把两者合为一体考虑,就不能正确地把握生产活动的真实状况。

图4 支撑着文明的生产体系和社会体系

制约生产体系的自然条件,就好比计算机的硬件部分,人工对它进行大的改变很困难。另一方面,制约社会体系的社会条件则相当于计算机中的软件部分,可以通过对人口、人口密度以及教育水准等方面的调节使其得到改善,硬件部分即使不变,执行能力也会进一步提高

另外,在"书斋科学"中宗教发挥着重要的作用。作为西方文明支撑点的基督教,在历史发展观上始终保持着统一的认识。独一无二的造物主创造了世界,耶稣诞生于诺亚洪水暴发之际。之后又经历了最后的审判。这是一个很快的过程。为什么这样说呢?因为直到18世纪上半期为止,仍然把创造世界看做是发生在公元前4004年的事情。也就是说,地球的历史如果还不到6000年的话,最后的审判要来也会是在1899年或1900年这样一个比较好计算的年份,即世纪末日的到来。基督教的这一世界末日论同时也被带进了20世纪。这一直线形的短暂的时间意识观当然也会反映在自然观里。现在,物理学上把时间的变化用 $y = ax$ 来表示,我们假设 $t = 0$,那么 $t = +10$ 表示10年后,$t = -10$ 表示10年前。这一推算方式尽管能体现出强大的预测能力,但也只能把

它看做是对时间上的一种单纯理解。

释迦牟尼死后500年里，佛教教义得到了正确的传播，而后来经历的500年佛教历史，其教义却被大大歪曲了，随之进入到末法时期。末法时期持续了1万年之久，之后弥勒菩萨显身，来到人世间普度众生。整个过程来看，佛教认为人世间经历了一个从生成到发展，到衰退，再到灭亡，直至轮回再生的过程，循环往复，阴阳相变。不同的时间意识对未来的推测就会产生不同的结果。江户时代的鲇鱼画就是一个很具体的例证。江户时代早期曾发生过地震，由于灾情严重，当时画面上的鹿岛大明神将大鲇按在底下。地震过后，老百姓们开始懂得恢复经济、挣钱发财才是当务之急，于是世间又流行起了以木匠、佐官、女婿等人物造型为基础设计完成的七福神乘坐在大鲇模样的宝船图来。在欧洲，自然灾害被看做是来自造物主的惩罚，而在日本却被认为是带来福祸的天地之间的变异。

另外，基督教认为造物主创造了自然，然后又以他个人为原型创造了人类。人类受造物主的委托支配自然，从一开始就成为与自然对立的一种存在。正因为如此，自然界才会以人类为中心，依次按照对人类有用的高等动植物，以及对人类没有用的低等动植物，最后是没有生命的岩石、矿物以及物质的最小单位原子这样的优劣次序为自然界划分了等级（参见图5a）。

在现代西方科学中尽管已找不到造物主，可是自然界依然被按照等级来划分。比如说，日本分子生物学者在描述自然的圆葱式构造时认为，处在最底层位置上的是素粒子，然后依次按照原子—分子—原始生物—生物的顺序完成金字塔构造，具有知性的人类处在塔的顶尖位置。阿瑟·凯斯特勒批判了原子论，认为它并没有描绘出自然的真实状态。他主张用整体论（whole rhythm）

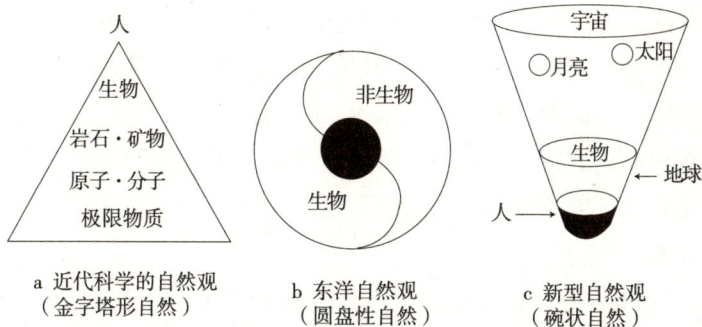

人
生物
岩石·矿物
原子·分子
极限物质

a 近代科学的自然观
（金字塔形自然）

非生物
生物

b 东洋自然观
（圆盘性自然）

宇宙
○月亮 ○太阳
生物
人→ ←地球

c 新型自然观
（碗状自然）

图 5　日本人能否找到一种新的自然观

的观点看待自然。然而，提倡唯脑论的养老猛先生却批评了凯斯特勒的整体论。他认为那也只不过是描绘了一种典型的阶层式构造而已。而自然中的生态系原本是在吃与被吃的动态的、循环的关系中建立起来的一种自律的安定与平衡，而西方科学却非要把它看成是一种静态的阶层构造。即植物微生物构成金字塔的最底部，在它的上面是动物微生物，然后是小鱼、海豚和鲸鱼，按照这种构造方式，在金字塔的顶部是最强大的猎食动物——人类。

　　尽管如此，正如佐藤文隆先生在第 26 届公共哲学共同研究会上所做的发言那样（参照第八卷《科学技术和公共性》），物理帝国主义还会在较长一段时间内存在。如果只局限于微观的原子世界和宏观大宇宙的话，物理学会是一种具有普遍意义的学问。为什么这样说呢？电磁和原子核产生的强力和弱力，作为量子力学的研究对象，最初形成于 150 亿年前宇宙大爆炸之后的几十万年间，迄今为止其性质始终没有改变。这种物质所体现出的法则理所当然具有普遍性。通过这一原理理解物质性能的改变，就诞生了电子工学技术。另外，在与人体相当的世界里发生作用的重力，形成于宇宙开辟以来持续了数十万年之久的大爆炸期间，之后也始终

89

没有改变。不过宇宙在 150 亿年间始终处在一种不断膨胀的过程中，只占据宇宙一个角落的太阳系，单靠牛顿的力学定律，以百年或千年为单位来计算其运行状况，是一种较为轻率的行为。微观世界和宏观世界都可以用物理学来解释，同样，居于两者之间的人体世界也可以用物理学来解释，这就是物理学者所说的 Othello game 游戏规则。

然而，在现实世界里承认相互变换和循环关系的阴阳五行说也可以说是一种有效的思考问题方式。比如说最近，"共生"一词常常被使用，如果大家去非洲大草原实地看看，就会发现和睦相处、共生共存只是一幅虚构的画面。那里完全是一个"相生相克"的世界。吃与被吃的关系局部性地存在，并且这种争夺性的场面还在不断地扩大，但总体来说却保持了一种自律性的调和状态。地球还通过天—地—水的循环使得地球表面的环境保持安定，并维持生命世界的发展。在这个世界里，通过动物—植物—微生物的循环关系建立起了一种局部的生态系的平衡。

再把目光转向天空，就会看到太阳的运行导致了天和水之间的不间断运动，形成了季节变换，并为植物进行光合作用提供了能量来源。月亮经历了从满月到新月的周期变换，操纵着海洋生物的生息繁殖，并引发潮水涨落和地壳运动。另外，小行星或陨石每隔几千万年要撞击地球表面，为地表环境带来巨大的变化，并促进了生物的进化过程。近期发现，重量在 100 吨左右的彗星（由冰块构成），平均每分钟 20 颗、一年里要有 1 千多万颗向地球表面撞击。有些人认为这些彗星为地球带来了降水。过去，世界各地的人们都把日、月、星看做是神灵，事实上正是这些星体支撑了地球上的生命运动（参见图 1）。

我对金泰昌先生的"从地球仪到天文馆"的说法深有同感。

现代西方人取代了造物主的位置蔑视自然。自然界里并不包括人类,因为人类是远远高于自然的一种存在。至于在东方,不论是生物、非生物,还是人类自身,都可以把他们放在一个水平面上来考虑(参见图5b)。这样做虽然有它的好处,却很难做到立体地看待自然。于是,我尝试着将两者结合起来,用一个碗的形状来描绘自然(参见图5c)。也就是说,人类处在地球这个碗状容器的底端,动植物以及微生物形成的生态系构成了碗的边缘地带。月亮、星星和太阳高居地球上方,照耀着地球,在它们的外侧是广大无边的宇宙。有了这样一个视点,就能更加合理地理解生态系和地球的运动了。生命观也会随之改变。

人类赖以生存的栖息之地——地球有着46亿年的历史,生活在人类身边的生物也有40亿年的历史。因此,我们在考虑未来后代时,并不能建立在一种瞬间的时间意识之上,而应以亿年作为时间单位建立一种尺度。为什么人类的诞生会出现在地球发展过程中最美丽的阶段?人类该如何利用地球通过46亿年才形成的地下资源,并使地球变得更加美丽?并且还要考虑到人类灭绝之后,如何把这个地球交给新的具有知性的生命体?站在未来后代的立场上,新的"公共性"到底是什么?只有这样,我们才可以为上面的议论搭建一个理论平台。

围绕论题三的讨论

薮野右三:社会学家罗伯特·马顿主张"reference group theory",即准照集团理论。这一理论阐明了人在具备动物属性的同时,还具有社会属性,以及如何通过参照他人的价值观来建立和评价自己的价值观。比如说,在人口普查中会出现类似问题。如果你感到"不满"时,在问及"对谁感到不满",得到的回答或许会是"旁边的公司"。从结论来看,不满往往都来自于近距离的上层。因此,王教练打赢了比赛,得到很多奖金并不会引起人们的不满,而朋友被提拔就会让有些人妒火中烧了。

人的不满恰恰是通过类似于近邻自治体之间产生的重重矛盾这样一种原型体现出来的。这类生物的或物理意义上的环境我们可以理解,然而在攀比过程中他们所持有的动机又是什么呢?是否是把1米中的1毫米拿出来作为比较的标准?这种不明确的东西是通过一种什么样的途径,按照怎样的一种形式传达到社会上去的?如果您能解释一下它们之间的来龙去脉,我将非常感激。

原田宪一:或许又回到论题二中所探讨的关于"自由、平等、博爱"的话题上去了。日本是一个灾害多发性地区,正因为如此,从绳文时代起人口就很多。从世界范围来看,菲律宾的吕宋岛和东非的地沟地带火山活动频繁,在这些灾害多发地区,自古以来人口就相对集中。我在山形县住了20年,每一次的自然灾害都让我感受到自然是在运动着的。而且,灾害发生时无人相助会很困难,能够与邻居和睦相处就好比为自己上了一份保险。家人遇难,周围才会有人来替你分担痛苦,提供帮助给你。祭祀时,大家也会共同为死难者祈祷祝福,这对死者的亲友是一个极大的安慰。灾害频繁发生的地区,共同体有其存在的必要性,事实上在现实当中它仍保持着旺盛的生命力。到了春天,走进山村里还会深切地体会到太阳的神奇力量。整个冬天积雪会让人寸步难行,可是春天一到,立刻就会冰融雪化。山村被一片新绿包裹,地球恢复了生机,让每个人都能充分感受到一股活力。

人们都说"城市为人类带来自由",特别是在日本,阪神淡路大地震让我们懂得了人类在自然中是得不到自由的。包括名古屋在内,过去也会像伊势湾台风那样动不动就发生洪涝灾害。正因为如此,邻里之间才能够友好相处,并且共同合作养护船只。可是随着城市化的进一步发展,这些都土崩瓦解了。都市里用钢筋水泥筑起牢固的堤防,蒙受灾害的经历逐渐从老百姓的记忆中淡去。政府官员在策划城市建设的重要政策时,根本就不把天候的变化无常以及自然灾害考虑进去。我并非期盼灾害的发生,没有亲身体验,就很难理解到共同体的必要性。

在欧洲,灾害发生时其种类和性质是完全不同的。即使洪水暴发,水位也是在慢慢上涨,洪水所经之处,至多不过使地皮浸湿。像日本那样卷走房屋,或是把泥土带到了榻榻米上之类的事情是不会发生的。没有地震,就不会有海啸。或许在北海沿岸地带,冬天凌厉的寒风会把防波堤吹坏。欧洲人的自然观伴随着钢筋水泥的普及在世界上广泛流传开来,使人们逐渐丧失了对于自然灾害本应保持的危机感。因此,建立共同体的动机只能来自于人们对灾难的共同体验——当时真是太可怕了,从而培养了一种意识,在今后遇到灾难时,要与他人共度难关。

西冈文彦:我听过原田先生在1994年8月27日所做的演讲。当时有关撒哈拉沙漠的沙子和亚马逊平原热带雨林的话题给我留下了深刻印象。当时,刚刚开始思考未来后代的问题,并且逐步在探索外界对我们来说究竟意味着什么。如果以热带雨林为中心考虑问题,沙漠世界里只有沙砾,可以看做是外部,即外面的世界。相反,如果站在沙漠的角度来看,热带雨林也同样可以被看做是外部世界。用这种"外部"的想法考虑时间概念,就会使我们产生一种依赖情绪,认为未来的人类一定会替我们把问题处理好。这样,大量丢弃垃圾就会变得无所谓。

当时我就想,无论在时间还是空间上,自从我们有了"外部"

93

这个东西,垃圾就可以被扔到没有人迹的远洋或没有生物存在的沙漠地区,也可以被扔到宇宙空间或是我们死后的那个未来世界里去,其实这些都是一些丧失人伦道德的全无用心的行为。但是,若把亚马逊的热带雨林区和撒哈拉沙漠联系起来考虑,就超出了我们日常生活中感同身受的范围。用全球的视觉看待问题,我们就会感觉到内部和外部的划分方式所呈现出的狭隘性了。从这一层意义上说,我认为原田先生的一席话本身就可以成为改变我们生活方式的一种动力。

小林正弥:原田先生认为应该把西方科学技术与一般意义上的科学技术区分开。一种文明观认为,非西方文明圈里的自然观和人文观的重要意义在于重视循环。我对此表示赞同,但稍存异议的是,我并不能完全同意对西方自然观中有关金字塔部分的批判。原田先生在批判中强调,西方文明观的核心在于对自然的榨取,并在否定了该观点的同时提出了东方循环理论,且形象地把它比喻成一个碗状。

我赞成自然科学在榨取自然的同时也对环境造成了破坏。这一近代西方文明观必须受到批判。不过在西欧,对这一问题也在作出反省。比如说宇泽先生提出的托管人的概念,就体现了人类受神灵委托管理自然的这样一种观念。在我看来,这恰恰可以看做是以欧洲思想体系中的金字塔观念为前提建立起来的一种生态观,甚至可以认为是一种颇具良心的观点。

在这一新的动态下看问题,就不能只一味地批判金字塔式的构造一无是处了。并且养老先生颇具讽刺意味地评价了凯斯特勒的全体论,我对此也抱有疑问。凯斯特勒的确在描述金字塔模式时提出了holon概念,不过他针对的却是当时近代西方机械论和原子论的世界观而言,意在建立一种有机论的观点。因此,那样去评价凯斯特勒的观点是否合适？您能在这方面给我一些提示吗？

原田宪一：用现代科学技术所取得的成就来看阶层式自然观，在一定程度上显然是有效的。比如说，外科手术就建立在西方科学的人体部位论的基础上，类似的西方医学占有绝对优势。因为不论针灸医术有多么高明，手指一旦断掉，就很难再接上。可是日本医学界七成的医生都认为，对于那些旷日持久的内脏器官的毛病或是慢性病来说，比起西方医学来，东方医术要有效得多。因此在中国，中西医处在同等重要的地位。科学史专家佐佐木先生认为，中国医学在继承了传统医学的同时，又引进了新体制，进一步充实了医疗技术手段。日本却没有把针灸疗法当做一种国策。我只是想针对这种执迷不悟的西欧至上主义给予一定的批判。

阶层论的观点并非完全错误，而是有它的局限性。我们今天并不是要通过以西欧为中心绘制的地图来看待世界，而是要把地球仪上的每一点都作为一个中心点去观察整个世界。换句话说，包括我们自身的体验在内，让这个世界从绝对走向相对。尽管我说过近代西方思想很浅薄，可是双方都有悠久的历史，我们必须设法取其长、避其短，从而建立起一套更加完善的自然观和历史观。

不管怎么说，迄今为止我们过于忽视自然界的循环状况。比如说在上次研究会上，佐藤文隆先生曾对我说："原田先生，物理帝国并没有丝毫动摇啊。"的确，在阶层式构造论当中，物理学仍保持着坚不可摧的牢固地位，可是一旦涉及生态系和生命的循环这类话题时，物理学家就只好缄口不言了。

石弘之：我并非对东方自然观抱有偏见，事实上我们到世界各地看看，就会发现佛教对自然的破坏也是相当严重的。日本人被称做是爱好大自然的民族，可现实生活当中，修筑的公共事业之规模却是如此宏大。我们今天所讨论的话题，作为演绎一部历史故

95

事的对白我想很有意思,至于现实生活还是不要这样简简单单地下结论吧。中国人喜欢讲"天人合一","天地合而为一,多么了不起",可事实上像中国那样的让那么多土地荒芜的国家在世界上找不出第二个来。印度对自然的破坏程度也达到了极致。关于这个问题您是怎样考虑的?

原田宪一:在论题二的讨论中,足立先生谈到了环境舒适的问题。人在追求环境是否舒适的问题上,何时才是个头呢? 比如说,人工照明和安装空调可以增加环境的舒适程度,而这一舒适的环境会为外部世界,即西冈先生所说的"特定的外部世界"带来负面影响。在过去,任何一种文明和宗教都把勤俭节约看成是一种美德。基督教或欧洲人都这样认为。人类在具备了知性之后,都曾有过禁欲的经历。宇泽先生刚才提到,民用物资的大量生产取代了军用物资的大量生产,为了把产品更好地推销出去,物欲获得了彻底解放,厂家不断提醒消费者,一生都要保持高度旺盛的购买欲望,这些来自厂家的宣传对于消费者的行为产生了决定性影响。通过电视等的宣传,今天的中国和印度已被彻底淹没在物欲的汪洋之中,修行也好,领悟也罢,一周一次的功课无论如何都无法使他们从那个物欲的世界里解脱出来。

石弘之:不单是由于宗教,国家贫穷,资源有限,也使人不得不在日常生活中考虑循环利用资源。尽管"江户时代彻底做到了循环利用,非常了不起",可是第三个孩子出生以后还是会被杀掉。因为日本是个资源穷国,不得已而为之。忽略了这一前提把事物过分理想化到底好不好? 其实真正的理由就在于物资过于匮乏,而非其他。

原田宪一:完全是这个道理。如果100年之后石油资源枯竭,今天这样的大量运输也就不再成为可能了。即使还有煤和沼气,如果加大运输势必会造成对环境的进一步破坏。因此，为了未来后代的生存与发展，我们必须采取措施，有效利用当地资源，以尽量减少物资的流动。过去的一些经验会对我们有所启发。

为什么要提到未来后代？没有了对未来后代的考虑，从根本上实现价值转换就会变得非常困难。直到今天，我们依然会认为石油和煤炭是取之不尽用之不竭的资源，这样就容易陷入单凭技术解决问题的技术论当中去。那么，100年之后会怎样？人口增加，物流陷入绝境。随着信息社会的进一步发展，信息交流的成本将更加低廉。日本就不可能再把数亿吨的铁矿石运进来，数千万吨的铁在炼出之后也就不可能再运出去。100年之后应该是我曾孙子那一辈，从时间上来说并不是一件十分遥远的事情。

石弘之：资源真的减少了，资源的价格首先会上涨。若对过去50年的主要金属价格做一调查，就会知道除了石油价格有时会陡然上升之外，其他金属价格基本上呈下跌趋势。也就是说，尽管认为这个可能被用光，那个或许会枯竭，并在对其大做文章，实际上眼下问题并不严重。我也很欣赏悲观论。经过一番文学的修饰就会变得容易被人接受，而乐观论者敢于表达自己的观点却是需要一番勇气的。

原田宪一：我在某种程度上还是比较乐观的，人类绝不会简简单单地走向灭亡。地球循环系统还会持续5亿年，因此生物会沿着今天的轨道继续发展进化下去，这是毫无疑问的。刚才说过今天的地球是最漂亮的。人类为了使地球更加漂亮，还创造了艺术，创造出了像京都这样美丽的城市。今后，更多更好的事物还会不断被创造出来。

让我们回到刚才的话题上去，"从成长到发展"经历了量的扩大到质的充实这一变化发展过程，如果不实现内部发展，亚当·斯

97

密提倡的均衡国家就不可能实现。尽管我并不知道在技术方面应该做些什么，可是直到今天为止，我们依然在努力去做。比如说，江户时代的艺术家芭蕉，制作了许多享誉世界的工艺品。另外，与川胜平太先生的田园国家论抱有相同感受的伊丽莎白·伯德明治初来日本，曾惊叹当时日本国土的美丽，赞美之辞溢于言表。或许它是贫穷的，但美丽却是事实。不光是日本，还有像韩国和爪哇的梯田，不论谁看到之后都会为那份人造的美感动不已。人的潜能何其巨大。或许您会认为这只是一番梦呓吧？

桑子敏雄：我无意要对原田先生的观点做补充，只是认为我们的谈话会存在一定的联系。日本人总被认为是一个极度热爱自然的民族，却作出了大量破坏自然环境的事情。这是为什么？原田先生认为应该对阴阳五行说给予高度评价。的确，在日本的传统文化中蕴藏了大量的以自然为中心的思想内容，并有了一定的积累。但在实现近代化以后，人们是否对其做过正确评价，并且努力使其发扬光大？就拿那些行政官员和政客来说吧，他们既不懂五行说，更没有读过朱子学的文献。佛教的《法华经》相当于基督教中的《圣经》，这些内容从学校的教养课程中全部被删掉。这类的观念并没有融会贯通在我们的日常生活当中。

过去在日本曾经一度辉煌过的思想，作为一种文字信息沉淀下来，我认为可以把它称做"思想资源"。然而至今并不存在一套完整的体系，或者说没有人付出努力让这份思想资源发扬光大。在欧洲就有所不同了，来自于《圣经》上的记载依然被保留了下来，人类在接受了神灵的委托之后对自然进行支配，人们通过努力，让过去的思想重新焕发出光采，许多思想家为此付出了艰辛的劳动。因此，如何使日本的思想资源延续并仍旧发挥作用，才是我们今天思考问题的关键。再比如说，在确立环境公共性新概念时如何利用这类思想资源，这种桥梁式的工作方式是非常有必要的，而现实当中却还是一片空白。如果在理论学术研讨会上做一些相关发言，就会被视为异己而遭到排斥。

鬼头秀一：我基本同意原田先生前半部分讲述的有关"赖以生存"的内容，还特别涉及未来后代的问题；至于在后半部分里，尤其在谈到日本的时候，因为我历来主张科学论，因此对原田先生的观点抱有疑问。其实"赖以生存"的观点原本就出自生态地球科学，本身就包含在近代科学的范畴之内。

科学世界观自始至终就产生于近代西方模式之中。将思想凌驾于此之上谈论继承与发展会是一种什么结果？如果近代科学理论不是以西方而是以东方为中心建立发展起来的，则另当别论。事实未必如此。阶层式构造理论当之无愧应属于西方人的发明创造。而且我们还要考虑到一个事实，即与之完全相反的另一种观点也同样出现在近代西方科学之中。把这种文化说成是东方的或是日本的，对此我心存疑惑。您能否给我一些解释呢？

下面要谈到的话题和桑子先生讲的内容有关，近代以前的技术，比如说对于河流的管理，从江户时代起就做过缜密的研究。尽管技术在当时已经达到了一个很高的水平，然而到了明治时期还是被近代土木技术所取代。这是为什么呢？我认为在江户时代还没有形成一种近代科学的理论观，即还没有建立起一种共通的处理问题的方式。对地域性自然和文化没有做过深入调查，当然就不能使问题得到圆满解决。因此，近代土木技术的产生是完全顺应了自然需求的结果。

比如说利用水往低处流这一自然现象搞了许多发明创造，进一步发展了土木工程技术。然而一旦发明了水泵，可以将水引向高处，土木工程学的适用范围就取代了原有技术而被大大拓宽了。

99

在这一点上,水泵无疑起到了无比重要的作用。

与其说具有普遍意义的科学技术取代了思想理论,倒不如说是作业在只依赖简单计算就能完成的情况下,即使不对该地区的自然状况做深入调查,同样也可以顺利地完成,这是我们在工作现场中得出的结论。即便普遍意义上的科学技术存在问题,我们在考虑如何解决它们的时候,也只会想到普遍科学这一可以利用的工具,因此会产生极大的问题。谈到水库建设也是这样。本来要通过一种具有普遍意义的理论来达到治理水的目的。如果水库建设存在问题,就会去寻找一种新的代替方案,按照原田先生的理论,或许会转而求助于建立在东方理念之上的新型土木工程技术吧。可是寻找具有东方特色的普遍性理论这一做法本身就没有问题了吗?倒不如放弃普遍理论,把主要精力集中放在地域上,何况近代科学已在为我们所用了。我们可以从那些有歧视现象发生的迄今为止不得不去处理的具有结构性的问题入手,比如说在某些环节上不得不使用人力,在一定程度上通过近代科学技术的手段去解决问题,其根本出发点并不在于普遍理论,而是一种具有地方特色的地域性理论在起作用。这样一来就不能再简简单单地认为是日本的或东洋的了,而是把问题的视角转向如何看待不同地区的自然,如何在历史和文化之间进行调停。关于这个您怎么认为?

原田宪一:我在科学史专家面前有些班门弄斧了。我并不清楚东西方的分界线究竟应该划在哪里。只是读了一些书,脑子里有了一些泛泛的概念而已。

普遍性对于西方人来说意义重大。自然界存在普遍性法则。在他们看来,只要这种普遍性能够用一种理性的方式解释,就可以支配自然了。如果我们把物质的性能还原为重力和电磁力,确实可以从中找到一种普遍性。但是,一旦涉及资源和地基问题时,这种普遍性就只能是一种假设了。就拿水库来说吧，在挪威和瑞典，土地表层覆盖了大量冰冻而成的坚固岩石。因为没有土壤砂石，水库也就不会被填埋。只要计算好储水量的高度，钢筋水泥足够牢固，水库至少可以使用100年。而在日本，计算方式可以同样简单，但流入的沙土量却完全不同，本可以使用100年的水库，几十年之后就有可能被沙土填平。既不可能把沙土弄出去，又不可能把水库拆掉，束手无策。再有，原子炉内部的核反应过程尽管的确具有普遍性，但修建原子炉时所用到的土地在日本和美国却完全不同。地震和海啸的种类不同，放射能一旦泄漏出去，对外界带来的危害程度也就不尽相同。

科学技术在运用物理法则的过程中，如果把整个地球都作为一个人工环境来看待的话，确实存在普遍性。比如说，在鹿儿岛夯实地基之后盖起了IC工厂，利用电子工学的普遍性，只要在内部装上人工照明、空调和空气净化器以及纯净水制造设备，一切就可以得到保障。可是，这样做却要浪费大量的资源和能源。因此，普遍性这一概念的适用范围比预想的要小得多。正因为如此，我才认为即使对"自由、平等、博爱"这样的理念也应持一种怀疑的态度。当然，普遍性的法则确实存在。只是认为自然界是普遍可以受到支配的这种近代西方思想却是极度危险的。特别像日本这样地震频发的国家，地域性很强，单拿土木工程这一项来说，就得"入乡随俗"，根本无法想象在技术上会有普遍性存在。这些问题该怎样理解我也不是很清楚。希望能给一些指正。

鬼头秀一：原田先生为我们指出了近代西方科学存在的问题点。东方人的思想观念是非常重要的，我们有必要在一定程度上加以借鉴和利用，这一点毫无疑问。我想问的是，如果认为西方观念不可取，我们在寻找新观念时，东方的或是日本的理论就一定是可行的吗？一种新的理论被提出来之后，是否也同样存在成为普遍理论的危险性？

原田宪一：我刚才已作出过说明，整个循环过程包括浓缩和扩散两种。从整个地球环境来看，天—地—水的循环是普遍存在的，在浓缩和扩散作用之下，不同地区形成了不同的地域性特征。让我们重新回顾一下历史，由于各自不同的地域性，日本的土木工程以及用来对付地震时采用的方法与新西兰的毛利人在对付自然灾害时所采取的方式极不相同。今天我终于领悟到了这一点。我会用10年的时间考虑如何进一步对技术论展开研究，并从思想理念的角度对其加以整理。

西冈文彦：我认为原田先生在对地质学模式进行讨论和对东西问题进行比较时存在一些认识上的偏差。请恕我直言，有关东西对比的议论听上去有些落俗套。在原田先生看来，西方科学追求一种普遍性，而东方人的思想观念则具有相对性。医学上的气血论、物理学上的五行说都具有很大的相对性。这些思想传到日本后，经历一番磨合加工变得更加融会贯通、畅行无阻了。认为中国的气血论和日本的八百万神灵的传说较之于西方科学更具有普遍性……我认为这类观点与提倡"道的自然学"的卡普拉所犯的错误有着极为相似之处。这一点虽然在原田先生的文章中没有谈到，但是通过今天的议论我产生了这样一种印象。简单地认为"江户时代就是好的"，其实这只是一种假设，我认为还是应该多角度地去议论比较好。

比如说在批判当今的教育问题时，我们假设过去的学徒制是一种很好的方式。可是对于有着10年学徒经验的我来说，这一假设却是不能成立的。就因为我的师傅年纪大，在发薪水给我的时候，就可以直呼我的名字"喂，西冈"，然后把钱扔给我（笑）。长达

10 年之久,这种被人把钱扔过来的真实体验,没有亲身经历过的人是绝对体会不到个中滋味的。再到后来,干脆就忘了发薪水给我(爆笑)。

我在探讨教育问题时尽管会说学徒制是好的,但必须澄清一点,即这只是一种假设。这正是近代主义与后现代主义的不同。如果忘记了这一点,你的观点就会落入俗套并有可能被误解。

原田宪一:比如说江户时代的农民诚实并善于钻研,他们绝不肯让田里生出一根杂草。可是我的学生尝试着挑战农活时,真正操作起来发现完全不是那么回事。就像"邻家的田地里杂草丛生,看上去极不雅观,而我家的却是一根杂草都没有"一样,一旦变成了一种固定的模式,就会成为众所追求的对象。江户时代尽管被模式化,可是如果它真的是完美无缺了,就不会有"神传"里的戏剧性描写,也不会在明治时期被放弃。今后我应多注意修辞上的表现。

宇泽弘文:在论题二的讨论中,金泰昌先生提出的"中庸"观点是非常重要的。我很早就对如何用文字表达体现在政治以及政策上的中庸之道感到烦恼。今天的议论在有关东西方的对比中展开,可是埃及在第二次世界大战后修建阿斯旺大坝,对环境以及社会造成了最大程度的破坏。埃及作为阿拉伯世界的成员国之一,应该成为我们思想境界的一个原点。古代埃及不论在学术、文化上,还是在政治上,都曾奉行过中庸之道。世界上最早的民主主义政治体制就是出现在埃及的中王朝时期。埃及对我们来说应该是一个理想王国。

阿斯旺大坝修建于 20 世纪 60 年代上半期,耗资 10 亿美元。由于美国和苏联之间出现争执,美国杜勒斯最初答应提供的资金援助,由于埃及的反美运动和对西方的批判被迫中止。于是,埃及

103

不得不向苏联伸手求援,其实这项工程本身就存在许多问题。完工后,新的问题又出现了。第一,由于蒸发量远远高出预想,储水量只能达到原定计划的 1/3。还有水土流失,泥沙沉淀等问题。尼罗河每年要暴发一次洪水,会从上流区域带来大量泥沙。过去根本用不着的灌溉,如今不得不修渠探路,采取人为的方式进行灌溉。未建大坝时根本不需要施化肥,而大坝建成后甚至出现了工厂电力不足导致停产现象的发生。过去没有的血吸虫病在大坝建成后也蔓延开来。洪水卷携着贝类的卵壳流经农田,导致农田的开发被迫中止。河口曾经是地中海最好的渔场,如今也遭到了破坏。

我有一个学生在埃及的财政部工作,听说计划要用炸药把阿斯旺大坝炸掉。英国政府也认为,这样就不必返还苏联的借款了。可是事后才知道,这座大坝过于庞大结实,即便用炸药也奈何它不得。为什么一贯讲究中庸之道的埃及却会对自然造成如此巨大的破坏呢?

今天在用餐时,统览了京都的市容市貌。据上一次见到的京都时隔久远,京都所蒙受的巨大破坏让我感到震惊。1945 年 12 月,作为旧制一高的一名美式橄榄球球员,我在京都参加了一高和三高之间的第一场战后公开赛。当时的京都保存完好。记得当时我见到京都时很激动,这份记忆保留至今。当时留下来的感动和今天所受到的震撼竟然如此不同! 今日的东京也已面目全非,而当时的京都又是何其的美丽啊!

在欧洲,比如说法国,戴高乐把汽车工业作为经济发展的目标,将雷诺公司国营化,并修建了高速公路网,汽车在城市间自由穿行。这一政策在 20 世纪 60 年代末期带来了巨大的社会矛盾。以众所周知的五月革命为契机,进入 90 年代后,在法国的一些主要城市掀起了一股把汽车赶出去让城市回归自然的潮流。然而，在日本包括东京都在内，直到今天依然在大规模地修建道路。建设省的官僚和自民党勾结一气，搞得乌烟瘴气。

金泰昌：原田先生既然提到了"未来后代"的观点，我想就此提一些问题。从"维系未来后代的公共性"这一角度出发展开议论，我认为不应该只是把事物放在同一时代去考虑。

从这一观点来思考环境问题时，我们通常会把现代人看做一种社会的主流倾向。不得不承认，我们这一辈人既没有对上辈人表示过感激，也不愿为下一代承担责任。因为我们并没有意识到我们恰恰是从上一辈人手里接过了自然，并要把这个自然传承到下一代人的手中。当代人在利用资源时只考虑如何满足自我欲望。这一观点并非来自我们所讨论的西方思想或东方思想，它恰恰体现了一种支配我们生活的压倒一切的价值观、人生观和世界观。教育和政治也是这样。

因此，将今天所发生的环境问题的根本原因归结于与自然保持对立的具有支配力的西方世界观，这种认识并非是公正的。比如说犹太基督教的传统经典旧约《圣经》被看做是西方思想的起源之一，在创造了天地万物的同时，亚当遵照神的旨意也创造了人类，并由人类来支配天地万物。有些人在看到这一部分内容之后，就批判性地认为"正是受了基督教的影响，人类对自然的支配作用被正当化了"。但是如果在认真阅读了旧约《圣经》之后，还可以发现另外一种观点，即相对于"作为自然支配者的权力"更强调重视"作为自然托管人的义务"。最近的基督教神学开始转向对这方面的研究，并对迄今为止的环境观做了重新调整。

这样看来，认为东方思想亲近环境，现代环境问题的根源在于西方思想（特别是犹太基督教）这一说法并不具有说服力。我们

105

暂且抛开东方或西方思想,而是把来自于政治、经济、社会、文化对于现代社会的影响看得更重一些。因此,辨别各种思想资源中的好与坏,从中汲取对自己有用的知识,并把它运用到现实生活当中,这种态度才是最重要的。

涉及环境问题,并不能简单地就认为东方思想好或西方思想不好。说得极端一点,那些并不懂得东西方文化思想的人是否也能意识到如何把置身于其中的自然文化环境交给下一代,这一点才是最重要的,至少应该努力做到让环境不至于在自己的手中变得更糟。这份用心是极有必要的。在过去,实践中取得的智慧或产生的类似想法无论是东方还是西方都曾有过,但是今天它们几乎全都消失殆尽了。难道这不是事实吗?

这里我想向原田先生请教一个问题。未来的人们或许会找到石油等的代替资源,抑或会找到更好的使用方法。因此单凭今天的理论知识决定未来的一切我认为并不合适。尽管各种可能性都会存在,但是本着认真负责的态度,我们最低限度应该考虑到今后哪一代人的公正性和共有性才算合适呢? 请您谈谈对这个问题的看法。

原田宪一:1 亿年之后的人类在回顾我们这段历史时,一定会觉得异常荒谬。他们会发现堆积在地层中的大量氯化合物,核能和重金属污染也相当严重,并且花粉的构成成分也很怪异。野生生物急剧减少,地球有史以来见到过的不同寻常的物质被大量堆积在海底。长此下去,人类最终只会走向灭亡。按照古生物学的观点,毁灭是终极目标。不过,是人为因素,还是像恐龙灭绝那样出于外部不可抗拒的力量,我们可以从中作出选择,这就是我们对未来后代所应承担的责任。

第二次世界大战期间,由于石油资源匮乏,对山林大加砍伐,所到之处山岭变秃。在 20 世纪 30 年代，大闹饥荒，有人甚至卖掉了亲生骨肉或亲手杀死了自己的孩子，这些体验日本人都曾经历过。说到环境污染，水俣病或是痛痛病至今依然记忆犹新。尽管经历了许许多多的痛苦，仍然有人抱着"技术革新会解决问题"这一观念不放，这正是缺乏公共性的体现。

在资源公共性这一点上也存在问题。比如说，撒哈拉沙漠已经成为西欧各国堆放死灰和有害废弃物的垃圾场，然而数千年前的撒哈拉还是一片辽阔的大草原。气候处在一种不断变化的状态中，几万年之后再一次成为粮食生产基地也未尝不可。而只因为那里现在是一片沙漠就可以让它成为垃圾场吗？按照未来后代公共性的观点来看，这是绝对不行的。

金泰昌：我将通过我的"维系未来后代公共性"的观点对原田先生今天的发言作出总结。一言以蔽之，就是绝不能让自然环境的持续发展结束在我们这一辈人的手里。这意味着我们是否完成了作为一代人应尽的责任和义务。我们应该把世代间的公平问题作为公共性资源利用问题中最基本的要素加以考虑。还有一点就是在生命延续的观点上，世代间的承继性也是很重要的。

原田宪一：即使我们走向了自我毁灭，对于未来人抑或另一类具有知性的生命体来说，也会成为一个巨大的教训（参见图 6）。可以想象，未来的生命体同样会为膨胀无节制的欲望和在对自然的利用上感到困惑。我们的活动一定会记录在储藏于地层中的化石上，就如同 2 亿 9 千万年前的恐龙化石作为一种新型的爬虫类被完整地记录下来一样。

正如中国和西欧的知识分子用纸和笔记录下自己的思想，希望后来人能为他们作出评价一样，作为一名地质工作人员，我也相信"人类的活动"一定会被记录下来。人类不管以哪种方式走向

107

灭亡,一定会有一份记录被保留在地层中。未来的具有知性的生命体一定会把这些记录发掘出来并解析它们。如果我们是46亿年地球史上唯一自取灭亡的生物体,他们一定会从中汲取一些教训的。

相反,即使人类度过眼下这场危机,将生命延续至10万年、20万年甚至100万年之后,再经历一场大的变荡而最终走向灭亡,那么教训依然是巨大的。至少这一点可以十分肯定。我还是期望通过努力来克服眼前这场危机。

金泰昌:类似的话题或许有些极端,我们是为了保护环境去牺牲人类的利益,还是把延续人类的生命看做是一种至高无上的使命? 如果站在后者的立场上,就要对环境做大幅度的调整,自然环境的存在方式就有必要做根本性的改变。正如宇泽先生列举的埃及阿斯旺大坝那样,问题就出在人类对经济合理性和富裕生活的无限追求上。

另外,也有一些为了保护自然环境而去牺牲人类利益的例子。过去,凯尔特人为了保护树木甚至将随便砍伐树木的人处以死刑。这类事例我是从日本国际文化研究中心的安田喜宪先生在日本放送局(NHK)做的一次演讲中听到的。事情到了这一步,我们不得不产生疑问,保护这些树木的意义究竟何在,难道只是为了保护树木本身吗? 这是一个稍显怪异的哲学问题。原田先生站在哪个立场上呢?

原田宪一:我的立场取决于如何确定时间坐标。比如说,如果把山体只看做森林资源,那么所有的水源涵养林就都没有意义了。不在100年或200年这样一个更长的时间轴上看问题,就不如把山上的树一气砍光更好一些了。说得极端一点,如果把全印度的牛都杀死,可以充分保证印度全国人口一周的蛋白质供给。可是,一旦牛都被杀光,就再也得不到牛奶了。只要不把牛杀绝,以牛为生的印度人就可以将今天这样的生活持续 100 年、200 年不变。

迄今为止,我们把保护树木或是净化水质看做是环保,这种主流思想其实并没有抓住"环境"的本质。作为一个大原则,大气、水、岩石、野生生物同样需要保护,并允许人在一定范围内对大自然进行改造。正因为如此,才有了人口的过度增长。

那么如何确定这一范围呢? 我认为要通过时间来决定。把100 年作为时间单位的合理性,与把 1 秒、5 秒作为时间单位的合理性是完全不同的。基督教的新约《圣经》里并没有把杀害异教徒并将其同化的行为记录在内。有时诱发宗教战争的动机与宗教并没有直接关系。

但是,刚才所说的对于历史的认识——比如说及时行乐的观点,即认为自己死后这个世界也就失去了存在的意义,这种想法是极其危险的。每个人死后其痕迹不管以一种什么样的方式都会传递给未来后代。因此我们有必要提醒大家,其实每一个人的生命都是可以延续的。

说到底,认可下面哪一种观点取决于我们自身的认识:是认为尽管我们死去,为了百年之后的未来后代,种树也是一件很有意义的事情;还是认为人终归要有一死,种树完全是一件没有意义的事情,还不如现在砍了来用它取暖呢?

宇井纯:今天的日本,以牺牲人的性命为代价来保护环境。比如说山下弘文的积劳成疾。不过,正因如此,谏早①才得以保护下来。另外还有像尾濑的自然环境受到保护也是以平野长靖跌倒在路旁的雪堆中作为契机的,这就是日本目前的状况。人类为了自

109

————————

① 地名。——译者注

身的生存发展,对环境进行无休止的榨取盘剥,这种做法究竟行不行? 相关的议论我在冲绳经常可以听到。事实上,冲绳今天的开发并不是一种可持续性开发。为了缓解美军基地为当地老百姓带来的不满,大兴土木,上了许多大型公共项目。道路不断被拓宽,森林日渐消失,修堤筑坝,开垦农田,大有吞噬整个冲绳之势。现在的冲绳还能见到许多观光客。再过10年、20年之后的冲绳,就不会再有什么吸引人的地方了。

说得极端一点,让我们设想一下,如果两者在日本现实当中均能成立的话,到底孰是孰非,时间会告诉我们正确答案。当地居民在考虑到子孙后代时,就会在选择时带上极浓的地方色彩。这样就会出问题。实际上,我们目前也在努力以"环境"作为动机和出发点,在议会或行政方面大力推行改革。长野县知事的更换就是其中一例。

金泰昌:我在听过日文研的安田先生的讲话之后,又在芬兰首都赫尔辛基听取了森林问题专家的意见。

换一个视角来看,如果不对树木进行必要的砍伐,只会对森林起破坏作用。只见树木不见森林的断章取义,可能会犯大错误。

另外,森林保护不仅仅是一个自然现象,同时也是一个文化问题。认为即使牺牲人类的利益也要去保护好每一棵树,是一种文化;认为在森林与人类之间保持一种相互利用互相合作的关系,这又是一种文化。问题就在于两种文化之间的差别。

那位芬兰生态学者的看法恰恰代表了人类依赖自然生存的观点。这与日本环境厅的环境问题专家所做的发言相类似。一味主张绝对的自然主义并不能很好地解决环境问题。因此,并非孰是孰非,而是应该同时顾及两种观点。

```
                              ?
                    高度文明的产生
数千万年后          知的生命体的出现
                      运动神经·知觉神经·感情·智能的发展

                    陆地生态系统的再生
数百万年后                       ┌ 天地变异（陨石冲撞·巨大喷火）
                    人类的灭亡 ┤
数千年后                          └ 自我毁灭（核战争·环境污染·粮食不足等）
现代                人口爆炸·战争·环境破坏·资源枯竭

                    ┌─────────────────────────────┐
                    │ 日本的经验  朱鹭的灭绝          │
                    │            经济增长和公害      │
                    │            战败带来的混乱      │
                    │            广岛·长崎          │
                    │            绳文文明           │
1万年前            文明的诞生和发展└──────────────────┘
200万年前          人类的出现

                    运动神经·知觉神经·感情·智能的发展

6000万年前        哺乳类动物时代的开始
6500万年前        恐龙的灭绝（气候变动·火山作用·海水退却·陨石冲撞）
2亿年前            恐龙的出现和王国的兴盛
```

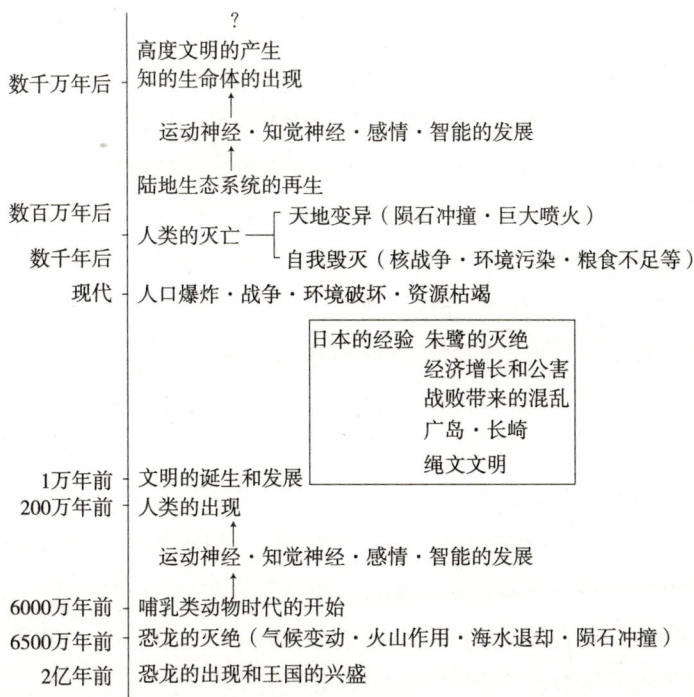

图6　按照1亿年的时间尺度考察人类出现的意义

陆地动物靠食物链维持生存，为了觅食或逃避天敌的追赶，通常它的运动神经和知觉神经都会很发达。另外，在进行交配(胎内受精)时，为了选择配偶，不得不用到视觉、听觉、嗅觉、触觉等感官，并在表达喜欢或厌烦时使感情变得复杂化，这必然带来智能的发达。我们可以把人类历史追溯到恐龙灭绝后的6300万年前，即使人类由于一些理由走向灭绝，可以预测在未来的数千万年到1亿年之间，还会有新的具有知性的生命体出现。

日本人创造了绳文文明，又经历了明治维新带来人口膨胀，随即发动了对外战争。战争期间，物资和粮食匮乏，原子能爆炸造成的核污染问题使老百姓的生活苦不堪言。第二次世界大战战败后爆发了剧烈的社会动荡，而高度经济增长期间又对环境造成了极大程度的污染和破坏。朱鹭的灭绝就是一个活生生的例子。换而言之，日本经历了从人类自取灭亡到走向新生的全部过程，我们应该有信心把我们的阻止人类走向灭亡的成功经验向全世界推广。

111

宇井纯:面对一种文明之下所面临的问题,同一时点采取的行动可以使上述两种观点同时成立。我们都知道印度有名的抱树运动。在一些山地,森林砍伐会直接造成灾害发生,许多女性和孩子们就会聚集在那里,用自己的身体抱住树干,以阻挡这种乱砍滥伐的行为。这是一种以命相抵的拼命三郎式的行为。到当地一看,才发现那里果真如此。树木一旦被砍伐,会直接导致山体崩塌、村庄遭埋没。我们可以通过各种形式发表议论,而结合当地具体情况寻找适合本地的应对措施才是本真。

类似的议论在1970年前后曾在日本大为盛行。由于工作关系,我会在一年里阅读几百篇类似的文章。在判断是否有必要通读该篇文章时有以下两个标准:一是是否涉及环境历史方面的内容;一是在整个历史过程中是否对自身所应承担的历史使命作出反省。如果不具备这两个条件,这样的文章读到最后也不会受益。类似的议论在20世纪90年代后期再度兴起,我想我在70年代建立起来的标准直到今天依然有其用武之地。

宇泽弘文:我工作的大学里有一个从喀麦隆来的学生。喀麦隆是非洲一个唯一拥有热带雨林的国家。他所在的部落对砍伐树木有着极为严格的规定,据说一生中都不允许砍伐一棵树木。而在相邻部落里,却允许这样做,这样就形成了一种契约关系,从而保证了总体上的相互平衡。换句话说,在保护森林的同时还要有一定数量的砍伐。正如刚才金先生提到的"中庸"之道一样,通过一种极为传统的方式顺利实现了环境保护。

以亚当·斯密为代表提出了社会共通资本的概念,实际上在同一时期还有一个人对这个概念做了展开。这个人就是歌德。歌德当时是魏玛共和国的一名大臣,与普鲁士的弗里德里希国王展开针锋相对的对抗。当时,美丽的园林、艺术、学术文化一直被视为王公贵族的私有财产，歌德却要求把它们作为一种公共财物向一般市民开放。这就是最初的公园构想。因此在欧洲，"公园"不单单指园林，还包括像美术馆、音乐等人类积累下来的文化、艺术类遗产。

当然这并不意味着就一定要免费。作为一种社会共通资本，开放它们的意义正在于让所有的人都能够享受到，并非一定要采取免费的方式。歌德在当时与席勒共同推进新文学运动。尽管遭到弗里德里希国王的镇压，但歌德的公园构想，的确是一种行之有效的办法。

我的出生地鸟取县，前任知事推出了 21 世纪新理念下的"公园城市"构想图。这一构想图由三部分组成：第一部分建立环境大学；第二部分建立初高中连读的六年制学校，在山里修建集中住宿的校舍，让孩子们过自给自足的生活；第三部分修建医院村落，即公园式医院。在医疗方面，如同对待歌德的遗产那样，采取开放的方式。这些构想由于知事任期的更迭最终没能实现。

1972 年冲绳被返还前，当地政府希望我能为庆祝冲绳的返还纪念活动献计献策，向我发出了邀请。冲绳人当时最大的一个愿望就是重修轻便铁路。国铁部门和占领军之间当时已达成协议，同意让铁路穿过美军基地，站台却只能修建两三个。可按照我当时的想法，还希望像过去那样修建二三十座车站呢！因为那就是冲绳的生命线啊。

趁着各方面还没有走上正轨，通产省的官僚趁机中断了铁路修建计划，而改建成以"海洋博"为名的日本重工业基地。包括各种设施在内，总投资达 6000 亿日元。其中归冲绳所属的资本只是其中的一部分饭店，而且很快就倒闭了。冲绳人是善良的，背叛了冲绳人民的那位通产省官僚今天就在环境厅里担任高官。这是绝对不能够容忍的。

幸·古尔巴克西(音译):我想讲述一个具体事例。20世纪五六十年代的印度,分别计划在北部、中部或东部地区修建水库。这当然会遭到当地那些因此失去土地的人们的反对。有些人还用上了宗教的名义。不过,持赞同意见的依然在大多数,因为水库一旦建成,每个人都可以喝到水,众人受益。修建水库可以为数百万人带来利益,只占绝对少数的几万人即使反对也于事无补。遇到这类事件,我们该怎样看待呢?

原田宪一:我在回答幸·古尔巴克西先生的问题之前,还是先要回到刚才砍伐树木的话题上来,东大的松井孝典先生的思想很能引起我的共鸣。他认为圈化和复杂化正是使事物得到进化的动力所在,我想在这里使用"人类圈"这个概念。"人类圈"并不是一个很受欢迎的概念。但是,即使是山村,一旦有了人类活动的介入,也不得不从始至终都要对它进行管理。家养的狗放回到自然是不会变成山狗的,而只能变成野狗返回头来咬人。在无法回归自然上,二者具有同一性。在这一层意义上,山林也属于"人类圈"的范畴。

自古以来就有由天、地和水构成的生命圈,人类圈隶属于生命圈的范畴之内(参见图7),今天来自人类圈的影响范围已波及天、地和水圈。因此有必要在一个大的框架之下,通过建立一个大的时间坐标轴来统筹看待问题。要回答幸·古尔巴克西先生提出有关修建水库究竟好不好的问题,要通过时间坐标轴来看,100年之后才会明白。美国的土著居民也通过模拟他们第七代子孙的生活来判断今天的行为是好还是坏。

经济学和数学也是这样,把框架定得越小,时间轴界定得越短,模拟也就越容易做成,而且这已经成为一种定势。因此近年

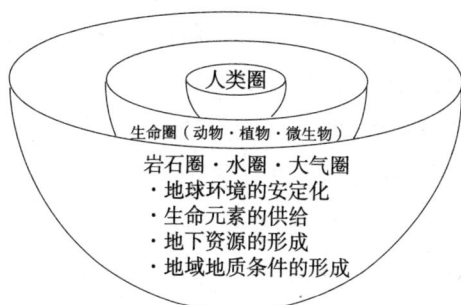

图7　碗状地球系统的多重构造

来,在经济学界出现了一股只在小范围内追求经济效益的风气。但是,要想弄清楚这样做是否合理,要把它放在50年甚至100年的一个较长的时间跨度来看,在空间上也要顾及整个日本东北地区乃至全日本。

因此,我们必须建立"未来后代"的观念,必须从长远的角度去考虑问题。在探讨"公共性"概念的含义时,不光局限于日本一国、亚洲还有人类圈,甚至要在一个更加宽泛的意义上去理解。通过我的论题,希望能给大家一些启示。也感谢大家为我指出了我在认识上的不足之处,这进一步激发了我今后对问题的思考,也加深了我的认识水平。

金泰昌:非常感谢。当前在讨论公共问题时,习惯于利用空间概念进行判断,原田先生在论题讨论中一再强调时间这一标准的重要性,对此我再次表示感谢。

115

　　我们在议论时一般总是会把公开性、公平（正）性、透明性和共有性等作为公共性的内容，我认为在此基础之上还应该加上一个世代间承继的新观点，即公共性的时间轴。只从当今世代的立场、观点、基准、利益和目的出发对事物作出判断和决定，在实践过程中很容易形成现代自我中心主义。同时考虑到过去、现在以及未来后代的思维方式，也体现了以时间轴为基准来重新看待公共性的特点。用一句话来概括就是，继承过去打好基础，时刻铭记对未来后代的责任，从而创造出一种新的事物来。那么，为什么说是"生生"，而不是"生成"呢？从微观的角度看待，每一个人确实起到了维系世代间传承的作用，但是如果从宏观的角度去看待世代间的关联性的话，所有的生物共同生活在同一个生机勃勃的空间里，而这个过程也是永不间断的（不间断地繁衍生息）。这或许就是天地公共性的精神和道理所在吧。

综合讨论一

主持人：金泰昌

管理型公共性和市民型公共性

金泰昌：今天（2000 年 11 月 3 日）的《京都新闻》日刊头版头条刊登的一篇文章与幸·古尔巴克西先生刚才提到的问题有关。文章中公布了针对 3000 名京都市民所做的问卷调查结果（回收率为 53.9%），认为"应保存本市市容市貌"的人数高达 82.6%，而持反对意见的人数只占 6.1%。

我们完全可以把这类问卷调查的结果作为一种根据，从而决定社会发展的方向。"由于是众望所归，所以理应得到社会全体人士的赞同"。我认为这是利用了统计学的公共性能对公共性这一议题展开讨论。而那些持肯定意见的个人利益不会受到任何侵害。然而，这种公共性与我们今天所提倡的公共性毕竟有所不同，它们的区别到底在哪里呢？

就拿印度修建水库这个例子来说吧。大多数的直接受益人会赞同修建水库，把这一数字与那些只考虑宗教或其他因素的少数派做对比，我们是否可以得出一个结论，认为"主修派占多数，他们代表了公共性，而反对派只代表少数（私）人的利益"呢？

对于管理型公共性来说，这一做法或许会很方便。但是，因为只占少数就遭到排斥和歧视，这显然是不公平的。反过来看，事实的真相未必就如想象的那样。我们只有按照这样一种思路，重新看待"公共性"问题，才可以找得到市民型公共性的实质所在。即便暂时得不出结论，如果能够在两者之间展开讨论，谋求一种积极向上的"中庸"做法，获得某种现实意义上的互相妥协，这不也体现了一种较为动态的公共性吗？这就是我在公共性问题上所持的观点。

因此石弘之先生讲述的共有地问题、二氧化碳引发的全球温室效应问题以及利用未来后代的观点看待资源的问题等等，都可以归结到如何重新看待公共性的问题上来。为什么今天需要重新思考"公共性"问题呢？一般来讲，现实当中存在这样一种认识上的偏差，即"多数人可以代表公共性，少数人则不可"，或者说"强大一方为公，弱小一方为私"，这已经是明摆着的事实了。

在日本始终保留着一种极其顽固的"水户黄门式的公"的观念。在许多影视故事当中，那些私的人物代表总是由米商和服装商人来扮演。商人利欲熏心，而能够替天行道、惩恶扬善的力量总是来自于上面。让善和恶在情节发展中相互碰撞，最终水户黄门登场，澄清了事实真相，落得个皆大欢喜。但不可思议的是，为什么"上面"就一定会成为"公"的象征呢？今天的日本，这种独特的"水户黄门式的公"依然存在。

有所不同的是，我在美国留学期间曾看过一部叫做《弗吉尼亚》（音译）的电视剧，讲述了另外一种故事。老百姓齐心协力与犯罪团伙进行斗争，最终达到惩恶扬善的目的。

去美国之前，我在韩国接受教育。这是一种彻头彻尾的由国家实施统一管理之下的国民教育。因此，在最初留学的那段日子里，《弗吉尼亚》让我产生过疑问。但是一年之后，这部电视剧让我重新对市民的自立性以及他们自发组织起来的自卫行动有了认识。我素来只把自己看成是一个从属于国家的"国民",那段时间里我第一次真真实实地感受到了自立于国家之外作为一个"市民"的真实感受。用今天的话来说,与国民的国家公共性不同,市民的自律式公共性也是同样存在的。

使管理型公共性正当化的典型手法是利用统计学原理对数据进行处理。政府及有关部门利用问卷调查的方式对必要的资料进行收集整理,并公之于众。政府的这种行为一般来说,都是为其在制定方针政策时寻找一份正当理由。有了数据作为依据,在"公"和"私"之间形成对比,从而强化了"公"的管理的正当性,并且进一步将这一管理落在实处。甚至还把"公"提升到一种大是大非的高度,以达到强行推广的目的。基于这一现状,迄今为止,又有多少"私"被以一种何等惨痛的方式牺牲掉?因此,新的公共性就必须是公正的公共性。幸·古尔巴克西先生提出的问题,使我们对缺乏公正性、迫使少数人成为牺牲品的现状作出深刻反思。

宇泽弘文: 听了幸·古尔巴克西先生的一席话之后让我想起了一件事。明治初期,在福泽谕吉和森有礼之间就如何把"education"这个词译成日语展开过一番激烈的讨论。福泽谕吉主张译为"开发","education"一词原本就有"引出、诱发"的意思。德语中的"Erziehung"也有"引出、诱发"的意思。按照福泽谕吉的观点,教育的目的在于很好地开发孩子们的天生资质,就如同让花朵绽放一样,因此取"开发"的译法比较好。

此前,他曾把"development"一词也译为"开发"。"development"的原意是指照片底片的显影。把底片中的内容放成图像,让所有的人都能够用肉眼看到。这个过程就是"开发"。森有礼则持有异议,他认为从国家的角度来考虑,包含了"教育"的意思。

119

"教育"一词在过去就有。森有礼的侧重点放在以"国家"理念为指导教育孩子。森有礼在担任伊藤内阁第一代文部大臣以前,就和福泽谕吉两人共同创办了"明六社"。社长是森有礼,福泽谕吉任专务。明治六年出版了极具启蒙意义的杂志《明六杂志》。该杂志主张男女平等,认为应该把基督教作为国教,并主张废除死刑。这些观点在当时严重触犯了明治政府,遂被列入禁书。之后森有礼做了外交官,结识了伊藤博文从而改变了原来的志向;而福泽谕吉始终没有改变自己的观点,创办了庆应义塾这样极具自由主义精神的大学。

刚才谈到日本缺乏公共性,特别是在明治时期,偏激的萨长中心式观念被当做国家理念,这在极大程度上阻碍了日本的近代化进程。这一观念直到今天还仍在左右着我们的言行。所以,直到现在对于"公共性"的理解也还只是停留在牺牲个人利益、以国家大局为重这样一种认识水平上。就拿修建水库来说,为了国家政策的顺利实施,在某种程度上牺牲市民利益成为理所当然。日本在这一点上表现得尤为明显。但是,公共性的本意不正是在于要创造条件,让每一位市民都能过上富有人性的生活吗?

金先生对"统计学手法"做了评价,其实我曾在文部省的统计数理研究所任过职。受文部省之托,该研究所首次承担了针对第二次世界大战后"日本人如何看待天皇制"的社会舆论调查的开发研究工作。当时的领导人是一个右派极端分子,在出题时甚至加上了类似"应该判处天皇死刑吗"这样的问题,大家当然都会说"不"。于是便得出了"绝大多数日本人都支持天皇制"的结论,并将结果公布于众。因此我始终认为统计手法是非常危险的,会受到操作人主观意志的强烈影响,非常不可取。

下水道和垃圾处理的例子

宇井纯：我的研究内容主要包括下水道和垃圾问题，可以归在"公共性"领域范围之内。从 20 世纪 60 年代中期起日本进入高度经济增长期，当时在几乎所有的部门都存在这样一种想法，即认为只要把规模做大，就一定会取得成功。于是，下水道部门竞相把处理规模从 50 万人口扩大到了 100 万。这一做法很快向全国范围推广，并把污水处理厂修建在地势较低的地方。可是这些地区多是用来生产水稻的农田，这就理所当然要遭到当地农民的反对。而当时全国范围内形成的一种共同认识是"合理的下水道建设计划遭到了一小部分农民的反对"。

同时期，美国也爆发了一场以"not in my backyard"（拒绝进入我家的后院）为口号的"NIMBY"运动。当时的日本评论家均表示赞同。我和助手中西准子从计划实施那一刻起就认为它"有问题"，并参与了污水处理厂修建在低洼地区的反对运动中去。

要想扩大下水道的规模，就必须把很粗的管子埋到地下深处。为了达到日处理几十万吨污水的要求，对处理厂自身的重量也有相应的要求。而且在地基薄弱的地区修建大厂，成本费用就会激增。我们指出了问题所在，却始终都是少数派。一晃 30 年过去了。由于成本造价过高，问题已经暴露出来。今天，大规模的下水道建设工程逐步在全国各地消失。

目前，污水处理规模控制在 1 万人到 5 万人的小型污水处理厂正在全国各地兴起。这一代替案规模合理、经济，可以做到费用分摊。修建大规模工厂，一旦出现故障，整个设备都会陷入瘫痪。而规模越小风险越分散，即使其中的 1/10 出现了问题，还有其他 9/10 可以照常工作。经过一段时间的摸索之后，终于懂得了在污

121

水处理过程中,并非规模越大利益就越大,相反,规模过大只会造成更大的损失。

下水道事例带给人们的最初印象只是少数人与公共利益之间发生的对抗。但是,经过一番学习摸索之后,我们却发现,少数人的意见是合理的,小规模的公共投资才最为合理。进入20世纪90年代以后,这一观点逐渐为人所接受。即便如此,以振兴经济为名,仍有相当数量的不知名堂的公共投资项目出台。我们可以肯定地说:"这类愚蠢的事情已不能再发生"。今后有必要推广小规模投资的建设项目。

乍一看,少数派的主张与公共性背道而驰。但是,随着工作的进一步完善就会发现,这些来自于少数人的意见其实正是充分体现了他们对公共性以及环境的重视。

在垃圾处理厂的选址问题上,由于"公害问题的发生",同样引起了当地居民的反对。这期间,武藏野市利用一种较为独特的方式对该问题的解决作出了有益的尝试。建厂之初,市民向当地政府提议把垃圾厂"建在市政府旁边,这样一来,有害气体的污染问题就会引起关注"。市政府顺应了当地市民的要求,把垃圾焚烧场建在了市政府旁边。老百姓们就此安静下来。事情发生在30年前。

在三多摩地区的日出地区,市政府在森林深处修建了一座大型垃圾填埋厂。垃圾焚烧之后,残渣要被拉到这里填埋。由于天长日久防渗膜破损造成污水渗漏。市政府隐瞒了事件的真相。该地区在对待垃圾处理上有其独特的方式。各市区选出代表组建"事务组合",该组织在整个垃圾处理过程中起到一个中介的作用。他们处在市政管理的延长线上,被称为第三中心。这类组织一般不会承担直接责任,特别是在垃圾问题的处理过程中,"事务组合"不承担任何责任。

从制度的角度来讲,这一组织体现了一种"公共性"。市民不得不与这一公共性发生对抗。如果把污染地区的居民利益以及对下一代的考虑算做是一种"公共性"的话,从外表上看他们的这种对抗行为就具有了反"公共性"的性质。但是如果从长远角度来考虑的话,其实正是他们的行为才充分保障了"公共性"的良好发挥。类似情形在这个污染极度严重的世界里到处都在发生。

水库问题在性质上略有不同,或许不能放在一起妄加评论。日本在下水道和垃圾处理这两个领域里,表面看上去市政府代表了公共性,其实在骨子里正如宇泽先生所说的那样,他们丝毫不能代表公共利益,至多不过是一群乌合之众。事实上他们只是利用征收来的税金填充自己的腰包。因此我们必须采取一些必要的手段破坏他们的计划,这样做的同时也保护了环境。这就是我们今天所面对的现实。

住宅保护的例子

石弘之:我先把问题提出来。我现在住的是祖先遗留下来的旧式房屋。数年前我打算把它翻修一下,可是区政府告诉我这是一处古旧建筑,非常有价值,不能随意翻修。房子由于到处漏风,一年里的空调费用相当高。

这让我联想到了"公"、"私"问题。区政府本着一种"公"的观点,认为这房子有保留价值,周围的人也认为应该保留下来,却不管我有些什么想法。我始终提倡"重视古物保护",因此对自己的想法产生过一些内疚感。这也恰好印证了金先生所说的话。

至于那幢房子,最终达成协议,同意"将其中的1/3拆除,建成较为现代化的环保居室",并对一些破旧不堪的地方做了大幅

123

度的修改和完善。其实这幢房子被认定为文化遗产之后，区政府只给了少量补贴，翻修时却要征询文化遗产委员会的意见。大概居住在京都的许多人都有过类似的遭遇吧。我非常想听听大家的意见。是应该通过"补偿"予以解决，还是只要本人一味去忍受？

金泰昌：石先生的遭遇涉及了"公"、"私"问题。我年轻的时候在德国逗留期间，曾从一位德国房东老太太那里听到了一种"Heimatslicht"（故乡之光）的说法。她的家乡因为是贝多芬的故乡，人们为了纪念这位音乐大师，修建了铜像和纪念馆。照那位房东所讲，这就是所谓的故乡之光，当地老百姓引以为荣，与世界各地的观光游客共同分享这份快乐。

那么，这些事情是由什么人来决定做呢？都是由当地居民选出的代表来决定的。在日本必须由市政府出面的地方，在德国却是通过税收，让老百姓自己去操作。因此，像石先生这样的既要自己承担费用还得去忍受的事情，在德国是绝对不会发生的。

石弘之：如果是贝多芬的故居，我也就认了（笑）。

金泰昌：在日本凡事要由行政单独做决定。一纸檄文下来，告知主人"不允许改造，要保护好文物"。老百姓只得听任处理。这一点与德国大有不同。问题在于按照严格意义上的法律来讲，个人住房究竟应该算做私人财产还是公共财产？

石弘之：我再举一个更为深刻的例子。环保运动近年来在世界各地盛行，许多发展中国家强制性地成立了国家公园和自然保护区，以确保生物的多样性不至于遭受破坏。日本和欧美国家的政府开发援助（ODA）也在做各种努力。然而这些行为一旦落到老百姓头上，又是一幅什么情形呢？他们会在某一天突然被通知要求从这里搬出去，就因为"这里自然环境良好，要用来修建国家公园"。常年生活在这里的人们不得不另谋住处。类似的事情在印度、马来西亚、印度尼西亚等国家都时有发生。如今,在自然保护的同时,已开始涌现出大量的环境难民。近十年来这一问题尤为严重。被驱逐的人群只得另辟谋生场所。这就引发了更大程度上的环境破坏。

居住在印第安地区的巴西印第安人过的是一种原始的生活方式。赤身裸体、举枪起舞的印第安人的独特风格已为人们所接受。他们一旦出现在城市里,坐在汽车上,就会被视为怪物,这就是一种歧视。同样的事情到处都有发生。我的房子也只是问题的一个引子而已。

金泰昌:道理是一样的。还有一些地方性"公共机关"假借国家名义,单方面作出"公共财产不允许随意改动"的决定。另外一种做法就是告诉大家"这是公共财产,属于我们每一个人,要大家一起来保护"。两种做法经常出现在自然环境和文化环境保护过程中。

在对京都古建筑做问卷调查时也发生过类似事情。京都市政府认为"古建筑是京都地区的一种公共财产,不能随意破坏,而应加以保护"。但是这样去做就会影响到生活在里边的人们。他们认为,要不财产全部交由政府管理,要不就还给他们充分的自由。只一味要求大家做无私奉献,确实很难做到。面对这种两难选择,单凭一些数据统计,"大多数人都认为这些古建筑应当保存下来,所以你们必须去忍受",这种做法显然是行不通的。

125

宇泽弘文:我有一个叫多拉·马利兹(音译)的土耳其好朋友,是著名的小儿科大夫。他也曾遇到与石先生相类似的问题。乔安·米罗在他家墙壁上绘制了精彩的图画,作为礼物送给他,于是房屋价值陡然间倍增。他只好把它捐给了学校。

石弘之:光是那堵墙壁吗?

宇泽弘文:不,是整幢房子。然后他们自己搬到一处较小的公寓去住。

金泰昌:这是一个放弃所有权,自发地将自己的私有财产捐献出来的例子啊。

鬼头秀一:问题是捐赠时只想到了捐赠,是否还应该在精神上保留一些共通的东西。不要随大流或是赶时髦,应预先在这些人中间就如何管理当地文化遗产达成一项共识,即便像石先生那样,就是感到有些无奈,因为事先已达成了共识,只能欣然接受了。我认为这种地域性观念只会变得越来越重要。

足立幸男:针对石先生的提问和宇井先生的阐述,我想就它们之间的不同及相关性谈谈我个人的看法。宇井先生在谈到下水道问题时,提到了当地居民的所谓"NIMBY"的不合作性,同时还可以看到当地人成为整个社会利益的牺牲品。其实,尽可能使政策带来的社会效益与为此所支付的社会成本保持一致,在问题得到解决的同时尽量缩减成本,这才是唯一可行的办法。问题所涉及的不光是下水道处理,还包括修建垃圾焚烧厂,只要涉及地区的整体利益,就必然会牺牲少数人的利益。这一说法显然有些勉强。即便在小范围内是正确的,但最终总会有些问题不能得到圆满解决。

石先生的住宅是祖先遗留下来的财产,周围的居民即便认为(自己的古旧住宅全部拆掉不说)应当保留,也可以完全不去理会。

在思想界评价不高的罗伯特·诺齐克认为,"只要有一个人反对,这个人的意见就必须被得到尊重",即使他们在社会进步方面起到一定的阻碍作用。严格意义上来说,每个人的权利意识我们都不该忽视。个人(一个家庭)在与地域社会发生纠葛时,除了宇井先生所说的理论（在小范围内）之外，难道就没有其他办法了吗？

森林生态系统保护地区和历史景观保存地区的例子

鬼头秀一：刚才提到了环境难民的问题，我做过一些调查，发现在白神山区也存在一些管理方面的问题。该地区在修建青秋林道时，曾遭到当地居民的强烈反对。这一运动最初是由一些登山人士发起的。当地人从他们那里了解到河水流量减少，并且很难再捕捉到鲇鱼。究其原因，认为极有可能是深山伐木所致。于是，就此展开了反对运动，修建林道的计划被迫中止。同时，白神山区作为森林生态系统保护地区，还被列入了世界遗产，这样一来，山体被全方位封闭起来。

这样一种结局是当地老百姓始料不及的。秋田县人认为不该列入世界遗产。而青森县一方据理力争，认为他们的保护运动只是为了反对修建林道，并非不让大家进山。双方各执一词，争执不下。前几天去鳄沢参加了一个研究会，得知他们仍在为此事争论不休。

我想从所有和共同性的角度去分析一下这个问题。白神山区是国有林。一种意见认为，"既然是国有林，就应该是老百姓的东西。老百姓自然有权接近它"。但是，回顾一下历史就会知道，这里原先是藩的领地，实际上只作为入会地归当地老百姓共同使用。这里自始至终都是普通林，而不是薪炭林。也就是说在禁山之前，尽管是国有林，采纳的却是共有林制度的管理方式。在实施地租改革时，由于所有权无法确定最终被收归国有。而这一做法并不为当地人所接受，于是按照委托林或普通共有林的方式，形成了今天的地方共有地这一制度保障形式。

127

林道计划被废除之后,林业厅认为国有林今后归林业厅管理,并提出了封山的要求。一部分自然保护团体人士也认为"自然应该得到保护,还是不要进去的好",对林业厅的规定投了赞成票。于是问题复杂化了。为什么要爆发反对林道计划的运动呢?特别是,青森县赤石川流域的居民在最后阶段提出了反对去除水源涵养保安林的意见书,这又是为什么呢?其实这里有一直被当地老百姓共同利用的共有地。山进不去了,最受影响的还是当地居民。应该说针对地域共同性,我们既不能忽略对自然和公共财产的保护,同时又要从地域性角度出发,考虑到地域公共性的问题,两者同等重要。如果忽视了其中一点,只把它作为一项世界遗产来看待,就会出现问题。既然属于全世界人民,禁止入内也就成了理所当然。我认为,在特定的历史背景下,应对一些特殊的地域共同性给予一定程度的保障。

还有一个例子是冲绳的竹福岛。坐落在这座岛上的城市被指定为历史景观保护区。因为在琉球王朝时代,士族之家盖房时用的都是红瓦。老百姓原本不用红瓦,到了大正年代,也逐渐流行起红瓦来,因而留下了许多红瓦建筑。这些建筑具有一定的历史文物价值,因而整座城市受到了保护。这样一来,翻修房屋就受到了限制。

我亲自去那里做过调查,始终为他们在管理上的独树一帜叫好不绝。这里属区一级,区里要征收一种特殊的赋课金。赋课金很像税金,按人口比例以及旅游收入的标准,其计算方式细致到令人惊讶的程度。这些事都由区总会来做决定。

除了这一制度之外,利用当地的文化历史特点,每年11月都会为收获种子举办一场大型的祭祀活动。到时人们都会从东京、大阪等大城市,或是冲绳本岛赶回来参加。所以文化历史遗产只有得到了认真保护，征收一些费用才会成为可能，居民对相关制度也才会心甘情愿地接受。如果只提一些强制性的要求，只会适得其反。

宇宙是资源还是神圣领地

金泰昌：如果说"利用资源需要支付费用，而对于自然（环境）进行索取时却是免费的"，那么，我认为第一个被资源化了的自然就是土地。导致日本泡沫经济发生的根本原因就在于本属于自然一部分的土地变成了资源，随着其价格的起伏跌宕演绎出一幕幕人间悲喜剧。土地这个资源牵动了社会上每一个人的神经。再后来水也变成了资源，被装在瓶子里贩卖，最终造成地下水枯竭。

那么，空气又怎样呢？宇泽先生认为有必要实行煤炭税征收制度。二氧化碳的过量排放已成为一种公害，为了能与作为公共财的氧气（我不能确定）达成一种平衡关系，我们必须支付相应的费用。今天的环境问题就出现在自然被大量且快速资源化这样一个大的背景之下，这种趋势今后究竟还会延续多久？

在法国的斯特拉斯堡有一座国际宇宙空间大学（International Space University）。该校于 1997 年在奥斯陆举办了一期暑期特别讲座班，作为一名讲师我受到了邀请。那里的创办人曾向我提过一个问题，宇宙到底应该是看做一种资源呢，还是神圣领地？我回答他们说，我很想把宇宙看成是后者。对方听后却充满了疑惑，因为今天的人们显然把宇宙当成了一种资源，无休止地争夺对它的所有权。

宇宙也被纳入资源的范畴，这究竟意味着什么？资本主义理论在把土地和水变成资源以后，如今又把目标指向了空气，甚至包括充满了空气的宇宙。很难想象，将来等待我们的还会有什么事

129

情发生？

经历了这样一番变化,法律程序是否跟得上？我的同学在世界宇宙法学会的韩国支部里担任支部长,他本人则在汉城某大学法律系任教。有时会被邀请到日本做特别演讲。我们时常在一起讨论一些关于宇宙法方面的问题。因为这一领域已超出了国际法范畴,因此有必要建立一套宇宙法,以做进一步讨论。宇宙空间究竟是什么？公共财产还是共有财产？要不就是无主财产或私有财产？美国人更喜欢把它看成是私有财产。欧洲人对此表示反对,认为至少应该把宇宙看成是一种公共财产,并要求进行广泛地讨论。

今后如果能建立一个"特许权"的概念,并在全世界通用,自然一旦被无故使用,就可以通过这一概念向对方请求支付赔偿了。触犯了法律,还可以提起诉讼。我们必须承认,环境问题已不再是单纯的"自然"问题,而是将自然囊括其中的一个"人类社会文化"以及"文明"的问题。

西冈文彦：由于资本主义理论的渗透作用,包括宇宙空间在内,几乎所有的东西都被资源化。我认为今天我们必须放弃这一愚蠢行为,寻找一种新的方法来对待"时代财产"。

比如说,古旧民宅都被保存了下来,可是生活在里边的却是一些上了年纪的人。现代住房被隔离成许多小空间,然而在过去,房间的布局过于开阔,既不好住,冬天也不够保暖。按照行政要求,这些建筑都应当被保留下来。这就会产生一些摩擦。我们要尽量做到保护好文化财产的同时,还要使环境变得更舒适。

具体在操作时比如说本人出资 2000 万日元,市里提供赞助1000 万日元等等。我的一位亲戚就有过类似经历,这又使我从中看到了一些问题。建筑物一旦被认定为传统文化财产,所有权问题就变得不再重要，而经营本身则被作为一种资本主义的剥削方式受到批判。因为，有些人以此为生。

具体到刚才的例子来看，房屋的改造工作由与当地没有任何渊源关系的东京大学教授全权接管。换句话说，文化遗产的修理完善工作完全被行政垄断。

雇用什么样的施工单位，由谁来做设计人员，作为一个纳税人来说，最理想的办法莫过于找一些朋友来帮忙。而且，那位大学教授在整个设计过程中，根本就没有把居住人的感受考虑在内，完全是一副事不关己高高挂起的姿态。其实这位教授体现的至多不过是资本主义制度下作为一名责任人所应具备的全部性格。

不管我们如何强调伦理道义，有时还是要输给强大的资本主义制度本身，类似情况有很多。因为这里可提供给我们的选择项实在太少了。今后在提供更多的选择项上应该多下一些工夫。我认为"未来后代"的观点能够为我们带来希望，因为当事人的性质在某种程度上得到了扩大补充。"我们没有必要考虑 50 年或 100 年之后的事情"，在否定了这一极端的没有人性的观点之后，把未来后代理念引入我们的思维中来，当事人这一概念就会在时间上得到进一步扩充。

超越资本主义社会的现实主义方式，并增添"世代财产"的行动意识等新鲜内容，这不是很好吗？听完了石先生对自身遭遇的讲述，我产生了上面一些感想。

131

神圣的共有地和未来后代

宇泽弘文：还是有关山村的话题。我经常带着学生去爬山，沿路要经过许多共有地。共有地的使用规则极富社会性，能够为人们普遍接受，其中一个大的前提就在于"勿使森林变荒山"。泡沫经济时代,到处拉起绳子封堵道路,禁止人们入山。调查得知,这是一些暴力团伙所为。农民的利益因此受到极大的打击。其中住宅金融管理机关和农协在这方面要负主要责任。住专是由大藏省一手扶植起来的,而农协的成立也离不开农林省。这简直就是一种犯罪行为。

日本的老百姓像守护神灵一样捍卫着共有地。18世纪中叶,在美国的印第安地区有一个叫做希阿托鲁(音译)的酋长,曾留下这样一段名言:"白人把土地当做一种可以买卖的物品。他们夺去了我们神圣的土地,改变了它们,并毁坏了它们","白人甚至连他们的母亲都会送出去卖掉"。

在说到"共有地"时,会产生一种非常强烈的神圣感。而这一神圣的东西最终却变成了买卖的对象,在日本则变成了投机的对象。泡沫经济带来的最大危害就是把曾经一度神圣不可侵犯的东西变成了可以买卖的对象,从而破坏了人们的伦理道德观念。

"未来后代和孩子们把环境交给我们管理,我们必须善待它。"这同样是来自希阿托鲁的一段名言。

凯恩斯的弟子经济学家约翰·鲁宾逊的女儿有一句口头禅,"你们的经济学要考虑到孩子们那一辈的事情"。我选取了凡勃伦的几位继承人——凯恩斯、约翰·鲁宾逊和沃尔顿,撰写了《继承凡勃伦志向的人们》一书,并把凯恩斯单独列出来。凯恩斯非常成功地利用并发展了凡勃伦理论,建立起一整套凯恩斯理论,而其精髓仍然离不开凡勃伦。

我把凯恩斯单提独出来的理由首先在于,他根本就没有考虑到"孩子们"。另外一个理由是和印度有关。凯恩斯离开剑桥大学以后,没有进去财政部,而是去了印度部。这使他感到很沮丧,因此他最初发表的论文就是有关印度的通货制度,即金和银的利率交换问题。

为什么凯恩斯会选中这个题目呢？当时英国的国防和军费开支都由印度政府支付。因为英国政府声称"英国军队是为保卫印度而存在的"。英国公务员的年金也由印度支付。有了"一切为了印度"这样一条理由，贫穷的印度要为当时堪称世界首富的英国支付军队及公务员的退休金。印度在当时实行的是银本位制。凯恩斯认为问题出在金银交换率上。然而在他的著作里，根本就没有涉及印度承担巨额债务这样一个实质性问题，这也是不能被原谅的。这也是我将他列入另册的又一个原因所在。

对未来后代的背叛

金泰昌：一旦涉及未来后代这一主题，我们总会考虑到"世代负担"的核心问题。在政治上，"国防是一种公共财产"这一想法向来具有重大意义。国防力量是否强大在于武器装备精良与否。冷战期间，苏联制造了大量的核武器以及载有核装备的潜水艇。随着冷战的结束，这些武器设备丧失了用武之地，变成了一堆废品。公共物品变成了公共废品。在制造这些武器时，支付了高昂的费用，但在处置它们时却不肯多拿一分钱出来。如果这些东西被随意搁置，会为全球带来安全隐患。于是，并没有参与制造的日本以及其他一些国家，不得不拿出本国的财政税收来共同处理这些垃圾。

仔细想来，真是荒唐无比！其实这里面涉及了公共物品和公共废品之间的一个极为重要的问题。碰到由谁来支付费用，支付一方往往具有强烈的危机意识。本应该遵照污染者支付原则（Polluter Pays Principle，简称PPP）原则由造成污染的当事人来承担，但是事情往往并非想象得那样简单。因此谁具有危机意识，谁就去拿钱。无偿提供资金,谋求解决问题,从而造福全人类。俄罗斯逃避责任,他们认为这是"公共问题,俄罗斯没有必要单独承担处理责任"。俄罗斯的这一处理方式显然存在极大的问题。

最近发生在波罗的海的俄罗斯核潜艇沉船事件,由于俄罗斯在应对上存在重大失误,导致多人丧生,这一事件俄方应承担全部责任,这一点毫无疑问。尽管如此,在整个事件的处理过程中,挪威等国动用了大量的人力、物力和财力。从这些问题上可以看出,公共物品和公共废品之间就好比硬币的正反两面,认识不到这一点,就不能做到两者兼顾,环境问题也就不能得到很好的解决。

几年前我去了趟加拿大。在那里我听到这样一件事。在某座城市里,一个有钱人为他的后代修建了一幢豪华住宅。可是他的后代并没有维持住这份家业,经济困难,还要为这幢豪宅支付大笔税金。经过再三思量,认为这样下去得不偿失,于是就把房子捐给了市政当局。市政府接受捐赠后,开放豪宅招揽游客,用以筹集维修管理费用。即便如此,也常常会为经费不足感到苦恼。

他的祖先在建造豪宅时一定认为是做了件好事,却不曾想为后代带来了无尽的烦恼。也就是说,上一辈人的所为,不可能使后代永远受益。产生这些问题的根源正在于一种"单一世代的思维定势"(single generation thinking)上。

不论是公共废品还是公共物品,也不论是共有物品还是共有废品,包括私有物品在内,跨时代思考问题已经成为当今时代的一种强烈呼声。对于环境问题来说,这一点显得尤为重要。"人类"的生存超越了一个世代,人类社会不会在我们这代人就走向终结。"环境"也同样如此,会一直延续下去。一代人只顾及眼前利益和满足自身的欲望,轻易地为持久的环境带来无可挽回的损失,这就构成了一种危及下一代人的加害行为。有些学者也把这一行为归结为是对下一代的犯罪。乔治·华盛顿大学的著名女国际法学者安第斯·维斯(音译)就是其中一人。我也曾有幸见过她本人,并同她有过交流。

第二次世界大战后,在国际法上出现了"反人道罪"这一新概念。环境问题造成的危害性最终会转嫁到未来后代头上,从这一层意义上来说,国际法可以考虑对"未来后代构成的犯罪"行为定罪并施以惩罚。我在马耳他首都瓦莱塔召开的国际会议上见到了马耳他共和国总统,总统本人提议,要与"未来后代国际财团"合作成立一个面向未来后代的高级事务官及其事务所,并把它作为联合国的一个分支机构。用制度化充分保障下一代人的权利和幸福,在这点上马耳他共和国总统通过他的国家所作出的努力,比任何一个个人、一个国家所倾注的热情都要多得多。未来后代国际财团作为一个民间团体,注重培养每一个人的意识,并为他们积累经验。这一做法与国家在实施计划项目时有所不同。

原田宪一:我来做一点补充说明。甚至在宇宙空间,苏联都没有放弃安装设有钚原子炉的侦察卫星。尽管苏联一方宣称宇宙飞船只能向上方轨道靠近而不会落下来,可究竟会有什么事情发生,谁都难以预料。那个东西一旦掉下来,后果不堪设想。因为事先已对这一危险性作出过预测,卡塔(音译)曾对勃列日涅夫再三说明,希望"至少不要把装有原子炉的卫星送上天",却遭到了强烈反对。直到今天这一飞行仍在继续。原子炉就在我们头顶上空盘旋。

古时候有杞人忧天之说,今天,这一传说已变成了现实。原子弹无论什么时候落下来都不奇怪。即使最终消失在大气圈里,可是钚本身却并不会消失,只是被蒸发掉而已。最终还会回来。今天的宇宙空间面临着一场颇为严重的危机。

静止卫星的轨道是有限的,至多只能运转三十多颗卫星,已被发达国家抢先一步。整个空间里布满了卫星残骸,已很难再加以利用。我们今天所利用的开发技术,只考虑眼前的成本问题,根本就没有把"世代"这一观念放进去。为什么会形成今天这个局面,对此我们必须作出深刻的反省。否则,"再度依靠技术力量"扭转乾坤,也只会犯同样的错误。

金泰昌:石先生通过环境思想拓展了这一论题,对"自然"、"环境"、"生态"概念做了一番梳理。在生态的最终阶段提出了"生态学构想",这一构想要求我们从根本上对当代产业社会的理论重新做一番思考。

当今世界在区分"风险"和"威胁"概念上已达成共识。风险是指按照某种理论去设想,明明可以预测到却没有做到很好地防范,最终导致灾难发生。相反,威胁则是指不可预测的灾害。比如说地震和洪水就不是我们可以简单预测得到的。那么环境问题又怎样呢?目前我们所预测的环境问题,如果依然按照今天的产业模式继续发展下去的话,在不久的将来几乎都有可能发生。明知故犯,拱手以待,导致事态进一步恶化。面对21世纪的今天,我们在步入后现代社会的同时,也面临着一个风险社会的到来。

日本是一个高度重视"安全"的国家,安全防范措施完备。尽管如此,当今的日本仍然是一个风险性社会。这种风险在这一辈人中间或许还可以对付,但是到了下一代人必然会出问题。尽管我们已经意识到了这一点,可是得过且过的想法依然占据上风。不知者不为怪,而明知故犯在法律上就构成了"确信犯罪"。

十年来我始终在考虑未来后代这个问题。当初,曾遭到一些人的驳斥,他们认为"我们这辈人的事情还考虑不过来呢,哪管得了下一代"。可是最近，包括执政党和在野党在内的政治家都开始在电视上发表演说，诸如"绝不允许把债务留给下一代人"之类。只是涉及内容过于浅薄，反而有淡化问题意识之嫌了。

137

论 题 四

"公害"与公共性

　　我现在就职于冲绳大学,过去 21 年里一直在东京大学的工学部做助手。因此对于东京大学这个鬼怪屋的形形色色非常清楚。长期以来,我所从事研究的领域在东大始终占据领导地位,但是由于在学术研究上毫无成果,最终落得个名誉扫地、一落千丈的下场。有关这一典型事例的研究报告将于近期发表。

　　我想就我为什么会从事现在这份工作做一下说明。1959 年开始接触到水俣病患者,这成了我改变研究方向的契机。大学毕业后在工厂工作期间,我发现工厂把含有水银的废水暗自排进河里,水俣病是不是与此有关呢? 于是我开始着手调查研究。水俣病的问题直到今天依然没有得到很好地解决。尽管与政府表面上达成了和解,可是受害者至今依然存在,病人也没有得到有效的治疗。正如我们今天在讨论中提到的那样,自然一旦遭受破坏,就很难恢复原状。针对这一紧迫性,我着手开始研究日本的公害问题。

　　从 1970 年开始,我在东京大学开设了"公害原论"自修讲座,当时做过大量报告,眼下正在把它们整理出来,准备在 2001 年上半年出版《公害原论》的修订版。

　　我所在的冲绳,众所周知,承受着来自美军基地的巨大压力。

面对当地老百姓的不满情绪,政府一贯采取用金钱收买人心的手法,以达到息事宁人的目的,因此在冲绳上了不少大型公共项目。在探讨"公共性"之前,我们必须首先明确一点,这些项目对自然造成了巨大的破坏。针对这一现状,就像游戏"敲打鼹鼠"中的鼹鼠那样,小规模的环境 NGO 如雨后春笋般成长起来,织起了一张环境保护的大网。他们的事务局就设在我的研究室里,大家工作都很努力。这已成为我现在的第三份(仅次于大学教书和著书)工作了。

我原本从事污水处理工作。我的污水处理方法堪称全日本造价最为低廉的污水处理方法。包括冲绳在内,我还做一些畜牧产业方面的排水处理工作。东京大学技术滞后,腐败成风,我的研究触动了他们的神经。我认为目前冲绳使用的畜牧产业排水处理系统破坏了肥料和营养盐的循环系统,必须改善。

还有一点,就是要尽量避免使用钢筋混凝土,让结构尽可能从简。铁和水泥会释放二氧化碳。不必使用钢筋混凝土的技术比比皆是,眼下我正从事这方面的技术开发研究。这样一来,我同时就在做着四件事情了。

一、"有损于公益的东西"

下面请大家来看 30 分钟的录像,这样就会对公害问题有所了解,并回忆起公害问题最为严重的 20 世纪 70 年代所经历的一些事情。

(一边看录像)这部片子是在 1975 年拍摄的,这一年的公害最为严重。又经历了 1/4 个世纪,公害问题在某种程度上得到了缓解。比如说二氧化硫造成的大气污染以及工业废水带来的河流污染均得到了有效控制。在技术上做到这一点并不困难。其中一个重要的原因就在于灵活运用了地方条例。但是,另一方面,汽车尾气中排出的二氧化氮所造成的大气污染状况却在进一步恶化。尽管每一台汽车释放出的二氧化氮含量已在原来的基础上减少了1/10,可是汽车数量的增加却超过了 10 倍,这就导致了污染进一步加剧。我们可以看到,濑户内海沿岸附近的海域污染也在不断扩大。还有以工业废弃物为代表的废弃过程中出现的问题也逐步为人们所认识,二噁英污染问题具有极其典型的象征意义。即使在今天,提倡"公害原论"仍是十分必要的。

20 世纪 80 年代末到 90 年代,有关地球环境方面的议论逐渐热起来。石弘之和东京都立大学的饭岛伸子就是其中的两位。不光在日本,就整个世界范围来讲,穿梭往返于公害现场第一线的恐怕也要数这两位了。两个人得出的最终结论是:"局部地区的公害问题不断积累扩大,最终形成了地球环境问题。"我也持相同观点。

但是,日本却把公害问题和地球环境问题分开。环境厅为了求得生存机遇,自 20 世纪 80 年代起提出了这一主张。竹下登和桥本龙太郎这些所谓的"环境族"也认为地球环境问题可以为日本提供商机。

日本四面环海,很难体察到集中发生在内陆国家的地域性公害问题。而在欧洲大陆,问题则要严峻得多。我们似乎不难想象,欧洲内陆地区发生的公害问题对整个地球环境会带来多大影响。正因为如此,欧洲执政党在环境问题上如果拿不出相应的对策来,就有可能会被在野党赶下台。而在日本,把环境问题作为争论的焦点,导致政权更迭的事还从未发生过。

我和石先生都获得过联合国环境本部颁发的"global 500"奖。

141

获奖者的名单中还包括撒切尔夫人。撒切尔政权初期,斯堪的纳维亚半岛各国被酸雨问题搞得苦不堪言,遂向英国政府提出抗议。英国政府最初以"烟雾来自何方,又落向何处,不经过科学论证,我们无法确认"为借口,矢口否认了本国的经济行为给对方带来的危害,这类借口在日本也经常可以听到。但是,在撒切尔执政后期,做法发生了根本性转变,一跃成为关心环境问题的代表性政治人物。这种看似很难理解的突变行为在欧洲其实很正常。如果不这样做就会受到在野党的猛烈攻击。然而,日本在20世纪七八十年代,由于在野党的无知,并没有对执政党的政权造成任何威胁。甚至在今天,日本依然试图把公害问题和地球环境问题区分开来对待。

我在开始着手调查"公害"问题时,曾产生过一些困惑。"污染物质的释放主体是'私'人企业,可为什么却要用'公害'这个词呢?"我身边的许多人都对此产生过疑问。其实,只要我们对历史稍做了解就会发现,"公害"一词的历史已很久远。这个词明治初期在行政上就已经出现过。后来发生了足尾矿毒事件,"公害"一词随着田中正造领导的公害运动不断深入,逐渐被推广应用开来。当时取"损害公益"或"为公共福祉事业带来危害"之意。

再来看行政。明治末年到大正、昭和初期,行政方面已有所动作。随着第二次世界大战的爆发,日本滑向了军事大国,"任何不利于军事生产的行为均被判处死刑",如果在足尾矿毒等事件中不小心说漏了嘴,带出了"矿毒"字样,就会被宪兵抓去打个半死。当时就是那样的时代。

在日本,使"公共福利"和"公益"遭受危害的被害人意识由后来的公害运动继承下来。这一认识涉及人文景观和自然环境,还包括人的健康和生命。不能使遭受侵害的人或物完全恢复到正常状态,问题就没有得到圆满解决。这一认识在当时的运动中已得到了广泛认可。只是在资本主义市场经济条件下,受害人不得不以"赔偿损失"的方式与企业进行交涉,企业在赔偿过程中出现的抵抗和偏执行为,可以从任何一起公害事件的受害人嘴里听得到。

二、绝对损失

在日本尽管受害人已经认识到了"景观和自然都是公共财产",并把这个作为判断事物的基准,然而法庭对此却并不予以承认,判决过程中只认可"财产损害"这一项。因此,法庭在判决此类案件时,只会把精力放在"赔偿损失"上,并不会考虑到事前预防或原状恢复。这就是日本法庭的现状。

像自然景观遭到破坏或者人命关天这样的损失根本就无法用金钱来衡量。能够用金钱作出补偿的只是相对损失的一部分,最先把这一观点纳入经济学原理的是日本学者宫本宪一。其实,这一观点在世界其他地区很早就已经确立,直到今天依然对我们的言行产生影响。

相对损失作为绝对损失的一部分,在经济学上可以用货币来衡量。新古典派经济学者只把目光集中在相对损失部分上。由世界银行副总裁升为克林顿政府财务长官的经济学者萨马斯在担任世银副总裁时做过如下发言。他认为:"发展中国家的人命相对便宜,因此公害企业都转移到了发展中国家,这是符合经济学规律的。"如果只讨论相对损失部分,必然会得出这个结论。但是这里并没有把绝对损失计算在内。

关于把被害界定在一个什么样的范围之内,由于发达国家和发展中国家体现出的公害因果关系不同,人们的理解也存在着极大的差别。日本政府一旦宣布"水俣病患者均已认定完毕",今后对此事就不会再做任何调查。不调查,当然也就不会有新发现。并且,把公害企业转移到发展中国家,成本自然就会降下来,因此也就验证了萨马斯理论的正确性。

但是,新古典派经济学理论并非完全正确。萨马斯的理论受到来自各学派的批判。我也认为应该把该理论拿到日本环境经济政策学会上做一个理性分析。这类理论今后如何发展,这让我们这些身处一线的工作人员很感兴趣。

经过法庭审理,受害人获得了一定金额的赔偿,即所谓的分担损失,但这对于受害人来说,并不意味着事情就此可以结束。法律中并没有明文规定如何去做才可以让绝对损失部分得到更多赔付。水俣病患者们曾设想过把遭受水银污染的水俣湾填埋掉,并在上面铺上钢筋水泥,还要在上面竖土地爷,立碑来记载这段惨痛的历史。并在碑文中刻上类似"昔日这里汪洋一片,水产丰美。如今全部葬送于水俣病"一类文字。这一想法听上去有些被动,并且也很伤感。可是到水俣现场看看就会发现,除了上面提到的以外,似乎再找不到更好的办法让后代永远铭记这片遭受永久性破坏的自然,记住死于这场灾难中的人们。我们很想为此尽一点绵薄之力。

三、"公害"和公共性

西淀川大气污染受害者协会最终与企业一方达成和解,受害人在一定程度上得到了补偿。但是,受害人却并没有平分那笔赔偿金,而是认为"这笔钱该用在环境的再生上"。他们用这笔钱成立了名为青空财团的NPO组织。最近有消息传来,仓敷的受害人协会也采取了相同的做法。受害人一方似乎已开始意识到了"绝对损失"的存在,并想方设法让被破坏掉的环境尽可能地恢复到原来的状态。城市保护运动与公害运动虽然有所不同,但在这方面(尝试着恢复遭受绝对损失部分的原状)二者可以找到一些共通之处。

无论是在公害问题还是景观破坏问题上,受害人已经开始认识到公共性问题。加害人最初总是拒绝承认绝对损失的存在,拒绝承认对公共福利和公益所造成的危害,试图把损失赔偿计算在最小范围之内。只是这一企图最终能否实现,还要看受害人与加害人两方的实力较量。东京都自20世纪70年代起为此做过许多方面的努力。去世了的田尻宗昭曾在海上保安厅担任要职,在他把四日市的公害问题公之于众之后不久,便被调到了东京都受到重用。在他的带动下,东京都率先贯彻执行了PPP原则。我也曾参与过该原则的系统化理论方面的工作。今天这一理论已被日本社会全盘接受,并在公害纠纷中得到了很好的应用。

但是在国际社会上却完全不同,公害输出愈演愈烈。为此日本应该如何去做?尽管有过一些失败的教训,可全世界都在关注日本的一举一动。我深深感觉到我们必须把过去的一些经验和教训在全世界范围内推广开来,这也是我们义不容辞的责任。

四、拜金主义的危害性

作为一名在技术界里供职的技术人员,我想就个人的一点感受和大家交流一下。我们常会听到技术转移,可是真正做起来却并不那么容易。技术只能受控于人,其中的一些技术根本就无法用语言客观地把它们一一描述出来,而只能通过人的教授达到传播的目的。这样就会有人想方设法从中牟取利润。

为了达到赚取利润的目的,技术常常会受到歪曲。我想举一个真实的例子。一位荷兰细菌专家发明了一项专利,可以用一种非常简单的办法在下水沟里做到废水的净化处理。他花了17年的时间去研究,终于在1969年初见成效。那一年,我恰好在荷兰留学。我有幸拜访了那位学者。他见到我,看了我的名片之后大笑不止,并问我:"你真的是日本人吗?"我很生气地反驳他说:"叫宇井这个名字的人的确不多。可我就是日本人。为什么要笑?"看到我生气了他才说:"每个月都有日本人来我这里参观酸化沟的简单处理方法,他们成团结队坐着公交车来。在我做了1个小时左右的说明之后,正要把最为关键的地方讲解给他们听时,每个人的脸上都会显出一副焦躁不安的样子,然后告诉我说下面还有安排,就匆匆地走了。我花了17年研制出的成果,而他们用1个小时就想弄明白,也太过聪明了。那是什么都学不到的。你说要在我这里停留两天,像你这样的日本人还是第一个呢。"只是浮皮潦草地看个表面就回去,这难道是日本人的做法吗?我不禁有些愕然。后来,我在那里一待就是4个月,通过做实验终于明白,没有4个月的时间,有些地方真的是很难弄明白。在向那位专家道别时,他说:"你已经学了4个多月,回日本后要小心了。"

"这项技术只需要非常简单的池子或水沟,因此并不能带来丰厚利润。把技术转手给土木建筑公司后,一定会带上沉淀池和反流管道,因为只有这样才有钱可赚。可是这样一来,这项技术发明的成果就有一半被扼杀掉了。要尽量避免这类事情发生。日本企业已从我手里购买了专利,始终没有任何信息回馈给我。帮我打听一下。"

我回到日本后,曾到工厂做过咨询。

"哦,那项技术失败了。没有派上任何用场。"工厂的人这样回答说。修一段无尾的沟壑就可以建一座污水处理厂,这一做法过于简单,根本无法从中赚到利润。失败的原因正在于此。在后来的修建过程中,又加上了沉淀池和反流管道。因为这样才会用到大量的金属物件,才可以向对方索取各种费用。工厂的人这样告诉我:"只有这样,才勉强把生意做了起来。而当初的那种套做法根本就行不通。"

该项技术在进入日本企业后,为了赚取利润,已被篡改得面目全非。结果就是这样。然而,日本政府却为此提供了大量的下水道辅助资金。现在的日本,已建起了 336 座这样的污水处理厂。我始终保留着那套独特的方法,而 30 年来找我去做的至多不过10 多家。为了获得辅助资金甚至不顾歪曲技术,这样的做法在日本竟然畅通无阻。

东京大学的名誉教授、教授,还有下水道部长、土木研究所下水道室长、下水道企业集团的领导班子成立了酸化沟下水道评估委员会,提交了厚达 1 厘米的报告书。几天前我拜读了那份报告书,因为生气,整个晚上都没有睡着觉。这份报告书从头到尾简直是荒谬无比。东京大学的教授和建设省下水道室长等联名搞出的技术评估,在世人眼里当然应该代表日本最高水准。可以说这些人完全是在对一种错误的东西进行评价。因为我曾经教过他们,因此深知他们的能力,他们是在浪费纳税人的钱。

147

实在太不像话了。作为前辈我认为有必要提醒他们。尽管并非所有的领域都是这样,但有很多享受国家拨款项目的公共事业都存在这样的问题。下水道就是其中一个典型的例子。7 年里计划调拨的资金共计 27 兆日元,其中不必要的工程项目至少有一半以上。

今天,浪费在公共事业项目上的资金还有很多。我指出了日本公共财中"质"上存在的一些问题。量上的问题或许还好解决。而技术上存在的质的问题就如同新干线在水泥剥落的隧道里奔跑时的感觉一样。我的友人在1995年阪神大地震视察现场时发现,地震中破坏严重的部位全都是工事中偷工减料的地方。这类行为居然能够通行无阻,作为一名建筑学家,他感到羞愧无比。

尽管已有部分问题被曝光,然而为依然大量存在的隐患付出代价的却只能是下一代了。我们这一代人的所作所为,并不仅仅是一个浪费问题,更是一种为下一代带来深重灾难的欺骗行为。技术人员在对待这一问题上由于牵涉直接利害关系,始终保持沉默。宇泽先生把这个称做是一种"流氓关系",我也深深感受到我们其实就生活在这样一种关系当中。

五、工业的农业化

废水处理是指把培植好的微生物菌投放到废水中,吞食废水并在池中搅拌沉淀,从而把净水分离出来。这有点像种田,不同的年份,更换不同的品种,今年种叶菜,明年种大萝卜,后年再种芥菜。

下水道领域的技术开发还很滞后。因此才会出现这种局面,我掌握了该项处理技术的尖端部分。通过对该项技术的推广利用,我们是否可以考虑把工业朝着农业化的方向发展呢?迄今为止,我们走了一条完全相反的路,是把农业拼命朝着工业化的方向发展。并在这方面做了诸如形成大规模产业农田、周年栽培、规格统一化等多方面的尝试。然而这些都行不通了。于是掌握日本尖端技术的工业部门就在考虑如何能回到早先的农业状态中去,让一块土地在发挥多种用途的同时达到保护环境的目的。那么我们该如何去做呢？这就是工业的农业化。有意识降低效率，就会增加系统的安定性。试问，"废水处理是资金问题呢，还是时间问题？"哪一种方式最终都会使水变得干净。准确一点说应该是"钱或时间"的问题，而不是"钱和时间"的问题。迄今为止，日本走的是一条大笔资金做铺垫的道路，到了今天，这条路显然有些走不下去了。现在我们可以回过头来，选择花时间处理废水的方式。其实在其他环境技术问题上也存在类似的状况。关于这一点，不到季节就无法耕种的农业可以给我们一些启发。

围绕论题四的讨论

内藤正明：宇井先生的《公害原论》一书中有这样一句话："一些愚蠢的家伙在探讨环境和公害问题时竟然使用计算机。"看看身边的人，当时好像只有我一个人在使用计算机了（笑）。接受建设省的委托，我曾利用计算机做过系统模拟操作。尽管规模不是很大，够不上宇井先生批判的那些大型项目，但是依然从地方来了许多人，其中还包括宇井先生的弟子近藤准子先生在内，为此我受到了严厉的批判（笑）。

在那以后，我又帮着别人打了十几年的官司。作为我的第一份工作，感觉非常好……我始终在反省自己，把宇井先生看做榜样，努力向宇井先生看齐。在后来的工作里，我想宇井先生不会再责骂我了吧，为此我还多少感到有些得意呢！

正如老先生所言，有一种观点认为地球环境问题和地域公害问题是一回事。建设省在对地球环境问题和防止地域水污染的下水道问题上采取了相同的对策，曾有过这样的宣传标语："修建下水道工事要善待地球"。当时我就说过："与其如此，倒不如要求暴力团伙善待市民来得更容易一些"（笑）。这段发言在报界引起了不小的震动。在建设省和土木建筑行业里有许多同行，一次演讲会上我向他们探寻个中内幕，得到的答复完全印证了我的一些看法。刚才还提到了环境族，当时我在环境厅担任微职。因为日本议员始终没能形成一个环境族，因此在政治上形不成气候。恰恰在这个时候，竹下先生有意要创建一个环境族出来。我正欲拍手称快，遗憾的是他本人由于身体原因退出了政坛。

今年好像又出了一个"循环族"。我不知道是应该感到高兴还是难过？

听到宇井先生的发言，我的感触很多。越是大规模地使用金属器械，就越可以赚到利润，还可以享受到财政补贴。"废水处理"是这样，今天的"循环"技术也不例外。一旦可以享受到财政补贴，地方自治体在运作时就不会再去精打细算。总归那只是"补贴来的资金"。资金在两三年内就被挥霍殆尽，甚至还在暗地里购买高价产品，做一些交易。具体情况我也不是很清楚。

宇井先生最后讲到"工业的农业化"问题，我深有同感。须藤隆一先生等提到过生态工程学的概念。我也始终在强调，技术评价标准必须从过去的时间效率转变为资源效率和环境效率。最近我也在做一些尝试，试图把现代工程学技术朝着顺应生态学的新的工程学技术方向转变。

林胜彦：循环族是指什么？

内藤正明：今年被称做"循环元年"，只要冠上"循环"字样，就会得到赞助或补贴。各级政府部门都在"循环"上做文章，以争取到预算拨款，并且一定还会有政治家在打"循环"这张牌。为了拿到钱嘛。只是这里边的一些细节……

林胜彦：噢，不是很好吗？不讲真话，日本就不可能好起来。今天的日本居然已经变成这副模样了(笑)。

内藤正明：宇井先生是从外部施加压力，而我则是穿梭于内外之间，尽我个人的微薄之力。我没有什么可怕的，只是不能确定哪一种方式对于改变这个社会来说更有效率。

石弘之：在自民党各派之间成立了各式各样的循环研究会，我也参加了其中的一两个。正如内藤先生所说，他们建立研究会的初衷都是为了"拿钱"。稍具讽刺意味的是"共有地的悲剧"之所以发生。完全是因为"这个信奉自由使用共有地的社会，每个人在追求各自最大利益的过程中，最终导致整个社会走向灭亡"。今天也不例外"(包括循环在内)。我们相信公共事业可以为这个社会带来利润，而在每一个人追求最大自我利益的同时，最终只能使一切走向失败"。

宇井纯：所言极是。

石弘之：我感到有些惭愧，宇井先生可以说是我人生的老师。大学毕业后，我最初在报社工作，以公害为题材做过一些采访。先生在东京大学开设了公害原论的讲座，使我受益匪浅。我的成长多亏了宇井老先生。

我到静冈县分社赴任之初，最先接触到的就是田子浦事件。田子浦可以说是我的一个起点。当时，宇井先生的发言在社会上引起了强烈反响，甚至一度被当做国贼来看待。事情过去已有30年了。如今，许多地方的发展轨迹不正应验了宇井先生的预言和警告吗？在今天，再度聆听先生的发言，我愈加深刻地感受到了这一点。

使我深感遗憾的是，日本为什么要走这许多的冤枉路。30年前的事情直到今天依然在发生。大学里师生之间的关系亦是如

151

此,而且呈恶性循环,许多事情与从前相比,变得更为糟糕了。

原田宪一:日本现在已没有更多的骨材(钢筋水泥搅拌沙砾)了。因为这一循环最终会被切断。从山上流下来的沙砾受到水库的阻挡,不能流向岸边,切断了骨材资源的来源。尽管如此,贵重的骨材资源却被用在了公共项目建设上。这就是40年来我们始终在做的一件事情。而且,钢筋水泥只能维持50年的使用寿命。而想用钢筋水泥翻修那些低质的公共财产都是不大可能的。

水库再过几十年就会被泥沙填满。水库自身的建设,尽管与新干线的桥桁不同,构造结实,可毕竟保持不了100年。到时候如何处理它们还是一个大问题。我曾经在地质学会上问过许多人,至今没有得出一个很好的解决办法。宇井先生一针见血地指出,我们现在的行为就是在把一些低质恶劣的公共财留给下一代去处理,并且从结果上来看,这些低劣的公共财同时还造成了资源的浪费,也破坏了自然。

另外,降低效率可以增加系统的安定性,还真是那么回事。修建关西国际机场时,地质学家认为:"应该再多花一些时间,对地盘沉降做进一步考察。"可是工程学部的专家们认为:"采用新式的工程学原理"即可以做到万无一失。实际上那种新方法不能提供任何保证。从医疗的角度去讲,就好比让患者服用一种无任何安全保障的新药,或是为病人实施新的手术一样。况且新式工程学原理的造价又是何等之高(笑)。本应一边检测一边施工,但是由于担心会有类似关东大地震那样的大地震发生,而引起不必要的麻烦,因此运输省采取了急进快上的方针。结果最终还是出现了地盘下沉的问题。

现代技术过分忽略了时间这个要素。缩短时间以提高效率或降低成本,但凡出了问题,就会以没有想到等托词搪塞过关。我认为工业的农业化非常重要,顺应当地自然条件,使技术保持一定的灵活性。我深切地感受到这一点在 21 世纪的今天显得有多么重要。

金泰昌:录像结尾处有这样一段解说词:"是谁造成了污染?这样的决策又是从哪里来的?"并指出只有起来行动,才可以改变人们的意识和行为。这一点正是我们今天问题讨论的本质所在。在国外,并没有人从"公害"的角度去探讨环境问题。把所发生的事件定义为"pollution"(污染),然后从中找出解决问题的办法。其实,在环境问题上"公共性"这一问题意识非常重要,"公害"这个视角很好,为什么会有公害这类现象发生? 污染又是由谁造成的? 我们一般总会认为是那些"利欲熏心"的家伙所为。可是这样下定论是否过于草率? 造成污染的行为主体确实可以落实到某家企业或某个个人。但是追根刨底,"产业"的根基还在于国家,污染现象恰恰是与富国强兵这种"近代化国家的存在方式"密切联系在一起的。借助"公"的名义,并由国家实施方针政策,最终确立了产业立国、工业立国,进而又转为科技立国。这样一来,不但可以获得财政补贴,并在预算中取得优先权。为了达到这个目的真可谓是绞尽了脑汁。不论是个人、组织,还是企业集团,最终都会落得同样一种结局。今天,我们必须对现存的产业主义,以及由此确立起来的人和组织的行动目标以及国家的存在方式进行反思。因为这样下去显然是行不通的。

153

西方有普罗米修斯、浮士德式的人文观存在。目标一旦被确定,不计手段和成本,只一味地朝目标靠近,再靠近。只有这样才称得上是顽强。这种颇受欢迎的观点与日本的侍者精神有点相像。这样一种人文观,在顺应时代要求的同时,与产业化、工业化、产业立国论、工业立国论以及科技立国论相互支撑,互为关联。一旦有反思性的意见出现,或是试图探索一条新路出来,就会被认为过于悲观,总是显得过于势单力薄。

但是在最近,又开始提倡伊皮米修斯式的人文观了。与普罗米修斯式的只顾一味向前而不顾一切的进取方式不同,伊皮米修斯会停下来对过去进行反思。这一不同还表现在基督教和儒教教义原理的不同上。基督教教导人们"只要你认为是正确的就去做吧"。而儒教则认为"别人不希望你做的事情就不要去做"。不过有些学者却认为"只是在表达方式上体现出积极或消极的一面,而在本质上却是相同的"。其实事实并非如此。

作为基督教的教义原理——"你如果相信自己是正确的,那就去做吧"——这一普罗米修斯式的人文观,极容易使人联想到产业主义或工业主义。相反,儒教的教义则要慎重得多。"真是这样的吗?到底是不是这样啊?就没有问题了吗?"总是在反思并寻找不同的替代方案。美国有一个叫艾支奥尼(音译)的人,最近提出了一种"新教义原理"论,改变了人们固有的"只要你相信就去做"的认识,对过去的教义解释提出了质疑。

我认为公害并不单单是"由私利私欲造成的"。如果仅仅是那样的话,问题应该很好解决。只要"提高(自己的)公共心就可以了"。但是,"公"是以国家为中心,为了国家,一切行为都可以正当化。实际上正是在"为了国家"这一名义下作出的许多事情,恰恰违背了老百姓的根本利益。这一倾向又进一步加深了公害的危害性。这就体现出了国家公共性和市民公共性之间存在的一种矛盾关系。

那么这样的决策又是怎样作出来的呢?决策部门打出的是"国家公共性"这个旗号。地方在做决策时,则把地方利益当做地方公共性,同时把这种地方公共性等同于国家公共性,这看上去有些牵强附会。在这样一种"公共性"的带动下作出的决策,实际上是把决策再度私物化,越是下工夫去做,就越只能使结果变得恶劣。因此,这盘录像带传递给我们一个崭新的思维,即充分调动每个人的内在因素,通过现场积累逐步确立一种与现存的公共性完全不同的新的公共性出来。

宇井纯:所言极是。您完全领会了我的用意。回顾日本150年来的历史,明治维新时期对西方列强抱有强烈的恐惧感,倏忽间变成了国家发展的能源动力。我是在水户读的小学。在一定程度上受到所谓"水户学"理论的影响。那里崇尚的是尊王攘夷、互相残杀。明治以后再没有人从水户出来过,就是因为都被杀光了。

从尊王攘夷到开国,政策上发生了180度大转弯,这是一出悲剧。由于不希望重蹈中国被西方列强瓜分的覆辙,意识到必须采取一些必要的改革措施,因此政府把政策定位于"生产力国家主义"。不论在第二次世界大战前还是战后,国家都把发展目标定位在生产上。公害现场最让我们感到头疼的不是企业,而是"行政"。在"行政"和"政治"上都不愿意承认公害的存在。甚至连发生在眼前的事实还要试图隐瞒。我们该如何改变这种状况呢?因为"政治"和"行政"的根本立足点就在于"生产力国家主义"。

历史可以告诉我们,水俣始终如一地与国家保持着同步,第一次发生冲突是在企业(氮生产企业)和水俣病患者之间。在这场灾难里,患者的存在被彻底忽略了,导致事态进一步恶化,出现了最终凄惨的那一幕。

回顾韩国这十多年来的历史,我深有所感。"生产力国家主义"被移植到了韩国。比如说到蔚山的联合工厂去看看,就会发现那里的情况极为糟糕,事实上只有举手投降的分儿。我向当地人道歉说:"由于我们的疏忽怠慢,造成了现在这样一种无可挽回的局面。真是对不起。"对方听了我的道歉之后说："日本有许多人都来做过调查,一来就先道歉的你还是第一个。"实际上看了现场之后,我恨不得找个地缝钻进去。

不过,经历了这些之后,韩国政府终于认识到解决问题的关键还在于"地方行政",地方选举由此逐渐变得活跃起来。他们已经认识到让运动人士参与到地方行政里来是一条很好的出路。

日本也是这样。日本的公共教育是把地方人才集中起来输送到东京,为国家机构或大企业提供人才保障。东京大学在这方面起到了中坚作用。可是,去年(1999年)东海村核临界事故(JCO事故)发生时,在日本教职员工会的教研集会上,我看到有些老师显得有些不知所措。东海村村长给出了我们正确答案,那就是"逃跑"。仔细想想,"这种时候最应该依靠的是那些有着丰富的地域性知识的地方学校"呀。迄今为止,学校被看做是对才能的真空吸尘器。在今后,学校难道不应该同时也成为地域性知识的储藏地吗?在冲绳等地我同样强烈地感受到了这一点。

那么,如何强化地方力量呢?地方议会只体现了其中的一种方式,如果把范围进一步扩大,就应该是公共教育了吧。然而,在实施公共教育的过程里,有必要改变学校老师对问题的认识方向,并要提高其自身的素质。只一味采取一些独断专行的做法,歌颂"太阳旗"或"君之代",只会使问题变得更糟。这是中央政府历来采取的最为拙劣的一种手段。在我看来,一味地加强对学校的管理,要求学校做到言听计从,这对强化地方管理来说是最为糟糕的一件事。

从选择政治路线的角度来看,机会出现在20世纪70年代,显然已经错过了。当时社会党在寄给我的信件中公然宣称:"苏联没有公害。证据就在于苏联的《消息报》里并没有做过有关公害的报道。"当时的社会主义协会也算是愚蠢到家了。共产党也犯过类似的错误。在自己的学生时代，共产党内部集聚了那么多的人才，认识水平也不过如此。关于这一点，我始终没有弄明白，直到最近才想通了它的道理所在。

马克思主义最初走进苏联时，在沙皇统治之下曾经受了严峻的考验。这样一来，共产主义承继了沙皇制度中的权威主义和秘密主义。共产主义在革命成功之后，这一思潮又流传到了日本。第二次世界大战前的日本天皇制，以沙皇主义为基础，已经是一个彻彻底底的专制主义国家，共产主义的一整套制度与思想体系在这里也被锻造得更加炉火纯青。第二次世界大战后，日本共产党继承了这一思想中的精髓，包括像权威主义、极端秘密主义和中央集权制等等，最终促成了共产党僵化体制的形成。这段历史或许值得同情，可我们每一个人都在品尝了苦果的同时，又蒙受了巨大的危害。

只要不惜从一些简单的小事入手，事物终究会做大，影响面也会拓宽。日本地方自治（尽管羽仁五郎先生认为"地方自治这一词在理论上充满了矛盾，并不适合使用"，但是这一表现手法已被一般化，我只得随俗）在这一点上存在着可能性。小型自治体完全可以按照实际情况出发制定方针政策，这其中并没有孰是孰非的问题。答案只能靠自己去摸索去实践。相反，正如物种的多样性为生态系统带来安定一样，多样化了的地方自治同样也会带来一种安定的局面。

中央通过提供一些财政补贴，推行中央政府的方针政策，要求地方统一行动，这一沿用至今的做法本身就不合理。然而发展至今，这种做法实际上已到了接近疯狂的地步。特别在下水道的技术问题上，多家企业同时竞争，导致产业界陷入一片混乱之中。

157

鬼头秀一：30 年来再一次听到宇井先生的声音，我很激动。学生时代我经常要去东大工学部的二号馆。宇井先生当时发出的呐喊之声至今仍在耳边回荡。

我研究的是环境伦理学，如今转向技术论问题的研究。我认为我们有必要改变一下对技术的看法。有关这一点，宇井先生谈到了荷兰的净化装置，并提出了"技术取决于人"的观点，对此我感触颇深。我始终认为科学技术具有普遍性和公共性。然而宇井先生一直在强调，在公害问题上没有第三者存在。清浦雷作好像也讲过类似的话，科学技术的确是为政治服务的啊。

然而，正如金泰昌先生在刚才的发言中提到的那样，与其说科学技术具有"私利私欲"性，倒不如说它体现了"意识形态"下的一种"科学技术的公共性"。鉴于此，我们在重新探讨"技术"问题时，有必要顾及到技术是由"人"来决定的这一根本性问题了。今天，宇井先生讲到了"地域知识的统合"，这的确很重要。

结合上面的内容，技术人员和科学工作者在今后应承担什么样的义务和责任呢？如果就此能够得到一些赐教，将非常感谢。

宇井纯：其实就我个人来说并没有想得那么深远，说实在的，能把每天的事情处理好已经很不容易了。二十多年前柴谷笃弘先生写了一本《反科学论》（筑摩学艺文库，1988 年），然后又有中山茂先生对一系列的科学史观做了批判，即使在日本，"科学技术的相对性"观点也在逐步被推广应用。然而，高度经济成长已持续了二十多年，这就使人们对"规模利益"笃信不疑。况且，科学技术万能论这一大众思想依然拥有很大的市场。同这一势力进行较量不是一件容易的事情。

特别是我所在的冲绳，在这方面表现得尤为糟糕。所有的公共项目都受到来自财政方面的惠顾。计划由东京方面制订出来。

有些项目根本就不符合当地的实际情况，整笔资金只能被白白浪费掉。在拼力苦战的时候，坦率地说，有时根本无暇顾及什么科学技术的合理性。

我只能就我现在从事的污水处理有些发言权。工学部的研究人员只要能把东西造出来就行。比如说，这一建筑物的柱子需要多粗，通过计算是可以知道的。乘上安全系数再取其有效位数，这样建筑物就不至于坍塌掉。这时候并非一定要考虑是否要保留四位有效数字。我一贯不主张把自己卷入意识形态领域的争论中去。因为在日本，一旦陷到那个圈子里，就无暇顾及技术方面的学习和研究了。

但是，如果有人问我有关全局的事情，我会坦率地告诉他"这对我来说是一件比较困难的事情"。如果大家对此都能发表一些意见的话，有很多事情就会变得明了了。

在东京和京都召开研讨会时深感眼前一片漆黑。结论只有一个，"总归这个国家要完蛋了"。可是当我在全国各地走走看看，才明白了一点，"许许多多的人都在努力地工作，国家是不会灭亡的"。比如说我经常去的大分县的臼杵市，在1970年到1971年之间取得了大阪水泥招商引资反对运动的成功。之后又过了30年，当时的运动事务局局长成了今天臼杵市的市长。

地方性产业也很发达。尽管现在这样不景气，仍有企业肯投资36亿日元，建起了一座生产沙拉酱的工厂。该企业找到我头上，商量排水的事情。我让他们养养鳗鱼看。他们听了之后，真的把鳗鱼放了进去，到后来鳗鱼壮到几乎不能再食用的地步（笑）。多了解一些各地这方面的例子，就会多少生出一些继续活下去的勇气。

在这里，如果能把"技术"这一项议论加进去的话，那就会非

159

常完美了。所有的县都设有工业学校吧。我想,学校里的老师完全有可能对当地老百姓解释说:"技术实际上就是这么回事。"

薮野祐三:讨论中提到了"循环"问题,我认为不光是技术和环境的循环,还应包括"意志决策"的循环。我们批判了行政中存在的问题。然而日本毕竟是法治国家,因此对政治上的批判也是有必要的。

我举一两个简单的例子。承担公共项目运作的地方企业,拼命考虑降低成本之后,结果却很滑稽。由于利润下降,在下一年度的企业规格评审中失去资格。另外还有像未被指名的那些企业才是技术的真正拥有者,这类现象总是会经常发生。应该如何招标?我常对他们说:"把人全都集中到体育馆去,让老百姓看着公司老板的脸投票。这样谁中标了老百姓心里清楚。秘密进行就会出问题。"

我认为再指责行政也是没有用的。实现决策方面的循环需要来自政治的力量。行政取决于当时的政治状况。小仓监狱就在我家附近,只要那里有死刑,市民团体就会集队前往监狱以示抗议。我认为:"日本是法治国家,要想实现这一愿望,应当选出反对死刑的议员来,哪怕只有一个人。"只要政治变了,行政最多3年就会发生变化。

隅藏康一:宇井先生讲到了荷兰的例子,日本企业为了牟取利润会将技术歪曲。事实正是如此。那么,今后在开发公共项目的环保技术问题上,如何才能做到在不歪曲技术的前提下使其进一步活用于社会呢?这里有一个技术移转的问题。

最近我在想一件事。技术不但要作为一种知识产权,通过购买专利实现移转的目的,还要在技术转移的契约书中的使用方法上就如何环保做出明确规定。

下面简单介绍一下我正在调查的一个案例。三重大学的舣冈正光教授从木头里抽出了木质苯。如果把回收的废纸浸泡在这种液体里，就会产生出类似于塑料的物质。舣冈教授想把这项技术运用到木材资源的循环再利用上。但是，单纯地将技术转让出去的话，为了抽取木质苯，企业就会大量砍伐树木，反而会加速对森林的破坏。于是经过一番思量，决定委托民间技术移转人员来办理，问题得到了很好的解决。

舣冈教授在契约书中添加了"使用这项技术的目的在于建立循环系统"这一条款，并召集各家企业成立了木质苯的研究会。要求各企业必须明确排出物的去向，并保证这些废弃物确实作为下一厂家的原材料加以利用。在实现技术转移的过程中，同时建立一种体系，以确保技术在使用过程中如何朝着有利于环境保护的方向发展。这只是其中一例，今后在这方面的工作会变得越来越重要。

近藤丰：我没有专门从事过这方面的研究，并不了解情况。希望大家只把我当做一个门外汉来看。宇井先生谈到的水俣病等问题，有经济和历史的大背景，对于当事人来说，这也是一段非常不幸的历史。

有一点我不太明白。水资源问题究竟是出在法律体系不够完善上呢，还是出在实际操作过程中的技术问题上？或者两者兼而有之。抑或是在改进的过程中付出的努力还远远不够？有关这方面的论述并不是很明确。现在光听大家的发言我很难作出判断。

另外我认为不仅仅是局部的、技术上的问题（比如排水），还应该更加全面地考虑到如何使当地居民的生活舒适起来，其中也包括"景观"问题在内。这样一来，问题也就不光是局限在要不要在某个地区修建一座工厂这一点上了。因为没有高瞻远瞩的认识就不可能策划出真正完美的计划来。然而我认为日本在这方面做得并不能令人满意……

不同的是,欧洲人已经习惯于如何打造自己城市的形象了。我曾在德国待过。德国不允许破坏古旧的城市建筑,也不允许翻修。历史古城里的建筑物如不能再继续使用,可以进行必要的修缮工作。欧洲原本就有保护传统文化的习俗。日本大概还做不到这一点。

在德国,并非出于个人的善意去做类似的事情,而是有一个完善的法律体系。利用志愿者的善意去保护古文物毕竟有一定的局限性。没有法律制度的强行介入,有些事情是很难做到的,这样的例子比比皆是。

宇井纯:解决问题的关键在于"政治"。生活俱乐部的人们首先认识到了这一点。他们针对学校食堂的问题,为了"使孩子们喝到更加安全健康的牛奶",派代表参加议会,在监督议会工作的同时申述自己的主张。自20世纪70年代中期以来,这类活动的有效性和必要性逐渐显露了出来。

回头看看我们就会发现,我们为此居然花费了那么久的时间。不过近些年来进程有所加快。参政行为在各地层出不穷。不过一旦涉及技术等细微环节上,就像下水道那样,不通过学习就不可能对事物作出很好的判断。

我认为下水道工程做得越大所遭受的损失就越大,一位议员听了我的解释后说:"在我们那里,修建下水道首先会受到土地持有人的欢迎。因为厕所里有了抽水马桶,地价就会上升。另外,因为是地下作业,偷工减料也不会被发现。施工人员也会高兴。得来的最终利益又会落到政治家手里,政治家拉到了土地所有人的选票,政治家也会高兴。"而且,施工期长,要花上几十年的时间,在竞选过程中许多人都会说"那项工程是由我经手的"，一项工程作为一种政治资本可以被反复利用。那个议员告诉我们，下水道工程由于它的种种弊端受到批判，不过如果换一种角度去看，在别人看来就完全有可能变成一桩大好事。

每一部合并净化槽相对来说都可以做得很好。过去的净化槽，即所谓的单独净化槽水质恶劣。之后做了改进，采用了合并净化槽之后，水质就可以做到和下水道一样了，甚至超过了下水道的水质。可是，如果把这一技术普及到一个地区至多只需要五六年的时间。那位议员告诉我说："这样一来，在选举中至多只能被用两次。大家自然都希望把下水道工程的规模做得大一点了"。听了这番解释，我不得不表示同意，这是一个无理可循的世界。真的是毫无办法，这边认为不好的地方，到了人家那里全都变成了好事。我们必须承认这一世界的存在。

面对这一切的不合理，回过头来看看，就会发现在推广我们的想法时，我们这一代人把"表述"看得过于轻巧了。我们或许会认为"只要真理掌握在我们手里，就一定会有人来响应"，这一想法未免太过幼稚。艺术家在表演过程中可以说是使尽了浑身解数。现实世界当中，为了推广一项新技术，正如艺术家对待表演那样，我们应该尽力在表达方面多下一些工夫。给我的感受是，日本有许多环境保护运动，在这方面付出的努力还很不够。

共同体为了求得生存，经过协商之后，在确定了大方向的同时制订出各种具有可行性的计划来。拿竹富岛这个例子来说，未必是最好的方式，但却是当地老百姓自己选择的结果。观光客不断涌来，餐旅业兴旺发达，提高了当地居民的生活质量。这样的例子越多，越说明日本作为一种独立性极强的国家，不论走到哪里都可以有所发展，而且还可以过上花园城市一样的生活。这就是所谓

163

的共同体愿望。实现这种愿望的方式是多种多样的。

我过去曾经走访过波兰的扎科潘尼。100 年前这里就决定要把主要街道都建成木质材料的斯拉夫式风格。这些建筑至今依然完好地保存下来。与普通的石用建筑材料相比，木质材料的建筑造价要高出 2—3 倍。后人也很好地承继了这一历上遗留下来的古风，所到之处都是一些木质结构的房子。这就是自古而来的扎科潘尼人的愿望。

扎科潘尼还是登山人士的一个中转站。由于山体遭到极大程度的破坏，登山队员分成不同级别的小组。不够一定级别的人，不允许攀上最高峰。或者在登山途中去往附近湖泊的时候，禁止汽车进入而改用马车代步。他们把这个戏称为"社会主义社会的决策"。尽管少，社会主义也有好的一面，这就是我去扎科潘尼时的一点感想。

那么在 2000 年的今天，同样的做法却为什么不能得到很好的普及呢？问题究竟是出在法律体系上，还是实际操作过程中？我不能肯定"冲绳"问题的原因在日本是否具有代表性？冲绳的问题其症结可以归在一个"钱"字上，归结为是否有"财政补贴"。做决策的最大动力就在于是否能拿到辅助金。而且，同时还有一种认识在作怪，即自然只不过是一种可以被破坏的，并为人类提供生存条件的所在。

为什么日本一边被标榜为热爱自然的国家，一边又对自然造成如此巨大的破坏呢？理由之一正是在于"生产力国家主义"至上的原则。"拜金主义"成为日本社会的主流指导思想。德格尔（音译）看到池田勇人之后，使用了"矮小的商人"来形容他，这一描述同样可以用在后来日本高官和政治家的身上。而像我这样敢于公开承认公害存在的日本人，坦率地说，在日本人当中是被视为异类的。

经历了高度经济增长期的日本,规模效益和技术论拥有广大的市场。在现场第一线,我深深体会到了它所存在的弊端。然而直到现在我们依然没有找到克服它的手段。我很想为此做点什么。我付出了很多辛劳,然而现状依然如故,我始终不能找到一个令人信服的答案。

我跟人家讲"污水经过这样一番处理之后就不会留下异味",并把人带到处理现场。可是偏偏有人就会产生怀疑,认为一定有不合情理的地方。"从这样臭气熏天的猪圈里排出的污水居然会没有臭味,太不可思议了,是不是有什么地方在糊弄我们啊。要不就是投放什么药品了吧。""不是,这一效果完全是由微生物自身所具备的性能创造出来的。你应该相信你自己的鼻子。"我越是这样解释,对方越是感到困惑不解。

要相信自己的眼睛、自己的鼻子,要相信自己的感觉。在这一点上日本人已经丧失了应有的自信心。他们只会把结论定在 ppm 值(大气中的成分混合比率,单位是百万分之一)上。我会告诉他们,"首先要用你的所见去作出判断,然后再付诸行动"。日本人在这方面还很欠缺,这一点也表现在那些刚从校门里走出来的大学生身上。

不过,今天的大学生和我的学生时代相比还是有其可取之处的。比如说,将自己的零用钱攒起来到亚洲各地去旅行已变得理所当然。离开日本本土再来看日本,或者在接触到不同的文化之后,才会进一步感受到自身的努力不足或是知识上的欠缺。还有一样经历也是难能可贵的,就是不能把日本的事情很好地解释给外国人听,早一点经历这番体验也不是一件坏事。

165

论 题 五

臭氧层的破坏和地球

近 藤 丰

　　成层圈里的臭氧层被破坏,其罪魁祸首是来自一种叫做"氟利昂"的气体。人类制造出的含有氯和溴的卤化合物,一经进入大气,臭氧层里的收支平衡关系就会被打破,直接导致大气中的臭氧浓度下降。臭氧本可以吸收中波紫外线(UVB)领域(波长介于0.30—0.32 微米之间)里的紫外线,保护陆地上的生物免受紫外线的伤害。臭氧一旦减少,来自紫外线的辐射就会加强。问题就出在这里。

　　地球温室效应是指释放出的二氧化碳和其他温室效应气体导致地球温度增加。地球放射气体的平衡状态被打破,气温和气候就会受到影响,出现变化。"气候"这个因素会给很多领域带来影响,包括人类健康、农业以及生态系,甚至影响到社会经济构造。

　　大气是看不见摸不着的。我们平时呼吸的空气如果没有特殊气味的话,根本就无法意识到,只有从宇宙空间上才会看到它的存在。

　　从宇宙飞船上观察地球,大气的边缘地带澄澈透明,非常漂亮。这就是我们所说的成层圈,厚度在 12—50 公里之间。成层圈里的水蒸气很少,下方有一片浑白的气体层,正是我们赖以生存的

167

大气领域,被称做对流层。对流层里的水蒸气凝结成云。粉尘等颗粒物(浮游粉尘)分布在大气中,不论波长波短,这些颗粒物对太阳光都具有折射效果,因此看上去呈浑白色。

成层圈的臭氧问题和地球温室效应问题,可以说是分属于不同领域的两个问题。然而最近却有一种观点认为,两者未必就是各自独立的,它们中间存在着一定的联系。这种认识已经越来越强烈了。

我们在认识地球上空的大气时,首先要明确一点。在我们呼吸的空气中,包含了78%的氮和21%的氧,合计为99%。可以说,大气中的主要成分是氮和氧。

我们所要讨论的是余下的1%。大气中的主要成分氮和氧不能被太阳光吸收,很难起化学反应。这样,微量的大气成分就可以决定整个大气的放射性能(即能源收支)和化学性质了。微量气体所起到的作用至为关键。

二氧化碳在今天按照360ppm的比例增加。用百分比来计算,至多不过占0.04%左右。一般来说,如此微量的物质完全可以忽略不计,而根据近年来的研究成果我们发现,原来它们都是一些极为重要的因素。

一、臭氧的形成和破坏机制

我们先来看一下成层圈的形成过程。地球大气的温度随着高度的增加开始下降。在山上越往高处走,气温就会随之下降,对此我们每个人都有切身体会。高度升高1千米,气温就会下降大约6摄氏度。到1900年为止,我们都在相信大气上空的温度是按照这一比例变化的,有人对此还进行过验证。

此人就是法国著名地球物理学家泰色朗·德博尔。他利用气球测量了高度与气温之间的变化规律。厚度在12公里以内的大气层里,温度变化完全是按照预想方式进行的,一旦超出这一范围,降温现象就会一度出现中止,甚至在个别场合还会出现升温现象。

这段话是我在科学杂志《自然》的千年随笔上看到的。1900年年初包括量子力学在内,物理学界有了各种各样的新发现。其中,等温层(或者叫做成层圈)的发现,对后来地球物理学的发展产生了巨大影响。成层圈在1902年被发现之后,距今已有一百多年的历史。然而今天我们面临着巨大的困难,并尝试着解决它们。在人类对成层圈的臭氧问题展开研究的一百多年里,尽管取得了很大的进步,作为一项对环境问题的研究探索,同时也经历了种种的起伏跌宕。

利用现代技术测量臭氧和气温,相对来说已变得比较简单。1991年12月我们将配有气温和臭氧浓度测量仪的小型气球送上了天空,观察了它的高度分布情况。气温在地球表面为0摄氏度,每升高1千米就会下降5—6摄氏度。达到一定高度之后,气温下降趋势减缓,证明有一个恒温层存在。继续往上,气温就会随着高度的增加上升。这恰恰印证了100年前泰色朗·德博尔的发现。有意思的是,随着高度的变化,臭氧浓度和气温也在发生变化。来自于世界各地庞大的测试结果证明,这样一种关系是存在的。

169

问题在于臭氧层是怎样形成的? 氟利昂又是如何对臭氧层产生破坏的呢? 另外,臭氧层在今天是一种什么状况,今后又会发生怎样的变化? 这些都是值得我们关注的非常重要的问题。

臭氧的形成过程其实很简单。氧是形成臭氧的材料,储量丰富,含量约占地球大气的1/5。成层圈里的臭氧或氧吸收紫外线的功能较弱,越到上边由于紫外线的强烈照射,氧原子和氧分子就越容易产生分离。这样,与氧分子结合在一起的臭氧就会被分解出来。这就是臭氧的整个形成过程。

如果这一过程毫无节制地进行下去,地球上所有的氧气就会都变成臭氧。然而,地球之所以能够保持平衡,完全是因为只要有一个"形成"机制存在,就必定会有一个"破坏"体系与之相对应。臭氧的形成过程也不例外,氧原子在被分解之后,还会和臭氧结合,重新回到氧分子的状态,这就是自然循环,并非不可思议。如果没有这样一套体系存在,后果将不堪设想。

简单地说,氟利昂加快了臭氧破坏反应的速度。氟利昂的反应度原本非常迟缓,因此并不对人或牲畜产生影响,即便吸入人体内也不会对健康造成任何危害。由密吉利(Thomas Midgley)研制出的氟利昂气体,在当时被看做是一种理想气体,备受世人关注。氟利昂在半导体清洗和电冰箱制冷方面取得了广泛的应用。氟利昂 11(CFC11)、氟利昂 12(CFC12)在当时成为两种代表性产品。这两种气体把沼气中的氢置换成氟或者氯,从而在化学结构上变得异常坚固。换句话说就是反应性较弱,具备了不易遭受破坏的性能。

在化学这个世界里,某种东西被制造出来之后,一定会在什么地方消失。加利福尼亚大学化学教室的洛兰德教授和莫里纳教授从 1974 年开始,着手对工业气体氟利昂的去向问题进行了研究,这也正是他们的独到之处。通过研究发现,"氟利昂不能溶解于水,在地表附近的对流层里也不会发生任何化学变化。就是说它们的寿命将会非常长,100 年、200 年之内始终都会存在。正因为如此,随着大气的对流(搅拌)运动,这些气体会被带到高处的成层圈里。在成层圈里聚集了大量的短波长的紫外线,氟利昂在紫外线的强烈照射下,化学结构发生变化,氯原子逸出,与臭氧结合产生化学反应,臭氧由此遭到破坏"。

具有代表性的氟利昂气体11(CFC11)、氟利昂12(CFC12)已被全面禁止使用。这两种气体经紫外线照射后释放出氯原子(Cl),氯原子与臭氧结合产生化学反应,生成一氧化氯(ClO),又与氧原子结合还原成氯原子。结果,氯的浓度虽然没有变化,但是这一还原过程却两次对臭氧造成了破坏。这就是所谓的触媒循环。

这一反应的循环过程有着极强的生命力,只要氯元素这一成分不变,反应就会继续下去。据推测,氯一旦形成,一个氯原子会破坏掉上千个臭氧。洛兰德教授和莫里纳教授指出了氟利昂的这一对臭氧的破坏性,这一研究成果迅速引起了广泛关注。研究同时探明了氟利昂之外的溴也是破坏臭氧的罪魁祸首之一。

臭氧问题的致命之处在于导致紫外线辐射强度的增加。数年前,《时代》杂志就刊登了有关臭氧的报道和照片。1960年前后在美国享受沙滩浴的年轻人中,皮肤被烤伤的人数明显增多。当时,并没有人意识到是受到紫外线的影响,臭氧问题也还不为人所知。在当时大量接受日光照射的年轻人,随着年龄的增长,皮肤癌发病率呈现攀高趋势,这一问题已被做过报道。

紫外线相当于一种放射线。随着照射强度的增加和时间上的累积,会使受到伤害的程度加剧。夏天过后,肌肤看上去好像恢复了原样。实际上,由于它具有储存效果,不断接受照射,就会引起皮肤癌或是加快皮肤老化,这一点在科学上已得到证实。紫外线照射强烈的澳大利亚和北美南部地区,皮肤癌的发病率明显高于其他地区。在日本,紫外线照射强烈的九州等地区,就比北海道皮肤癌的发病率要高。

紫外线和臭氧问题在世界范围内已引起了广泛关注,然而日本在这方面并没有表现出很高的关心度。这里边还有一个人种问题。白种人由于肌肤是白色的,抗紫外线能力较弱,而黄种人或黑人(这并非人种歧视)抗紫外线能力较强。这就导致了一些日本人视这一问题与己无干。

日本受到紫外线照射较弱的另一个原因还在于,太阳升高紫外线辐射较强的 6 月,在本州恰好进入梅雨季节。天空云层密布,紫外线强烈照射期相对缩短。这仅仅是我个人的一些看法,恐怕没有人会对这方面作出更多议论。

洛兰德教授和莫里纳教授指出氟利昂问题之后,各国科研人员开始通过化学观察手段以及理论研究,对臭氧实际遭受破坏的过程展开了调查研究。

二、臭氧的变动机制

臭氧经历了怎样一种变化过程呢? 观察其周期变化也是一个重要的研究课题。日本气象厅在地面设置了臭氧浓度测量系统。臭氧与成层圈的气象条件密切相关,这一点早在氟利昂问题暴发之前就已被提出来,观察历史相当久远,而通过人造卫星观测全球范围内的臭氧层变化体系则最初是由美国宇宙航天局(NASA)为中心建立起来的。通过地面以及以卫星为主体的观测系统积累下来的数据,我们可以看出自 1979 年到 1997 年的 18 年里,臭氧经历了一个怎样的变化过程。

数据显示表明,赤道附近的臭氧状况变化很小。而在靠近北纬 35 度的中纬地区,事实证明,10 年间臭氧的浓度减少了 2.5%,20 年间则减少了近 1 倍,达 5%之多,日本恰好位于这一地段。再往北去,在北极附近,臭氧大量减少,10年间减少了将近4%,20年间减少了8%。根据这一统计数据可以得出结论,日本人在今天所接受的紫外线照射强度与20年前相比,要高出五个百分点。南半球南极附近臭氧急剧减少,形成臭氧空洞,受其影响,南半球臭氧的平均减少程度比北半球高纬度地区还要大得多。

一般人在读到这些数据之后会产生一些较为直观的概念,而不会去想象数据背后的一些背景。这些数据是世界气象组织(WMO)和联合国环境计划署(UNEP)在拟定报告书时,经过反复修改最终得出的。在获取数据的整个过程中,耗费了大量的人力、物力和财力。或许有人会认为,地面观测长期不变,利用观察得来的数据,自然会得出一些结论来,其实不然。臭氧的变化极不规则,呈一种自然状态,每天、每个月当中的浓度变化都非常明显。为了测试出1%的变化,就要求测量仪器的高精度计算和对观测工作的长期不懈的管理。不但臭氧浓度要经历一个长期的变化过程,测量仪自身的状态在这个过程里也会发生变化。如不能很好地把握测量仪的变化程度,也就无法检测出臭氧的变化。

NASA刚刚开始使用人造卫星测试臭氧时,他们宣称"地面观测已经过时,只要通过卫星做全球观测就可以了"。其实在人造卫星使用之初,就已经意识到一个问题的存在,即卫星自身的感应系统长期以来也会处在一种变动状态之中。换句话说,就是不经过一定的修整,卫星感应系统的特性会随着时间的推移发生变化。提高哪怕只有1%的计算精度,对于人造卫星来说,也是一件非常困难的事情。现在,通常的做法是通过地面高度精确的测定仪器与卫星测定得来的数据进行比较,并进一步检测卫星观察的结果。深入细致的监测工作显然是极为重要的。

那么,为什么要不断地投入如此之多的劳动力和资金来获取

173

数据呢？如果不能准确地把握臭氧减少的现状，人类就不会采取措施限制对氟利昂的使用。单凭洛兰德教授和莫里纳教授的一句话"臭氧有可能遭到破坏"，不去进行实证研究，拿出有说服力的数据来，无论对企业还是个人，都不会产生太大的影响。在科学领域里，没有正确的知识作基础，不经过证明，只是一味地说什么"臭氧被破坏掉了"，就好比那个放羊的孩子喊狼来了一样。确立牢固的科学基础尽管很枯燥，却是非常必要的。只有这样，政府以及公共部门才会有所行动。

臭氧浓度大幅度下降作为一个事实即便早已为人所知，我们仍然有必要在现有的知识框架体系内对其进行理论性说明。成层圈的科研人员包括我自身在内，在这十几二十多年的时间里，为了"建立起一种说明臭氧减少倾向的系统"，在某种意义上可以说是尽了最大努力。从结论上来看，通过大气运动和对各种化学反应的研究，我们似乎可以证明臭氧的减少趋势在极大程度上已经得到了遏制。

既然这样，我们今天是不是就不必再继续做努力了呢？答案是否定的。因为臭氧问题还有许多不确定因素存在，今后还需坚持作出不懈的努力。

1985 年以前，许多研究人员认为在全球臭氧问题中臭氧光化学反应频繁发生的中纬度地区具有一定代表性，于是针对这一地区的臭氧输送及化学反应体制做了大量研究。英国南极调查所的约翰·法蒙（音译）博士，对常年累积下来的臭氧数据进行了分析研究，并于 1985 年在《自然》杂志上发表了文章。文章指出，南极上空春季臭氧浓度自进入 20 世纪 80 年代以来，与 70 年代相比减少了 40%，这一结论震撼了全世界。

当时，包括我本人在内的世界各地的研究人员，根本就没有想到南极上空的臭氧也会发生大幅度变化。这类科研人员的创造力对环境问题的研究工作作出了极为重要的贡献。

NASA 实际上也早已掌握了包括南极在内的全球卫星数据，只是并没有把目光投向南极，从而延误了时机。迅速对卫星数据作出一番分析之后，南极上空的臭氧空洞构造渐显明朗化。在南极的早春时节，臭氧分布的确很少。20 世纪 70 年代达到 300 Dobson（臭氧量的单位），现在只有其中的一半，甚至更少，只达到 1/3 的水平。根据气象厅发表的数据结果显示，臭氧空洞每年都在发生，根本就看不出有恢复的迹象。

为什么与中纬地区相比，南极的臭氧层更容易遭到破坏呢？这不是我今天所要阐述的主题，只做一下简单的介绍。南极到了冬天，没有太阳照射处于极夜状态。本来，成层圈在吸收紫外线后气温上升。由于这种极夜状态，气温无法升高，就会在零下 80 摄氏度到零下 90 摄氏度之间的环境里形成一种新的平衡。一般来说，成层圈非常干燥，无云也不会下雨。但是，气温如果降至这样一种低温状态，残留的水分和硝酸就会液化结晶成微小的粒状物。

按照一般概念来讲，这就是云了。日本上空的成层圈里温度过高，不可能形成云。只有在南极或北极的冬天和早春时节才可以在成层圈里形成云。这样的云一旦形成，从氟利昂里释放出来的氯原子无机化合物就会在云层表面迅速形成对臭氧直接造成破坏的氯原子或一氧化氯。也就是说，作用于氯活性化的动力与中纬度地区相比高出千倍左右。结果臭氧很快就被破坏掉了。这些就是我们获得的有关臭氧的全部研究成果。

175

这一破坏过程并非在臭氧空洞发现当初就被完全了解。经过不懈的努力研究，才终于搞清了南极臭氧空洞的真正成因。

那么在寒冷的北极，是否也会有臭氧大幅度减少的现象发生呢？这在南极臭氧空洞被发现之后，同样引起了人们的高度关注。与南极相比，北极的气温要高出 2—3 摄氏度，一年中的变化会很强烈。气温高，和中纬度地区情况类似，不易形成云，情况比南极地区要好一些。

进入 20 世纪 90 年代以后，北极上空的成层圈里低温事态频繁发生。再加上氟利昂的浓度仍在持续上升，北极上空的臭氧层遭到破坏的可能性变得越来越大。70 年代北极早春季节的臭氧值为 450—500 Dobson 之间，进入 90 年代之后就只有 200—300 Dobson 了。尽管数据在统计过程中历年会有一些变化，不过与南极一样，北极上空也已初步显露出臭氧空洞化的迹象来。

三、地球环境问题的典型案例——氟利昂规制

事态在不断恶化，世界各地的科研领域或相关机构也并非坐等观望。1987 年签订的具有划时代意义的《蒙特利尔条约》（《蒙特利尔议定书》），在氟利昂规制等方面达成了某些国际间合约。条约的制定融汇了科学工作者的辛勤努力，并采纳了欧美现已实施的限制氟利昂使用的相关内容。在 WMO 和 UNEP 的共同努力下，这一国际性条约终于顺利获得通过。

条约主要规定了削减在人类活动中对氯和溴化合物的释放含量，以期最终达到完全消灭这些物质的目的。条约作为国际间展开合作的起点，具有划时代意义。规制的对象包括氟利昂和哈龙。哈龙是氯类溴化合物。规制对象中还包括氯类氟利昂的替代物质。

条约中还有一项重要内容，就是要求对臭氧破坏程度进行定期评价。这也是致力于臭氧问题研究的科研人员的共同愿望。这

在日本拨给各省厅的研究经费里边也有所体现，进一步活跃了各科研机构的研究。另外，评价中还包括臭氧遭到破坏之后紫外线所产生的影响状况。

国际上，评价人员的构成也在逐步走向正规。评价小组的理念在于为政策决策者以及相关组织人员提供准确无误的信息。就我个人的理解，这一作业与其他作业相比更具有规范性，因为臭氧问题可以称得上是环境问题的典型范例了。

氟利昂在 1970 年左右被大量生产出来，之后大气中的卤素（氯和溴）浓度持续攀升。在我们有幸存活下来的今天，即 2000 年，其浓度已从 1960 年的约 1ppb 上升到 3.2ppb（ppb：十亿分之一（10^{-9}））了。如果没有《蒙特利尔条约》的限制，氯浓度增加的势头还会更猛。据推测，今后的 20 年当中，氯的浓度将会翻一番，达到 7ppb，相当可怕。到 21 世纪中叶更会增加数倍，不难想象到那时对臭氧所造成的破坏将无以挽回。

其实最初在签订《蒙特利尔条约》时，就已经意识到"条约的力度不够，长此下去氯的浓度只会继续增加，这样的规制是不够健全的"。然而，自条约签订以来不断有国家加盟，并且在 WMO 和 UNEP 的推动下，出台了一系列强制性削减方案，氟利昂的使用正在朝着全面废止的方向发展。《蒙特利尔条约》签订 10 年后的 1997 年，又对条约做了重新修订。据预测，氯的浓度今后会逐步减少，在 21 世纪末期达到 1.5ppb，即只有现在浓度的一半。但是这一目标能否顺利实现，还有赖于各相关机构的持之以恒的努力。

177

我们可以看到，对臭氧造成极强破坏作用的氟利昂，其浓度自 2000 年的顶峰期起逐步呈减少趋势。通过以美国为中心建立起来的观测网可以观察到，氟利昂的浓度在今天确实呈现出回落的趋势。而在臭氧空洞化最厉害的 20 世纪 80 年代，卤的浓度竟高达 2ppb。据预测,即便规制能够始终维持下去,也要到 21 世纪中叶,南极的臭氧空洞才有可能复原。

由于氟利昂的寿命很长,即便限制了对它的使用,要想恢复原状,也要花费数十年的工夫。从这一点上我们也可以看出,氟利昂问题在环境问题中所具备的典型意义。有关这个问题,我将稍后再做陈述,现在先来谈谈地球温室效应问题。

四、地球温室效应问题

同为地球环境问题,与臭氧问题同时被提出来的还有地球温室效应问题。什么是地球温室效应问题呢? 地球温室效应就是指气候变动,那么什么又是气候变动呢? 气候变动又是由一些什么样的参数来作出规定的呢?

我们先来看一下地球表面(地面、海洋)的温度。再来看一下昼夜温差、下雨的方式、云量的变化以及冰雪面积的变化等等。这些因素对于社会经济来说都是至关重要的。海面温度以及局部地区的气象、天气又是如何变化的? 异常天气通常按照一种什么样的频率发生? 这些要素都可以称做"气候"。

我们今天的生存条件之所以适宜,是因为地球大气的温度始终保持在 15—20 摄氏度之间。而这一温度又是如何保持下来的呢? 其实在地球上存在着一个极其微妙的且对于我们来说非常幸运的"平衡关系"。来自太阳的可见光线成为保持地球大气及地球表面恒定温度的决定因素。光线首先使地球表面温度升高。这些光束几乎不被大气吸收,其中的大部分(70%)都能够到达地面,剩下的 30% 受到云层或地表的反射。如果太阳光一味地照射到地球上,那么最终地球的温度将会上升到与太阳保持一致。

但是,地球本身又是一个很好的平衡体系。实际上,进入到地球内部的太阳能最终会通过红外线向地球外部释放出去。进入到地球内部的能源和从地球内部释放出去的能源始终保持一种平衡状态,从而保证了地球温度的永远适宜。然而,单纯考虑到这种平衡关系计算出来的地面温度应该是零下 18 摄氏度,这远远低于我们日常所体验到的温度。

事实上,我们周围的大气温度总是保持在十几度。这是因为大气中存在一种成分,使得一度被释放出去的红外线,经过重新吸收后又被送回到地面上来(或者返送到宇宙空间)。这一过程使得大气温度升高。这部分结余下来的热量成为地面温度升高的源泉,可使地面温度上升至近 30 摄氏度左右。这一点对我们来说非常幸运。如果不是这样,零下 18 摄氏度的世界里海水也会结冰。这样我们就丧失了生存所必需的水资源。整个地球系统,正是因为有了温室效应气体的存在,我们的生存才成为可能。

在一些人当中存在这样一种误解,他们认为从自然起源的角度来看,温室效应气体中的重要组成部分与其说是二氧化碳,倒不如说是水蒸气。水蒸气同样会吸收大量紫外线,所占比重也很大。单从温室效果方面来看,浓度较高的水蒸气比二氧化碳显得更为重要。然而,水蒸气是通过海水蒸发得来的,其数量远远超过了人类活动所提供的范围。而二氧化碳则直接来源于人类的生产活动,并在不断增加。因此作为地球环境问题的研究对象,与人类的生产活动直接相关的二氧化碳和其他气体才是人们普遍关注的对象。

当然,二氧化碳增加导致的气温变化,也会为水蒸气和云层带来相应的变化,从而对气候变动产生影响。这些问题我们暂时先搁置一边。

179

通过大量努力，人们已初步掌握了过去近千年二氧化碳浓度增加的程度。工业革命以前，二氧化碳的浓度始终保持在 280ppb。但是进入 19 世纪后，二氧化碳含量迅速增加，现在已升至 360ppb，增加了将近 100ppb，这一变化对地球温室效应产生直接影响。

那么，地球温度是否真的升高了呢？要想找到答案，如同刚才提到的臭氧问题一样，需要做大量的调查研究工作。气象要素与臭氧同样会在短时期内做大规模变动。抛开这些短期内的变化情况，放到一个较长的时间范围来看，全球平均气温并没有明显增高。而在进入到 20 世纪 60 年代之后，出现了升温现象。这一变化能否真的可以用我们所认为的二氧化碳含量增加导致气温升高这一观点来解释呢？对此，自然科学工作者还在做进一步的研究。

如果只考虑二氧化碳等温室效应气体，我们可以认为气温上升的速度还应该更快一些才对，这与实际观测到的不符。可我们在把地球表面的浮游粉尘（aerosol）效果计算进去之后，就会发现这一升温现象与定性的观测结果是相吻合的。这类浮游粉尘是一种什么样的物质呢？化石燃料在燃烧之后，释放出大量的二氧化硫。二氧化硫经酸化就会形成硫酸，硫酸与水结合后又会形成硫酸微粒子。这些微粒子对太阳光线起到折射的作用，减少到达地面的太阳光热，从而减缓了温室效应。把这一因素考虑进去，我们可以认为本应升得更快的气温，由于 aerosol 的大量增加而趋缓，这样就延缓了温室效应的进一步扩大。

将 20 世纪 60 年代的气温拿来和 90 年代的相比，就会发现全球平均气温在上升。但这并不意味着全球平均气温升高呈现一种均一的状态。实际上既有气温上升的地区，同时也有一些地区的气温在下降。这一现象似乎可以解释为，通过浮游粒子的反射作用加大了一些地区上空的大气反射率，从而导致气温下降。而我们现在看到的状况是全球普遍变暖，气温下降的地区正在减少。从这一结果我们可以看出，地球温室效应在进一步恶化。

在实际观测了气候变动以及二氧化碳含量的增加情况之后，许多研究机构作出了各种预测。今后二氧化碳的增加量主要取决于二氧化碳的排放量。其增加趋势如何？把这种势头限定在一个什么样的范围之内？这与刚才提到的对氟利昂在使用上的规制同出一理。截止到 2000 年，按碳的数量来计算，尽管数据不够精确，每年预计要释放 8000 兆—9000 兆吨的二氧化碳。

政府间气候变化委员会（IPCC）根据世界经济发展状况拟定了 IS92 报告书，指出 21 世纪末二氧化碳的排放量会是今天的 2 倍。这一预测当然会通过我们的努力有所改变。

预测如果真的变成了事实，二氧化碳的浓度就会从今天的 360ppb 变成了 21 世纪末期的 700ppb。那么，气候又会如何变化呢？IPCC 第二次报告中提示的数据稍显陈旧，这一数据在第三次报告中也没有做更多的修改。根据这一预测，2100 年全球平均气温将会上升 2 度。这个变化是非常大的。由于是平均气温，是综合评定的结果。既有上升地区，也有不上升的地区。那些气温上升幅度较大的地区，会直接为农业以及植物生长方面带来诸多负面影响。

还有一个问题就是，气温上升最终会导致海水温度升高。水温升高导致海水膨胀，最终带来海水水面上升，再加上南极冰面的溶解所造成的海水水量增加，据预测，海水水面在 2100 年时将会升高 50 厘米。在太平洋上，海面升高 50 厘米就意味着许多国家将会被海水淹没。荷兰等许多低于海平面的国家对此始终抱有强烈的危机意识，无论如何不要使海水温度升高是出自这些国家的每一个国民的迫切真实的愿望。

如同臭氧层问题一样，WMO 和 UNEP 设立了 IPCC，成立了课题小组，对迄今为止获得的气候变动相关知识，按照第三者的方式进行了评价。评估结果分别刊登在 1990 年、1995 年和 2001 年的三次报告中，评估内容包括气候变动对环境、经济以及社会所带来的影响，并针对今后的政策方针提出了建设性的意见。

在此基础之上，各国政府采取了实际行动。1997 年召开的第三次缔约方大会（COP₃ 会议）拟订了《气候变动框架条约》（《京都议定书》）。有关这方面的研究，森嶌先生是专家。条约的目的在于减少温室效应气体的排放量，通过制定法律让各国都参与进来，但是最终促使议定书生效的国家数量并没有达到。条约中规定，在 2008 年到 2012 年四年间要把 1990 年的二氧化碳含量减少5%。同时，对二氧化碳以外的其他温室效应气体也同样作出了制约规定。在此之上还进一步引入新的市场机制（经济原理），对排放量进行交易，开创了包括技术转移在内的国际间合作之先河。

五、人类活动对地球造成的影响

我们的活动会对地球造成什么样的影响呢？让我们来做一个极为粗略的统计。如果把生活在地球上的人类用质量进行换算的话，大约有 10^{11} 千克。固体地球的质量为 10^{25} 千克，它们之间的差为 10^{14}。人类尽管在地球上挖穴凿洞，却不会给这个固体星球带来任何影响。

海洋资源（海、水）的质量为 10^{21} 千克，尽管在河流、河口以及港湾实际上存在着非常严重的污染问题，对于整个海洋来说，却并不会产生太大的影响。因为海水与人类之间存在 10^{10} 的质差。而大气方面，由于二氧化碳的单向流动以及释放出的氟利昂等人工化学物质，从全球的观点来看已产生一定的影响。大气（6×10^{18}）与人类之间的质差已缩小到 10^7。我认为正是因为它们之间的差值最小，所以才会受到影响。

把大气看做一种资源进行一下简单地计算。世界总人口数现在大约有 60 亿人。那么每人平均可利用的大气数量是多少呢？大气质量通过人口数量来计算约有 10^6 吨，平均每人 100 万吨。这一数字听上去很大。我们或许会认为"每个人居然可以有 100 万吨的空气可以使用。人就是再怎么呼吸也不会简简单单就把这 100 万吨的空气用完，空气对我们来说是取之不尽用之不竭啊"。

但是这里有一点值得注意。正如我们刚才所提到的那样，即便是极其微量的大气成分，一旦发生变化，臭氧层以及气候就会随着其化学性质的改变而改变。就拿二氧化碳来说吧，只要有 1ppm（百万分之一）的量发生变化就会出现问题。而要想使二氧化碳浓度增加 1ppm，只需在每 100 万吨的大气中增加 1 吨的二氧化碳就可以了。此前，我们认为每个人可以享受 100 万吨的大气，一下子就缩减到了 1 吨。衡量氟里昂的浓度时，还要比这个数字再小三位数［ppb（十亿分之一）］，100 万吨的气体中氟里昂的含量只被限制在 1 千克。也就是说，每个人只要排放出 1 千克的氟利昂气体，全球规模的氟利昂浓度就会发生变化，从而对臭氧层造成巨大破坏。可供每个人使用的 100 万吨气体单拿氟里昂气体来说，其实只有 1 千克。从这里我们可以看出，某些大气成分尽管数量微弱，却可以对全球环境造成巨大影响。

现在，人类每年要释放出 8000 兆吨的二氧化碳，按人均来计算，每人每年要释放出数量为 1 吨的二氧化碳。从刚才的计算结果我们可以预测，大气中二氧化碳的浓度每年以 1ppm 的速度递

183

增。实际观测的结果也证实了这一点。另外，每人每年释放出的氟利昂气体平均水平仍维持在 100 克左右。发达国家的排出量还要大一些。结合刚才的计算结果，我们立刻就可以推断出这些微量气体会对大气中的氟利昂浓度产生什么样的影响，这一推断与 20 世纪 90 年代氟利昂急剧增加这一结果保持了一致。因此，人类只要观测出二氧化碳和氟里昂在大气中的含量，就可以大致判断出地球环境将会受到怎样的影响了。

以上，我对臭氧层破坏和全球温室效应这两个非常典型的地球环境问题分别做了说明。这两个问题看上去似乎各不相干，其实二者的相似之处正在于它们都与人类活动密切相关。并且从规模上来讲都具有全球性，并非是谁排放谁受害的问题。像氟利昂那样寿命很长的气体很快就会蔓延全球。即使没有排放氟利昂气体的国家，它的上空也会出现臭氧减少的现象。再拿气候这个问题来说，没有释放二氧化碳的发展中国家也同样遭受巨大影响。危险物的排出一方与受害一方未必一定会保持一致。

由于这些危害物质寿命较长，所引起的环境问题也会长期化。对待这类环境问题，即使限制了排放量，要想见到效果也要经历一个较为漫长的过程。因此，尽早发现问题就变得极为重要。早期采取对策，就可以把成本限制在一个较小的范围之内。越是拖延，影响范围就会进一步扩大，无论从时间还是成本的角度考虑，问题就会变得愈加严重。刚才宇井先生讲到了地域问题，其实从不同意义上来理解，作出早期决断是极为至关重要的。

这两个问题的不同之处在于，目前已幸运地发现了氟利昂的可替代物，解决臭氧问题显得相对容易一些。但是，地球温室效应问题就大不相同了。它直接关系到我们生活消费所必需的能源问题，对策复杂，涉及方方面面。从对产业经济产生的影响来看，我个人认为,气候问题要远比臭氧问题来的棘手得多。

以上是我通过一些资料进行的论述。

六、地球环境问题和科学家的课题

我是搞理工科出身。调查与环境相关的要素,解释自然现象是我的本职工作。因此,某种意义上我只能作为一个非专业人士,来阐述一下我的感想。

我认为在解决全球规模的环境问题时,应该建立一套必要的规则和统一的框架,并且首先要求每个人都必须加深对危机的理解(具备危机意识)。

理学研究的意义在哪里?针对臭氧层问题,正确的知识可以让政策在实施方面变得更加行之有效。理由站得住脚,就可以更好地推动产业界和政府采取实际行动。

臭氧问题可以追溯到 1970 年年初,当时美国人和欧洲人探讨如何把协和式超音速客机送上成层圈。超音速喷气式客机的发动机释放出的二氧化氮极有可能会对臭氧层造成破坏,鉴于此,美国很早就确立了环境影响评价体系。我认为这正是他们的长处所在。一旦意识到有危险存在,就会立刻行动起来,着手进行研究。

当时,对于臭氧问题的认识仅限于科研人员。如前所述,氟利昂对臭氧层造成破坏这一可能性最初是由洛兰德和莫里纳两名教授提出来的。1974 年的《自然》杂志登载了他们的有关论文,之后不久,美国就开始限制使用喷雾罐。

我经常从美国研究人员那里听到类似的话题,在一部家庭肥皂剧中有这样一幅场景,一名演员一边在使用喷雾罐一边说:"就是这个小小的喷雾罐,就可以把地球上空的臭氧层破坏掉。"这样

185

看来,进入 20 世纪 70 年代后期,美国普通老百姓也已开始认识到臭氧问题了。而在同一时期的日本,臭氧问题在普通老百姓中间并没有产生任何反响。

约翰·法蒙博士在 1985 年发现了臭氧空洞,震惊了全世界,之后一系列的科研工作在国际间随即展开,并伴有法律出台,要求全面禁止使用氟利昂。这些年来,通过媒体以及各方面的努力,我们可以感觉到人们的意识正在发生着深刻的变化。

从 10 年前开始,我经常对生产技术人员做一些演讲。工作在生产一线的他们已强烈感受到禁止使用氟里昂的必要性,这一变化为我留下了极为深刻的印象。尤其对于那些直接接触氟利昂的工作人员来说,理解臭氧问题的重要性就显得更为重要了。多掌握一些相关知识,可以帮助他们更好地完成作业。拓展不同层面的知识水平,开展各种启蒙教育活动,与完善法律条文具有同等重要的意义。

目前对待臭氧问题的办法尽管还不十分完善,但是世界各国的研究机构及相关人员的共同努力依然为我们带来了希望和勇气。对待全球温室效应问题亦应如是。

下面来谈一下在从事环境问题研究时,我们作为研究人员自身所存在的问题。迄今为止,在研究环境问题和制定环境政策上存在着一种将环境"细分化"的倾向。比如就拿大气问题来说吧,包括"光化学烟雾"、"酸雨"、"臭氧层的破坏"和"全球温室效应"等诸项问题,而研究人员只顾及各自的专业领域。涉及问题的专业性强,同时顾及几个领域确实会有困难。然而我们还是有必要针对不同领域以及各领域之间的相关部分进行研究。

臭氧层的破坏以及气候变动就是其中一例。因为臭氧同时也在吸收红外线,增加地表温度。臭氧遭到破坏之后变少,就会导致地球温度下降,这样就对温室效应起到了抑制作用。在评价全球温室效应时,这一点也是不容忽略的。

另外,我们常常会把大气污染和地球温室效应问题区别对待,只把浮游粒子当做一种大气污染物,其实两者之间存在着诸多联系,研究人员要特别注意它们之间的相互关联性。

作为今后的研究课题,还要注意到生物圈与大气环境以及气候变动之间的相互关联性。生物圈的重要组成部分森林、土壤向大气中释放各种化学元素,森林和土壤同时也会被大气污染。森林、土壤在吸收了大气水分的同时还具有释放作用,不能很好地理解这些相互间的作用,今后在预测全球大气状况时就会出问题。只按照无机自然界的概念去推算全球温室效应的恶化状况,即使把一些不确定因素考虑在内,也还是显得过于单纯。如果把有机生物加进去,系统构成就会复杂得多。我们在把有机生物考虑进去的同时,能够在一个较为复杂的系统内对大气变动进行预测,目前这方面的工作我们做得还很不够,今后有必要下更大的工夫。

这类学术研究"说起来容易做起来难",需要大量的资源作为储备力量。现阶段我们的人力和财力资源还很有限。但是我们不应该有所抱怨,而要勇于面对现实,顽强应战,这也正是我们这些研究人员面临的最大困难。

为什么非要这样做呢? 地球是我们唯一赖以生存的星球,今后我们将会面临更大的人口压力,每个人都有权享受不受歧视的高水准的生活,然而在行使这一权利的同时还会伴随着环境问题的出现。利用能源技术制造化学物质,或是利用各种交通运输工具,这些都会加大对环境的负荷。

如何在不牺牲环境的前提下保持人类生活的安定,这一点在我们的认识当中已经变得越来越重要了。为了解决这个问题,正如我们的主题所讨论的那样,建立一种与地球和谐发展的生活方式是非常重要的。作为一名理学研究人员,为能助一臂之力,我愿将我在自然科学领域里的研究进行到底。

围绕论题五的讨论

石弘之:我先问一个基本问题。为什么《蒙特利尔条约》和《维也纳条约》在不到一年半的时间里就可以生效,而《气候变动框架条约》却迟迟不能生效呢?

近藤丰:臭氧问题从产业规模来讲算是比较小的。主要运用在电冰箱以及半导体清洗等方面,其用途被限制在一定范围之内,这样一来,找出代替方案在某种意义上就成为可能。

石弘之:近藤先生谈到了"科学的认识",您不认为这一科学认识,在温室效应方面还存在一些不足之处吗?

近藤丰:我们经常可以听到这方面的议论。即便是科学的认识,同时也会包含有各种不确定的因素。为此,IPCC 依靠多名研究人员的通力合作,尽可能地做到报告书的公正、准确。还有一点,就是这些所谓的不确定因素其实我们并不知道。在某种程度上,把握了不确定性实际上就等于是建立了一种确定性。

问题在于我们并不能准确把握这一不确定性的范围。全球温室效应的危害性大概人皆尽知。在签订《蒙特利尔条约》时,对于臭氧问题还不是很了解。但是,各国都已认识到放任自流的极度危险性。签订条约并非完全不具备认知上的科学性,我们所掌握的知识已足够说服人们去采取一些行动了。有关地球温室效应问题,通过最近的研究成果可以发现,在这一问题上持有异议的人,至少在有识之士当中是少而又少的吧。

石弘之：在研究美国气候变动的学者当中,对此持怀疑态度的人不在少数。议论的焦点在于全球气候变暖的原因是否真的在于二氧化碳排放量的增加上。我所关心的问题是,科学家在对环境的变动作出观察,提出预警之后,又经历了一个怎样的过程,才能最终变成国际性条约,而这已超出了我们今天讨论的范围。

为什么在温室效应相关条约的签署问题上不能顺利进行呢?您刚才提到的一点可以作为其中的一个理由。比如美国到现在都没有加入进来。批准加入国达不到 55 个,条约就不能生效。现如今只有 30 个国家加入,这 30 个国家中的绝大多数都直接面临着南太平洋海水上升的威胁,这些国家在国际社会上的力量还很薄弱。

戈尔承诺当选总统之后要参与到条约当中来。事实表明,一切都已超出了科学所能涉及的范围,变成了一种直接为政治服务的手段。近藤先生,关于科学和政治之间的关系您是怎样看待的呢?

近藤丰：我不懂政治,希望森嶌先生在这方面会给我们一些启发。

森岛昭夫：谋求国际间的合作以试图解决全球环境问题,在制定条约时遇到的最大障碍就是"国家利益"。任何国家抛开本国利益,空谈国际间合作都是不可能的。比如说,在臭氧层破坏问题上,美国为控制氟里昂的使用投入了极大的热情,率先签订了《维也纳条约》。但是,始终与美国保持一致的日本,因为在氟利昂生产上曾做过大量投资,在禁止使用氟利昂问题上就显得有些过于沉默了。据说,是因为美国的杜邦公司所拥有的氟利昂专利恰好到期,正蓄意开发新的替代产品,而美国政府很好地利用了这次机会。换句话说,我们可以认为美国产业界在背后操纵着美国政府。

189

生产氟里昂的国家只有有数的几个。只要不危害本国利益，并能为产业界所接受，条约制定起来就相对容易一些。

再来看全球温室效应问题。二氧化碳是化石燃料燃烧之后释放出来的，如对其加以规制，势必会对产业界造成直接影响。美国如此，日本也不例外。于是，条约受到了美国产业界的强烈反对。况且，条约一旦生效，石油等巨型能源产品的销路必将受阻。权衡利弊得失，美国在对待气候框架变动条约的签署问题上当然就会抱一种消极的态度了。戈尔的支持派系中有环保人士。即使在对产业界暗送秋波的同时，选举一旦进入白热化，为了多拉选票，还是会把环境要素考虑进去的。

从这一层意义上来说，与其把问题看成是"科学认知的有无"，还不如说是在科学知识作为基础的现阶段，把政策引向哪一个方向的"政治选择"的问题了，抑或是"国家利害关系"的问题了。关于温室效应气体的科学研究有很多，这些气体导致全球气候变暖也已基本得到了证实。温度上升，海平面就会上升。有些人认为"温室效应气体的科研工作并不严谨"，他们当中有些人是在替石油产业界说话。

我认为，全球变暖问题已不是所谓削减或不削减的"方向性"问题，而是"何时"去做以及采用什么样的"方法"去做的政治选择问题了。削减温室效应气体，直接关系到产业界的巨大利益和整个国家的经济命脉。

美国率先在有关氟利昂的《维也纳条约》、《蒙特利尔条约》和《赫尔辛基议定书》上签字，取得这样的进展，完全靠的是科学技术条件下的一场"政治"上的较量。

签订国际性条约时，"科学认知"并不起决定作用，关键的关键还在于"国家利益"的权衡上，这才是问题的症结所在。美国在签署生物多样性条约时,抱有一种消极的态度,这正是因为美国把保护生物技术专利的利益看得更重一些。

宇井纯:我补充两点。第一,我们来看一下日本科研人员在对事物完全不了解的情况下是如何采取措施的。我举一个杉并病大气污染的例子。该病最初是在东京一个叫井草的地方发现的。这里还有一个行政(指东京都)问题。当时,东京都政府并不肯承认大气受到污染,尽管都内的许多研究机构都已表明杉并区"发现了硫化氢物"。我认为这是一个很典型的例子。每个人都要排出垃圾,研究人员何时何地做何发言将成为我今后关注问题的焦点。

另外一点,京都的一个课题小组正在利用生物圈和大气圈之间的关系,研究温室效应究竟会为生物带来什么样的影响。这一研究在川那部浩哉的《暧昧的生态学》(农山村文化协会,1996年)一书中有所记载。

石弘之:是京都生态课题小组吧。最近他们把课题重点放在了生物对大气中二氧化碳含量增加作出的反应上。

近藤丰:我在今后力求开展一些相关项目的研究。比如说,二氧化碳含量的增加加大了森林对二氧化碳的吸收力度,这就对森林产生了施肥效果。另外,大气污染会使大量的硝酸离子降至地表,这或许也会增加对二氧化碳的吸收能力。这一切最终还会对土壤造成污染。比起对传统领域的研究,我们现在所做的对于生物圈领域里的研究还存在许多不足之处。

191

最近各大学纷纷设立了环境学科,开始尝试文理兼容的学术性研究方式。只是对如何系统地展开研究还不十分明了。就我个人来讲,非常希望能够建立起一种模式,将各种学科融汇在一起,寻求多种解决方案,同时还可以介绍一些生动有趣的事例。对于那些研究还不十分到位的复杂课题,作为一种新的尝试,我会在研究时尽力把眼光放得长远一些。

金泰昌：国家在制定环境的基本方针政策以及谋求国际上的合作时，专家学者、政府和一般市民之间存在着一种怎样的关系，如何看待这种关系，如何发展这种关系，这些都是非常重要的问题。以往经常采取的一般性做法是，官僚机构在充分考虑了国家利益（公益即官益）之后才作出判断，然后再去听取一些专家的意见，从而为其行为的正当化寻找理论上的依据。经历了这一番程序之后，结果被公布出来，这就是所谓的制定方针政策了。这是一种以"公"为目的的思考，在这里技术官僚的合理性（即为达到既定目标如何节约费用、增加效用）显得比什么都重要。但是，方针政策的制定和实施，最终影响到的是每一个国民、每一个市民，即每一个人本身。包括官僚和科学工作人员在内，我们都应该认真思考一点，究竟在多大程度上把国家利益看得高于个人——这里的个人并非别物，正是"私"这一概念。还有，究竟在多大程度上把"为了国家（大家）"与"为了相互关联的人类环境"联系起来考虑的。"相互"是包含了近到邻居远到人类全体的一个涵盖广泛的概念，这里当然要做到具体情况具体分析。我们必须重视直接受影响的人类与环境之间的相互关系，站在这一立场上提出意见，最终作出判断并提出有效方案。若没有一条畅通的渠道将这些意见、提案反映到上面去，同样也是不行的。这样，为作为主体的市民提供一个能够相互对话的场所就显得十分重要了，而且必须以一种公开的方式进行。

有了这样一种氛围，就能够在官僚、专家和市民之间建立起一种相互理解的关系，政府在充分取得了市民的信任之后制定实施政策。在现代社会里，来自老百姓的对于这方面的诉求已变得越来越强烈了。

《京都新闻》和《日本经济新闻》两家报纸今天(2000年11月4日)都对《京都议定书》做了报道。《京都新闻》报道,把森林作为二氧化碳的吸收源这一来自日本的倡议遭到了欧洲国家的一致反对。这些欧洲国家认为该项科研成果还没有取得普遍共识,或者干脆就是一些政治上的摩擦所致。

另外一条报道来自《日本经济新闻》的"只要去做就能成功"。国家把削减目标定在6% ,京都给自己定的目标却是10% ,市里成立了"NGO环境市民"环保组织,努力要把京都会议的举办城市打造成一个可持续发展的新型社会的典范。

该报还引用了内藤先生的发言。身为"京都21世纪议程专题讨论"代表的内藤先生,在发言中指出:"只有地方才有可能实现彻底改革。在努力克服温室效应问题的过程中,地方运动已呈现出燎原之势。继续保持这种势头,并进一步向政府施加压力。"这段话被《日本经济新闻》原文引用。

即便在科学家和政治家之间达成了共识,也不可能在签订条约或整个实践过程中真实地反映出来。其中的一个理由用森嶋先生的话说就是主权问题。避开主权问题谈实践,大致会出现两种倾向。

政治向来构筑于国家权力之上。不过,近年来的"市民政治"发展势头异常迅猛。我们可以看到许多与国家主权并无直接关系的以地区为中心的并且在市民主导下开展起来的政治活动。刚才提到的京都就是其中的一例。这与国家主权并无直接关系。即便"国家"有所规定,"地方"如果持有异议,完全可以充分发挥自身的主导权。这种现象不光在京都,到处都有发生。

还有一点就是国际政治以及由此产生的国际统治。国际政治是指政府为了各自国家利益所进行的政府之间的交涉,大家各持

193

己见,无法做到协调一致,相互之间的摩擦也很多。还有一种政治模式也开始登台亮相。模式内容包括跨国间的意志决定、合作和规范的形成、政策的制定以及方针的执行等等。在这种模式下,国家不会作为一个单位,遇到全人类乃至整个地球的公共利益问题时,即便违背了"主权"意志,也会尽可能谋求合作,以便推动事物向前发展。或许有人会认为"一切都还不成熟",对其采取批判和否定的态度。不过有一点不容否认,那就是这一新的动向正在逐步引起世人的广泛关注。

我们常常会被人责问"为什么就是做不到呢"?其实除此之外还有一种说法,我们可以理解为"我们不是已经做到这一步了吗"?我更倾向于后者,首先我会满怀希望,然后再去付出努力。实际上,正如内藤先生所期待的那样,如果这股势头能够推广蔓延开来,一切都会成为可能。正所谓全球政治与地方政治接轨。像内藤先生那样,既会替政府作出考虑,又不会为政府增添麻烦,完全可以按照地区间的主导方式进行,这样的人物越是大量涌现,其效果就有可能进一步扩大。我把这种新的动向称做全球地域型政治或宇宙政治。

石弘之:IT革命近些年来开始发挥出巨大的影响力。最近发生在名古屋藤前千泻垃圾处理厂的问题,经过调查发现,市民之所以能够取得胜利,很大的一个原因就在于整个事件处理全过程中有大量的电子邮件在起作用。市民通过互联网把信息传播到世界各地,科研人员由此获得了大量的信息。这一切正如金泰昌先生所言,IT革命已开始在全球统治、政治方面发挥出巨大作用。我非常希望学生们能够对此给予更多的关注。

近藤丰:正确计算出森林究竟能吸收多少二氧化碳,这一点至今还是个问题。我认为对这一定量的科学分析认识得还很不够。

现在的做法是,把不能达标的那一部分排放量完全强加于森林,对于这一计算方式的可行性还没有找到确凿的证据。

石弘之:按照这一计算方式,美国森林面积大于日本,计算结果会比日本高出 100 倍,而新西兰也将会是日本的 20 倍。

近藤丰:一部分研究机构正在制订研究计划,努力为这一计算方式寻找依据。然而,从眼下的状况来看,研究依然很滞后。

如果把眼光放长远一些,增加森林面积是否真的能够成为解决二氧化碳问题的灵丹妙药,对此专家所持意见不同。森林最终都会枯萎,从而转化为二氧化碳再度释放出来。在这一自然循环过程中,吸收量达到一定程度之后就会饱和。因此,这一做法在一定期间或许会有效果,但是久而久之二氧化碳的排放量就会超过森林吸收量的上限。我们已经从专家那里得到证实,二氧化碳的浓度至今仍在持续不断地上升。

那么,国家政策又是如何规定的呢? 两年前召开过一次能源研讨会。到会的通产省官员总结并发表了二氧化碳削减的政策措施,这名官员得出的结论是,要想削减二氧化碳,就必须增加核能发电。但是,在咨询到这一方案的实施可能性时,却被告知"由于居民的强烈反对,维持现状还可以,再建设新炉几乎已不可能"。试图利用根本无法实现的手段削减二氧化碳排放,这显然充满了矛盾。在我看来,根本就不可能实现。今天,类似的能源政策是否有所改变,我不得而知。

当前,NGO 组织在削减二氧化碳排放问题上怀有极大的热情,这一点很重要。这些人意志坚定,通过不同的侧面做着各种努力,只是这些努力需要进一步系统化。比如说,在政策上要对目标削减作出明确规定,并具体落实到每一个家庭的行动上。有必要采取一些具体的措施和手段,否则今天的这份热情就会慢慢变冷。

195

"我在节电,可邻居家点的却是长明灯",这样就会出现一种不公平。为了杜绝这类现象的发生,要求大家共同努力,并采取多种方式对节能型家庭给予奖励。科技人员在拿出具体方案的同时,与热心的环保人士一道,携手努力共同解决问题。这一点也是非常重要的。

政治问题涉及全球范围。日本在削减二氧化碳方面消极应对,一味奉行一意孤行的能源政策,这样做是否行得通?答案恐怕是否定的。日本向全世界申述自己的主张,并且希望加入联合国常任理事国,这就决定了它不可能永远逆世界潮流而动。即使在国内任意行事,却不得不屈服于来自国际上的压力。不过在我看来,与其被逼到那一步,还不如在一开始就主动为削减二氧化碳付出实际行动。欧洲的德国和法国,尤其是德国,对待能源节约问题始终保持着强烈的忧患意识。这一时代最终会到来。

原田宪一:1972 年以前我一直待在美国。超音速喷气式客机(SST)给成层圈的臭氧层带来巨大影响这一问题一经发现,引起了世人的轰动,之后的氟利昂问题更是搞得沸沸扬扬。直到今天依然有人认为喷气机燃料中的氯元素还有问题。这到底是怎么回事呢?

我还想请教一下二噁英气体的污染问题。二噁英气体也是刚才列举到的氯化合物之一。日本是世界上该气体的最大生产基地。这种有害物质有没有扩散到成层圈造成破坏?

从美国回来以后,我深切地感受到了日本学者在政治上的无能为力。1971 年,我还在美国一家公司用氟利昂液体洗手。1972年回国后不久,就听说美国已下令禁止使用氟利昂喷雾罐了。这叫我再一次领略了美国的行为方式。而在日本又是一副什么样的情形呢?垃圾燃烧过程中,LPG 喷雾罐导致爆炸事故发生,由此在消费者中间展开了一场喷雾罐安全保障运动,其结果是放弃 LPG 的使用统一改用氟利昂。

在这里,学者根本就是束手无策。学者凭借科学知识作出预警,然而在其背后还有一种更大的势力存在。喷雾罐事故只是让我们重新选择了手动方式。氟里昂的使用非但没有得到禁止,反而在喷杀蟑螂等杀虫剂方面得到了更为广泛的应用,这就更是错上加错了。罐装杀虫剂危险性极高。消费者并没有就此改变操作方式,反倒认可了氟利昂的使用。这里面的确存在很大的问题。

另外,海洋浮游生物中的硫化二甲基(DMS)等问题在科学上还不能作出很好的解释。因此探讨它的可能性时,就会存在两种完全对立的观点,各执一词。

同时我还想声明一点,即环境问题是有优先顺序的。100 年内地球会升温 2 度,海平面也会由此上升 2 米。这与后冰期的水平保持一致。1 万年间海平面上升了 120 米,平均每 100 年上升 120 厘米。绳文时代海水上涨时期快一些,弥生时代海水下降时期慢一些,1000 年间海水曾一度下降了 2 米。

今天与当时的状况不同,人口大幅度增加,海面上升就成了一个大问题。但是,我还是认为,如果要为环境问题排序的话,放射能和氯化物的有机污染以及重金属的污染问题,应该放在前面。二氧化碳并非毒气,却搞得沸沸扬扬,反而掩盖了毒性很强的二噁英气体和 DDT 等问题的严重性。

197

大家在对待科学知识的探索方面都很努力。然而,一旦碰到棘手的政治问题,就都显得有些不知所措了。我每年的研究经费是 80 万日元,在《朝日新闻》上打出一幅广告则耗资达到 100 万日元。丰田汽车公司也在为推销其产品大做广告……

石弘之:你也可以通过做广告宣传你的作品,增加销售量,用所得收入作为你的研究经费怎么样(笑)?

原田宪一:这倒是个办法。不过做大型广告,费用投入存在天壤之别,效果也不会长久。就像中药的疗效那样,我们必须做到一点点地渗透。我强烈地感受到学者同仁之间的相互提携是极有必要的。

近藤丰:超音速喷气式客机是否为成层圈臭氧层带来影响,这项研究最初开始于美国运输省(DOT)。随着对各种未知化学反应的进一步了解,对待航天机的影响评价也在逐渐发生变化。这里边有很多不确定因素,所产生的影响在量的把握上一个时期也曾不够明确。之后,洛兰德教授和莫里纳教授的研究发表进一步明确了氟利昂的危害性,研究方向随之迅速发生转变。

那以后,以 NASA 为中心仍在继续研究超音速喷气式客机的影响评价问题,这一工作一直持续到今天。最近,我还参加了他们的一个研究会。会上组织了一次模拟试验,并撰写了实验结果。NASA 之所以在最近停止了他们的研究工作,是因为波音公司已决定放弃超音速喷气式客机的研究。不存在风险,自然也就没有继续研究下去的必要了。

在研究中能始终保持一种连续性,这是很值得赞赏的。因为不存在任何负面的影响了,研究被中止也是很正常的。实际上至今仍在继续飞行的只有法国的协和客机了。在他们看来,这并不会造成太大的影响。

石弘之:经历了那场事故,协和客机还没有停飞吗?

近藤丰:我听说还在做少量飞行。即使在飞,由于飞机数量很少,因而不会被认为有太大干系。

还有一个就是人造卫星上释放出氯化合物的污染问题。美国和俄罗斯计划将各种人造卫星发射上天。在整个宇宙空间的开发过程中,就我所知,他们不光对航天机,同时还在研究人造卫星对成层圈造成的负面影响。

二噁英问题和全球温室效应问题都是非常重要的环境问题,都应该受到高度重视。有关气候变动方面,在 DMS 和云层中的确存在许多不确定因素。但这里还有一个前提条件,就是说我们假定地球在反射太阳光线时只有 30% 是安定的。尽管气温的变动会为地球带来一些变化,但在模型设计上,我们只能把反射率定在 30% 这一前提之下,因为目前我们并不完全了解它的运作机制,我们只能这样。实际上,反射率也在发生变化,它的变化会进一步带来气候的变化,这样一来又会存在更多的未知数了。我们的认知水平实在有限,这是事实。今后一定会出现更多有关地球云层及水蒸气的研究。这些都将成为今后极为重要的课题。

尽管还有许多未知领域,可是地球升温的征兆已趋明朗化。升温对地球造成了巨大影响,因此我们暂时可以把那些未知领域搁置一边,首先采取一些必要的措施,用以对付不断上升的全球气温。如果要等到把未知的部分全都弄明白之后再动手,还要等 10 年、20 年,甚至 100 年,那时地球已将不复存在。

石弘之:我们过高估计了浮游粉尘的效果。在这回提出的第三次报告中预测,21 世纪全球气温最高上升 6 摄氏度,这简直不可想象。当然,通过对大气污染的治理与防治,情况会有所改观。

近藤丰:气温随着二氧化碳排放量的变化当然会有所改变。

石弘之:另外还有一种说法是,随着大气污染治理措施的进一步加强,以及地面铺装的完备化,粉尘量会逐渐减少。而粉尘是碱性的,这样一来,酸雨就会减少。酸雨减少了温度就会上升。

近藤丰:这是一些非常复杂的问题,很难作出正确评价。

石弘之:但是在第二次报告中还是提到了浮游粉尘的影响。

近藤丰：不过，浮游粉尘粒子的影响力度是有限的。因为它们的寿命极短，形成之后，很快就会消失。而二氧化碳的寿命却要长得多，时间越久效果就越明显。今后，二氧化碳带来的影响会越来越突出，这一点我经常提到，并已在研究人员中取得了共识。

西冈文彦：刚才金泰昌先生介绍了刊登在《日本经济新闻》上的那篇关于"燎原之火"的报道，这一现状完全依赖于网络的普及化。当然，还包括勤勤恳恳的工作以及对能源和钱财的利用，而并非只拘泥于一种方式。

每个人可利用的 100 吨大气中，只要有 1 千克的氟利昂气体被释放出来，就会造成臭氧层的破坏。这些数字很有意思。我每年有七八十个学生要和浓度打交道。今天这番讨论，一定会对他们产生很大的影响。这些学生将来会成为什么样的人，我们无法预测。在这层意义上，我认为最大的媒介还是人自身。说不定还会有人成为大型汽车公司的广告制作人。如果平时接触到的总是具有良知的老师，也就不会畏惧什么汽车公司所做的整版广告了。

隅藏康一：在这个领域里，对于 NASA 所获取的卫星数据我认为有必要进行分析。另外，为了不断获取数据，有谁来进行投资，如何处理这些数据，这些都是非常重要的课题。

我举一个遗传基因解析的例子。按照国际惯例，对于人类遗传基因项目的研究由国家统一来完成。不过，像塞莱拉公司这样的民间企业也在做。在冰岛，所有有关遗传基因的信息和例证方面的基础数据都由"基因解读"这个民间企业来提供。而在芬兰，由民间掌握这方面的信息则被认为是不适当的，研究工作都由国家统一来组织完成。

遗传基因与气候变动存在本质上的区别。遗传基因研究获得的数据一旦被私有化，就有可能被用在药物开发上，这也是一个权利问题。在这一点上，其性质与气象领域截然不同。在气候变动领域里，公共机构该如何连续不断地收集数据？另外，如何制定大型的国际框架，这些都是非常重要的课题。在这些方面具体有哪些进展呢？

近藤丰：如何利用宇宙空间收集来的数据，这一点很重要。就我个人的研究领域来说，现在关于成层圈的监控工作，完全由NASA来掌管。今后对大气污染的监控工作，也将会变得极为重要，只是在技术要求上具有相当的难度。因为有云层阻挡，下层的大气监控技术在实施上有一定难度。为克服这一困难，以美国为中心的研究工作已经展开。试验用卫星也已发射成功。在今后的人造卫星计划里，对全球大气污染的监控将变得越来越重要。

毫无疑问，中国、东南亚等国在经济发展过程中所造成的大气污染会直接影响到日本。中国至今还没有完全开放，自由地接受来自日本或世界各地的研究人员。但是从宇宙上空来观察地球，"你们放出了如此之多的污染气体"这一说法是完全可以成立的。世界污染物质的流向通过卫星观测，一目了然。

NASA公开了这些基础数据。有时还会把CD－ROM发到研究人员手中，并设立了数据档案以供随时利用。NASA承担起义务整理并向全世界公布值得信赖的数据的任务，以供各方随时使用。

顺便谈一下日本的情况。地球观测主要通过宇宙开发事业团（NASDA）这一公共机关来完成。不过，这一观测过程并不很顺利，较早发生了ADEOS卫星事故，之后卫星发射又遭失败。NSDA计划还很滞后。另外，我从研究人员那里得知，这些年把大量的资金都投入到宇宙飞船的开发建设上，用于地球观测的资金越来越少了。

201

还有一点值得一提，NASDA尽管利用了以卫星为中心的监控设备，但是科学地分析并利用观察得来的数据这一套体系还没有完全建立起来。目前，这些数据被各大学及研究机构分别利用，与美国相比，研究体制还很薄弱。从体制上来讲，NASA的研究机构有责任对这些数据进行分析处理。而NASDA却没有这样的研究机构，研究人员的规模也小得多。这一点与NASA是无法相提并论的。

日本的问题在于，建立一种什么样的体制来分析从宇宙空间站采集来的数据。在宇宙开发问题上，无论是卫星感应器的开发，还是数据处理，都需要大量的人才和一个非常庞大的组织。今后有必要对此展开系统讨论，进一步明确它的重要性，并由此证明究竟哪一种观测才是最重要的。

论 题 六

环境法和公私问题

森岛昭夫

　　我是从事法律方面研究的,具体内容涉及损失赔偿法。宇井先生研究公害问题之后不久,我们在一次研究会上结识了。进入到 20 世纪 60 年代,公害问题愈演愈烈,我曾多次听宇井先生对我说:"不能为公害中的受害人提供帮助的律师绝不是好律师。"最近我又在关注地球环境问题。目前,环境问题日益深化,并在质上发生了变化。在这样一种背景之下,我担任了中央公害对策审议委员会的委员,同时担任中央环境审议会的企划政策部负责人,与环境厅共同协商来制定环境政策。并从今年(2000 年)7 月起又兼任中央环境审议会会长一职。职务涉及范围不仅包括政策部门,还有环境厅。这显然已经超出了我的能力所及,可我必须去做。

　　今天,我主要想讲一讲法律方面的事情,正如宇井先生所说,法律存在很大的局限性,但是,另一方面亦如金泰昌先生所说,法律发展到了今天,尽管还存在许多不足之处,却也取得了许多实实在在的效果。此外,再添加一些法律涉及不到的政治以及政策方面的内容。

　　这次讨论的主题统一为"地球环境和公共性"。由于我在国

203

外出差,无法与金泰昌先生取得沟通,"公共性"这一主题究竟涵盖了哪些内容,我可能把握得并不是十分准确。这里,就环境法这个领域,我想从"私"(个人、市民)如何实现对"公"的监控这一观点出发展开我的议论。

一、作为一种权利体系的法律:以环境法为中心

先来看一个最基本的问题,即什么是法律。我们把法律看做(一种)"权利体系",在讲述"环境法"的同时,也对一般理论做一下说明。

完全渗透着私有概念的当代法律体系基本上可以说是近代商品交换社会、市场经济的产物。在这里,商品交换成为社会的基础,为了使商品生产和买卖能够顺利进行,对每一个人在权利和义务方面都做了规定。法律既认可个人对商品的所有及使用权,又规定必须承担一定的义务。

"权利"是什么呢? 定义这个概念,在法哲学上存在着很大的分歧,表达方式各有不同。比如说像"权利即个人的意志力"等等。其实权利就是自我决定或个人意志的形成,同时还被限制在一定的范围内,即"意志力"。从实体这一角度来看,还有一种说法认为权利就是"受到法律保护的利益"。也就是说个人的利益通过权利这个形式被表现出来。

比如说商品买卖。通过"卖出商品"这种方式,很好地规定了买主的权利,同时也对履行必要的义务作出规定。义务一旦被履行,整个过程即宣告结束。比如说把支付 1000 日元作为一种义务,那么支付之后就可以不必再承担其他任何义务了。

那么近代以前的社会又是怎样的呢? 在封建领主和臣民之间

由于存在权力分配上的支配与被支配关系,臣民不但要年年上贡,还要服从领主的命令并服劳役。但是,两者之间的关系同时也有所扩展,如果到了饥荒年,缴不上贡租的话,臣民反而可以从领主那里领到救济。

在近代法中,自己的利益被局限在一定范围之内,从而构成了"权利和义务"体系。

这里让我们把"环境"这个要素放进来加以考虑。对于包括国家在内的其他主体来说,如何伸张"个人的权利"和"市民的权利"呢?这里的国家不是指行使公共权力的国家,而是指作为交易对象或为其工作的国家。与他人相对立的个人权利被称为"私权"。私权的核心部分就是知识产权。所有权既包括有形知识产权部分,还包括像版权和专利等无形知识产权部分。还有一种私权是指人格上的权利,意味着自己的生命、身体、健康和名誉等人格上的利益不致遭受侵害。

法律上认可的权利在现实生活中一旦遭受侵害,要采取什么样的救助手段呢?最终要由法院作出判决。由本人出面直接向对方讨说法的做法在近代国家中是不允许的。

受害人可以通过两种方式向法院寻求帮助。一种是"赔偿损失"。也就是说,针对所蒙受的损失,要求尽力做到恢复原状,如无法实现,可以通过支付赔款来弥补所遭受的损失。其中有一些是可以做到恢复原状的。比如说在名誉受损的情况下,可以通过广告的宣传作用,当面谢罪,但这是比较极端的例子了。

还有一种方式是指在权利不断受到侵害时如何中止它,或者在权利即将遭受侵害时如何预防它。这个在法律中叫做"否决权"。实施否决权在解决公害问题时有着极为重要的作用。

那么,比如说所有权在遭受侵犯时,立刻就能用到上述的救助

205

办法吗？关于赔偿损失，如果对方不存在故意或过失行为，是很难得到认可的。出现环境问题时，最难作出判断的是受到法律保护的利益是否真正受到侵害这一点。比如说制造磷的工厂释放出噪声和异味，侵权行为确实存在，可是受法律保护的那部分利益是否受到侵害，则完全是另外一个问题。

在日本有所谓忍耐限度论一说。比如说关于噪声，在恬静的住宅区或医院另当别论，如果放在有国道穿越的闹市区，同样的噪声只有去忍受，在忍受限度内是不会得到救助的。

第二点，加害人一方是否存在过失行为也是个问题。在被害发生时，如果不存在对结果的预测可能性，也不存在回避可能性的话，作为一种过失行为要求获得赔偿，这在法律上是不予认可的。

至于第三点就是指那些可以得到损失赔偿的侵权行为了。并不是所有造成损失的侵权行为，都要被判定支付赔偿的。只有那些因果关系相当明确或是一般意义上的损害，才可以获得赔偿，这里并不包括宇井先生所说的"绝对损失"部分。那么是否就存在"相对损失"部分呢？遭受侵害时即便能够获取一些赔偿，也会存在这样或那样一些障碍。对于受害人来说，所遭受的侵害必须是非常重大的。加害一方的大企业或行政只有在满足了上述条件之后才考虑支付赔偿。

尽管支付了一定的赔偿，却并不等于万事大吉，赔偿损失问题在法律上有着许多制约性规定。但是在公害问题上，这些制约正在被逐步废除。这样一来更多的受害人就可以得到帮助。比如说在噪声忍受限度方面，从前只要求一味忍受，因为大家都是这样忍受过来的。现在，在赔偿损失方面出现了一些变化。有些地区认为忍受限度虽应当考虑，却不应该把水准定得过高。这就意味着受害人遭受侵害的认可范围进一步扩大。其中还包括那些即使肉眼看不到却有可能使身体遭受侵害的行为也要求支付一定费用的赔偿。

关于判断过失的条件，以前对预测可能性或回避可能性根本不予认可，许多行为在过去都被看做是无过失行为。而以四大公害诉讼为转机，过失行为的判断条件变得非常宽泛了。比如说对一些结果的预测，以及在经济上虽不合理却应该尽力避免等一些内容都用来被作为评判的标准。

在判定过程中，过去像水俣村那样，由于水俣病的暴发，整个村庄面临毁灭。只有到了这个时候才开始承认对当地造成的损失。至于个别家庭，即使有病人存在，也不会考虑为整个家族所承受的精神方面的损失提供相应的赔偿。不过，这类现象在今天已有所转变，正在把家族概念引进精神损失赔偿的范围之内。当然，赔偿范围尽管有所扩大，与我们所期望的依然存在很大差距。正是通过公害裁决，赔偿范围才被扩大到了今天这个水平。换句话说，公害被害人的权利得到了进一步加强。

与此相对比，在实施否决时并不需要支付赔偿。比如说，某个大企业投资上百亿日元修建熔矿炉，一旦被要求停止，企业就会蒙受巨大损失。要求停止继续修建新干线和大阪机场，同样会给企业带来巨大损失。如果新干线的时速被限制在70公里到90公里之间，那么从东京到京都要花上6—7个小时的时间。而法院认为，速度被视为新干线的生命，新干线属于公共事业，因此判决否决请求无效。同时判定对新干线所造成的噪声污染支付一定的赔偿费用，而新干线的运行照样畅行无阻。其实法院的理论就在于让你拿钱然后去忍受。

申请否决时有一个"平衡度"的问题，即原告在请求被批准后所获得的利益，与被告所蒙受的损失相比，后者大于前者，则请求

207

一般不会被批准。宫本宪一对此进行过批判。比如说名古屋新干线诉讼案例，原告人数最终达到七十多人，申述遭受侵害的个人权利包括睡眠、噪声等等。平衡木的一端是七十多人的受害人，而另一端则是新干线全体受益人的所谓"公共性"。

诉讼没有成功，实际上新干线沿线居住了大量遭受同样侵害的人。宫本先生认为，法院一方认为新干线的速度上不去，为所有乘客带来不便，损害了公共性。如果真是这样，应该把沿线全体人员的"公害性"都算进去才对，法院拿"公共性和原告个人的利益做对比"，这在宫本先生来看完全是不公平的。

法院的这种仲裁方式并不局限于交通工具，还有在针对企业作出的判决时，同样也是只一味考虑"经济通盘"所蒙受的损失，并在此基础上把所谓的"公共性"拿来用做丈量平衡度的标准。至于一些规模较小的如垃圾处理厂等在接受判决时，即便不至于要求停止操作，也要在更换无危害性器械等方面作出必要承诺。否决权在某种程度上得到了法律的保护。再有日照权问题，法院可以判定建筑物不允许超过一定高度。然而，在大型公共事业项目上，要想维护个人权益，行使否决权，按照这样一种平衡标准就显得非常困难了。按照宇井先生的观点，公民的否决权根本就"没有得到丝毫认可"。对于大型公共建设项目可以认为是这样，而在一些小型项目上，还是得到了一定程度的认可。

在今天用私权这个标准实现自救时，具体到公害问题上，可以通过身体侵害和生活环境侵害两种形式实现对个人利益的保护。对于加害一方，在公害问题中也作出了明确的界定。但是，比如说像住在东京的人，是否可以对发生在日高深山里或白神山地的自然环境问题提出赔偿请求或行使否决权呢？答案是否定的，因为上述受到侵害的私权并不存在。或者说为提起诉讼行使否决权所依据的所有权和人格权并不存在。一般而言,凡是属于公共财的范畴,作为私法上的权利,个人或团体无权申请赔偿或实施否决权。

那么,接下来再来谈谈个人是否可以对行政权利(公权)提起诉讼、与行政对簿公堂的问题。这种诉讼的对手往往是国家或地方公共团体,由于它们错误地行使了公权力,结果使个人的身体或自由受到危害。为了纠正其错误,人们对其提起行政诉讼。但是,这种诉讼要受到"行政处置"或"原告资格"等条件的制约。

只有当行政部门针对某个人采取了某种"处理",结果使该人"在法律上的利益受到侵害"时,我们才可以提起行政诉讼。比如,被错误地投入监狱结果使人身自由受到侵犯;本来有权获得生活保障却没能得到结果使自身利益受到损害,这些情况都可以提起诉讼。但是,一旦涉及"环境"问题,什么算"处理"首先就是一个问题。

我们来看一个过去的案例,这可以视作一个"处理"案例。大分县根据新城市法制定了城市规划,根据该城市规划,居民区作为工业用地将被开发,这会导致当地居民生活环境恶化,于是当地老百姓提出要求废除该城市规划。当然,如果整个规划背离了城市法,那么很简单,问题是这个规划是在城市法的基础上作出的,如果这一规划没有直接对自己的生活环境造成损害,再加上道路和土地征用"处理"还没有进入具体实施阶段,结果上诉被驳回。

也就是说,"处理"被立案的前提是某个人的具体权利遭受到了侵害,要有"成熟性"。

再有,假设某项"处理"直接给生活环境带来影响,但这是否就意味着原告在法律上的利益受到侵害了呢? 也就是说,城市规划等给环境带来的正面或负面的影响只涉及普通人的反射性利

209

益,而并不涉及个人权利。原告利益受到具体侵害是这一问题的首要条件。原告拥有可以提起申诉的利益是原告获得申诉资格的前提。而政策的好坏一般并不能成为提起行政诉讼的理由。

美国在 20 世纪六七十年代,法院在界定立案的成熟性(ripeness)和诉讼资格时,条件相当宽泛,而日本法院在这方面却依然墨守成规。目前的司法改革也存在许多问题,总是跟着行政跑的司法模式受到了激烈批判。以后,法院和行政诉讼法会发生怎样的变化已成为一个新的问题。当今的日本社会,要想和掌握公权力的行政部门对抗,还是一件非常困难的事情。

除此以外,日本对纳税人介入行政也有明确的规定,只不过这属于行政诉讼法制度中的特例。具体来说是指区长或市长未经议会批准擅自动用资金等。这类事情一旦发生,就可以把市长告上法庭,要求区和市里返还这笔被擅自挪用了的资金。另外,在个别法律中还对如何行使公权力也作出了规定。不过总的来说,在日本纳税人能够介入行政的范围是极为有限的。

迄今为止,日本曾审过几起因环境问题引发的行政诉讼案。从结果来看,这些诉讼都没有获胜。尽管如此,现在人们在提起这类诉讼时,都把其变成了私法上的民事诉讼,尽管胜诉的希望非常渺茫。其中,要求停止东京国道汽车尾气排放的诉讼案就是一例。国道附近的居民要求道路管理部门和柴油机车厂家赔偿损失,并停止那些污染严重的汽车上路。但是由于道路管理政策错误地规定柴油机车行驶自由,这就使原本只需通过行政手段解决的问题,不得不诉诸法律形式,向东京都和国家提起私法上的民事诉讼。他们从私法的角度,要求作为一个公害问题支付赔偿,同时还要求务必将噪声和污染物质的排放限制在一定范围之内。

迄今为止,此类私法上的请求得到了一定程度的认可。本来,这些案例都属于行政可以处理的范围,但由于行政诉讼获胜的希望不大,只好将其变成民事诉讼,但是这样做,并不能收到很好的效果。刚才,金泰昌先生说"做不到的事情暂时可以放一放",但是日本做不到的事情实在是太多太多了。

二、环境权和市民参与

那么就没有什么好的办法了吗?接下来我想谈的不是日本,而是在美国等一些国家流行的理论。并非只局限于"私权"问题,在判定公共财的问题上,最近有一种较为流行的说法,叫做关于"下一代"的权利问题。在过去,从来都是只讲同一时代的私人权利,把未来后代的权利问题拿来考虑还是第一次。"行政"部门不可以随随便便把公共财产据为己有。因为公共财产包括我们这代人、下一代以及从上一代人手里接过来的信托财产。在这里,通过公共财产体现出一种信托理论的构想,即把下一代人的权利交由现代人进行管理。

在美国的一些州宪法当中,信托理论通过"环境权"一词明确地被表达了出来。宪法规定包括下一代人在内的市民,有权享受良好的环境。市民同时还把这一权利通过信托的方式交给行政部门负责管理。这一理论告诉我们,行政作为受托人,有责任把信托财产的安全保障工作做好。行政在履行受托人职责的过程中如有疏漏,作为受益人代表的环境团体有权对其提起诉讼。

美国在 20 世纪 60 年代末期到 70 年代,出台了与环境影响评价相关的国家环境政策法以及信息公开法。在提高了行政透明度的同时,也为市民按照一定的方式参与到行政决策中来开辟了道路。法律程序亦是如此。塞拉俱乐部和自然保护团体等环保组织都曾做过投诉。比如说联邦政府在为修筑道路进行项目投资时，如果该项投资有悖于行政作为环境受托人所承担的责任，市民（团体）完全可以按照信托理论从外部对行政实行监控。

另外，美国还承认义务诉讼也可以作为行政诉讼。比如，法律规定行政部门必须按章办事，制定一定的规制标准，在实际操作过程中，如果没有明确的标准可循，美国联邦法院就可以认定行政部门"制定的标准过于宽松"，或者"根本没有制定标准"。因此，法院会命令行政部门"积极采取行动"。行政部门在执行过程中如果没有履行应承担的信托义务，纳税人有权对行政部门提出要求，要求行政部门"履行义务"。

美国通过这样一些方式使市民的权利得到扩展。而在日本的行政诉讼法中却规定，行政处置属于违法行为，而且立案条件极为苛刻，必须要有当事人在"法律上的权益"受到侵犯才可以立案。另外，尽管有许多日本学者主张行政诉讼法中应纳入义务诉讼条款，但这项条款始终没有得到承认。

还有一点，权利本来只属于人。然而在美国，还有人认为人以外的动植物，比如说树木也有诉讼权，即非人的树木也是一个权利拥有者。但是由于树木无法采取行动，于是就出现了由人作为代理，替树木提起诉讼，要求"对树木加以保护"、"对自然加以保护"的案例。不过即便在美国，这样的观念也还很难为人所接受，只是在加利福尼亚州出现过承认树木具有当事资格的判例。另外我听说在菲律宾也有过类似的判例。

在日本，居民作为奄美黑兔子、鲺五郎等动物的代理曾向法院提起过诉讼，尽管目前还没有判决。今天日本法院对此类申述大都不予理睬。但迄今为止，法院作出的有关公害赔偿的判决也不单单是损害赔偿诉讼，它还对改变行政和企业的开发政策具有了一定的政治意义。因此，奄美黑兔子等诉讼案件不但吸引了世人的关注，同时由于媒体的介入，对推动社会意识改革也起到了积极作用，可以将它定位为 NGO 运动。我认为在这个意义上，它是通过"诉讼"的方式展开的居民运动，是应该给予肯定的。但是，它作为一种法律理论，在今天还无法得到日本的认可。

接下来还有第三种方法，这一方法并不是要给予某种实体性权利，而是要通过手续的合法性以求获得实体性结果。这一手法来自于美国，在日本也已被大量应用。比如说当地居民参与政府的环境影响评价，并提出意见书。由于法律中并没有对一种环境质量的期望值作出具体规定，居民的参与和意见会对行政制定方针政策产生影响。这一方法并不直接涉及政策的内容，而是看制定政策过程中手续是否完善，以期通过手续的合法性制定合理的政策。

不光是环境评价，有些地方条例还规定了居民对行政拥有一定的措施请求权。居民不光可以参加并提建议，甚至在一些特定的场合，还可以直接向市长提出具体要求，这一程序受到了法律上的保护。这类程序在保护消费者利益的事例中经常可以看到。这就使公共参与的范围进一步扩大，特别在地方条例中有很多对这一程序的详细规定。

最近，美国又出台了污染物管理、移动登记报告制度（PRTR法），这些都是以居民的"知情权"为背景的。比如，对工厂生产的化学物质，规定中虽然只要求厂家公开化学物质的风险性，而并没有要求厂家征求居民的意见，但是伴随着风险的透明化，企业将无法再随意处置化学物品。制度还要求企业把生产活动造成对环境的影响以及为此采取的措施编写成环境报告书，向全社会公布。这样一来，企业的行为就可以做到公开化、透明化，企业也可以随时纠正自己的错误,从而使其行为逐步趋于合理。这一做法逐步在企业界成为一种趋势。

最近,一些企业为了展示自己的独特风格,在制作环境报告书方面开始加大力度。这些想法与传统意义上的以市民法为基础的行政体系虽有所区别,却恰好说明了私的行为通过努力可以填补作为公共利益代言人的行政在处理问题上的一些缺陷。

这里面最重要的一条就是让市民参加到决策过程中来。同时市民自己也要行动起来。这一点在应对全球温室效应问题方面将会具有非常显著的效果。但是,在老百姓的参与过程中,还存在一个普遍利益和地方利益的对立问题。另外,老百姓容易就环境论环境,环境保全政策在实施过程中还会存在像给地方经济带来影响这类问题。是否说只要有了居民的参与,地方行政所存在的偏差就一定会被纠正呢?事实上并非这样简单。

那么,在决策过程中应该建立一种什么样的价值观呢?按照一种什么样的规则建立价值观并进行决策呢?迄今为止,议会中采纳多数人的意见被看成是一种体现民意的做法。而如何尊重少数人的意见在今天同样引起了世人的关注。"环境"这一概念中涵盖了多种多样的价值观,在实际决策过程中,对于遵循什么样的标准以及选取何种价值观,至今还没有建立起一套完备的规章制度来。这一点,在法学研究中已成为当务之急。

那么现状到底如何?正如宇井先生所言,在公害问题上,地方公共团体借助市民的力量,制定了一系列的规章制度,从而填补了国家法律上的一些空白。与国家相比,地方更注重制定环境保护方面的地方性法规。由地方公共团体制定出台的规章制度,针对性极强。地方公共团体在决策过程中,可以说比国家更直接地反映出价值取向的多样性来。只是地方公共条例在显示出它的重要性的同时,还具有一定的危险性。

在日本,地方条例是根据宪法或地方自治法,在法律或法令允许的范围之内制定出来的。但是,事实上地方政府只是迫于当地居民的压力。与过去有所不同,法律已放宽了地方自治体对条例制定上的一些限制,只是国家与地方公共团体在协调性方面还存在一些问题。

三、地球环境问题和全球利益

今后更为棘手的问题是地球环境问题。迄今为止,公害问题只局限于一国范围之内,问题是否得到很好的解决暂且不论,至少国会和地方自治体制定了一系列强制性的公害应对措施。而温室效应、生物多样性等问题与国界无关。从这一层意义上来讲,日本即使为遏制地球温室效应的进一步恶化付出了努力,未必就一定能收到很好的效果。那么日本就可以不去做任何努力了吗? 当然不行。

当前,我们除了致力于在各国间展开通力合作,以期建立一个以国际法为基础的温室效应应对体系之外,似乎别无他法。国际法和国际条约能否顺利通过,还取决于各国间能否达成共识。通过缔结气候变动条约的过程我们可以看到,该条约如实地反映了各主权国家的利益。面对全球温室效应问题,发展中国家并非不想削减二氧化碳,只是因为在资金和技术方面得不到发达国家的援助,才会采取消极态度,并把责任单方面地推到发达国家身上。再加上美国对那些会降低其国际竞争力的条约是绝对不会甘心接受的。

京都召开的 COP3 会议分别将二氧化碳削减目标定为欧盟的

8%、美国的 7% 和日本的 6%。美国当时就主张通过共同实施 CDM，在各国之间进行排放量的交易活动，这样一来，即便完不成任务，也可以通过交易弥补损失。在今后举行的 COP₆上，各国不会去积极探讨如何"减少排放量"，而只会从自身利益出发，想方设法把森林等吸收源计算进去，以此来减少削减任务的分配额度；或者在不能做到减少排放的情况下，把精力集中在为交易提供一套详细的操作规则上。

国际法条约通常也只有在各国利益一致的情况下才会成立。从这一点来看，有关环境问题的国际法比起国家内部的法律来说在整个实施过程中要困难得多。最近，有关"soft law"的议论频频出现。国家间即便达不成共识而无法签订条约，至少可以像《里昂宣言》、《21 世纪议程》那样发表国际性宣言。这样一来，即使得不到法律约束，还可以受到国际舆论的监督。宣言本身虽然不具备强制性效果，但如果国家（比如说日本）没有为遏制全球温室效应付出相应的努力，那么它就不会赢得国际社会的好评，从而影响了该国的形象。

我们可以看到，力图抛开"国家利益"，更广泛地反映"全球利益"的机制正在逐步确立起来。为了避免各国只考虑自身利益，可以由国际 NGO 组织介入到政府行为中来，在国际交涉中监督并牵制各国政府。

四、来自基层的监督

要想实现全球利益，并不能只依赖于国际社会。各国应根据国家内部的法律制定相应的对策措施。全球环境问题，特别像温室效应问题，各国的行动就显得极为重要。因为包括二氧化碳在内的各种温室气体是由各个主体通过各种活动释放出来的,单凭特定的人通过特定的行为方式将无法收到预期效果。比如说在国家所采取的措施中,对二氧化碳排放较多的生产消费部门采取课税以增加其经济成本等"经济措施"就是一种行之有效的手段。对排出量进行交易也是其中的一部分措施。但是产业界认为经济制裁会削减企业的国际竞争力,应该采取自愿的方式(voluntary commitent)进行。不过完全把经济制裁措施排除在外又会是一种什么样的结果呢?

我们必须注意到一个事实,那就是社会在经济利益的驱动下运转,市场原理失败导致环境问题发生。我们知道,征收环境税等经济手法体现了经济学在经历了市场经济失败之后的又一种新的尝试。现在所倡导的交易排放量等经济手法正是对市场规律的再利用。但是,一旦在市场上交易成功,由于成本进一步降低,企业就有可能放弃在削减排放量上做文章,而是把精力转向市场投入一方。这种结构其实隐含着一种危险性,即企业有可能不再为如何减少温室气体排放继续努力。特别是像俄罗斯,只因为其经济发展水平低就能在这场交易中获取暴利。这正体现了这一制度的负面效果。我认为仅仅依靠经济手段本身有问题。

产业界宣称可以通过自主形式采取行动。我们对德国及一些欧洲国家进行调查之后发现,在这些国家里,企业和官方要签订一份行政契约,规定企业按照自发的方式进行不下去时,要由政府出面调停。并且,还要有第三级部门对企业的行为进行审查。如果企业能够积极配合,政府就会保持沉默。一旦出现怠慢情况,国家政府就会出面干预。而在日本,这样的制约条件根本就不存在。经团联会认为应该交由他们全权处理。

这种自愿的方式的确有其有利的一面。其利点就在于具备专

217

业知识的企业可以在选择最为有效的应对办法中做到高效率和游刃有余。但是，在削减二氧化碳方面，要想使企业在自主方式下持续付出努力，没有一个完善的制度做保障，我认为是行不通的。

我也曾参与过一些居民运动，这里没有谈，因为宇井先生就在旁边，我说什么他都会生气(笑)。在日本，与其说是居民运动产生效果，倒不如说政府在受害人的感召下采取措施使制度逐步趋于完善。有效地解决地球环境问题，同样也离不开公害受害人团体的大力推动。我认为无论是"法律"还是"政策"，如果没有了来自广大基层社会的有效监督，都将难以发展。

围绕论题六的讨论

鬼头秀一：今天，日本的产业废弃物经营者可以在自己购买的土地上开设工厂。这样，所有权被扩大到与处置权等同的地位。能否换一个角度去思考？我们在目前的议论中提到了包括入会制等共有概念，其实日本在很早以前就有了整体所有的概念。比如说，宅院是石先生的，可是石先生未必拥有对它的全部处置权，相反，每一位邻居对如何改造这所房子，倒是多少都有一点发言权。

但是，近代日本法律并不承认共有和整体所有。据我所知，日本现在对所有权的认定范围远不如欧美那样严格。不过我最想问的还是，日本为什么不能在"公共性"这一认识之下探讨传统的思维方式问题呢？

还有一点就是关于原告资格问题。我经手过许多有关自然权利方面的诉讼案件，也做过许多实地调查，由此产生了一些想法。我认为应该就原告资格的法律问题设专题讨论。目前的法律中规定，只有在财产权和人格权受到侵害的情况下，才有资格提起诉讼。同样在这一点上,美国的规定则要宽松得多。在分析奄美黑兔子等案例时,不只局限于人格或所有权的范围,而是在一个更加宽松的环境里进一步加深讨论,这种可能性就真的不存在吗?

森岛昭夫:共同所有权包括共有、合有还有村落的入会制度等一些形态。日本近代法的产生正是建立在对这些旧式所有形态的清算和改正之上的。入会山等在原则上归国家所有。省级官员三岛通庸从中央派到地方上来,实施地租改革。他发放地契,把村里的入会山全部收归国有,因此立了功并受到了政府的褒奖。在近代法律中,凡是不利于商品交换的所有形态,最终都只会走向灭亡。

比如说,在过去利用入会山时要由村民来做决定。戒能通孝先生经手过入会权诉讼案。由于人们纷纷离开家园进城谋生,对于入会权的界定逐渐变得模糊起来。具体到如何处理入会山山麓处的采石权归属问题都变得模棱两可。由此引发了村干部擅自出卖土地侵吞利益的纠纷。昭和二三十年代,全国范围内入会权诉讼案层出不穷。在第二次世界大战后,对不明的所有权进行了重新界定。因此从法律角度讲,我认为恢复整体所有或合有的形式未必是一件好事。

至于共有问题,尽管共同拥有了土地所有权,但在原则上仍然可以做到随时分离。也就是说,共有这一方式并不妨碍土地作为私有财产进行买卖。一些地区因为不希望有类似情况发生,改变了其中的一些做法,即按照团体所有的方式建立起一种类似森林管理的组织方式,做到了责任到户。

自然对于每一个人来说都很重要,在实现自然保全的过程中,一个很重要的方法就是把自然变成一种信托财产或国际信用来加以保护。日本尽管对所有权的使用作出了相应的规定,但在要求赔偿方面却没有提供任何有效的制约措施。这是日本目前最大的问题。国立公园法就是一个很好的例子。在把土地改为国立公园时，尽管设有收买制度，但在实际运用过程中由于预算不到位而无法兑现。实际上，所谓的国立公园无非是在私有土地之上附加了一些规定而已。在美国，国立公园的土地基本上都归国家所有。只立规矩，却不去做任何补偿，这就会出现大量像石先生那样的可怜人（笑）。

日本目前规定除了一些特殊情况外，一般不提供任何补偿。按照建筑基准法中的规定，列入城市计划中的住宅用地不属于补偿范围。日本在绿地规划过程中，由于只讲规定不讲补偿，遭到居民的强烈反对，规划不得不被迫中止。即使被列入规划，也会在区或市议员的干涉下被迫下马。规矩究竟定到哪一步为好？从制度上讲，地方议会的决定拿到各个社区去执行，如果没有优先主次之分，同样会引起混乱。日本人在所有权问题上始终保持一种逆反心态，对于任何一种制度上的约束都会采取抵触的态度，这当中似乎存在着一种根本无法理喻的所有权神话。然而，土地价格一跌再跌，很难预测今后的发展前景。

在环境问题的裁决过程中（原告资格得到认可的审判），法院对原告的否决权不予认可的理由有以下两点：其一，没有弄清环境权的内涵；其二，没有弄清环境权的外延。

在判定原告资格上还存在一个如何区别专家和一般市民的问题。法律会在一定程度上承认 NGO 的原告资格，并给予相应的诉讼权利，但并非任何人在发誓要为环境事业"奋斗一生"时，就都会被承认拥有原告资格。

法院把鲼五郎、奄美黑兔子等动物看做一种生命体，给予充分的尊重，并以此为题材展开环境教育活动，这一点非常重要。与其说是法律手段,还不如说"鲢五郎(居然)也会告状"更能吸引人们的注意力。

奄美地区居民"保护土地"的运动并不会引起东京人的关注。然而一旦以"奄美黑兔的代理人这一面貌出现"就会引起人们的兴趣。对于此类做法的宣传效果和教育意义,我始终抱有很高的期待值。我也许有些保守,我认为原告资格在当今社会里暂时不会被扩大。即便说存在一定的可能性,也只能采取美国的方式,让一部分人成为信托财产的代理保管人,并赋予他们一些特定的诉讼权利。

金泰昌:不论按照什么方式,我都希望森嶌先生最后讲的那部分内容能够付诸法律。凭我在日本生活的一些感受,并且结合日本的国情,我认为日本国民很少借助法律手段解决问题。因此,即使把问题放在"权利"和"义务"框架里也不会取得像美国那样的效果。但是,越过法律层次,将它们提升至伦理和道德层次是否就可以了呢?

这使我想起了学生时代读过的耶林写的一本叫做《为权利而斗争》的书来。书中描述了这样一段内容。为挖出一枚掉到井里的钱币人们不惜投入大量的钱财、时间和精力。我当初就很质疑:"为什么要做这样愚蠢的事情?"教法律的老师教训我说:"这一事例恰好体现出西方人所说的权利的重要性。没有这种精神,就不可能成为一名优秀的法律工作者。"我当时就读法学部,正立志要做一名法律方面的专家。

在后来的成长过程中我逐渐认识到,不光是日本,包括韩国和中国在内,某种程度上都只能说是一种人治社会,而绝非法治社会。在这种社会里,只有寄希望于当权者、君主或总统能有一个完美的人格,仰仗其本人的善意和良知改变政治的方向。遇事诉诸

221

法律,利用权利去解决问题,这种做法在本能上会产生一种不良的生理反应。这就导致总有一部分问题被搁浅。

我并非崇尚欧美。但是,我们有必要思考一下,为什么他们会在环境问题中加上"权利"这一概念,并试图以此来解决问题?美国、日本和韩国都曾借助国家权力,以公共事业的名义开采矿山、修建水库、铺设道路。由于侵犯了土地所有人的权利,在不断的斗争过程中最终演化成了今天围绕"环境权"所进行的一系列斗争。

斗争在一开始就贯穿了"人权"概念,并提倡"生命"的重要性。市民权利运动成为这场运动的出发点,并扩展到女权解放运动和未成年人人权保护运动等,最终形成了环境保护运动。每个人的生命都被作为一种"权利"保护下来,这一点对于灭私奉公的社会来讲是难以实现的。"灭私奉公"意味着任何情况下都以"公"字当头,凡事必联系国家命运,并为任何一种对抗扣上一个"私"的大帽子而加以否定。在这种背景下,提倡环境权根本就是不可能的。因此,只能把重点放在培养每一个人的内在素质上,包括他们对待环境的敏锐态度,并期待他们在自我实践中取得成效,这也是唯一的办法。但是,只把解决问题的方法建立在改变人的生存方式或思维方式这一人生哲学命题上是否合适呢?

整个人类社会都在逐步走向法治社会。只有日本、中国和韩国仍在维系着人治社会,这种状况到底还要持续多久?在人治社会里,具有完美人格的人物究竟能否成为政治家,结论其实并不乐观。单纯的人治是不能取得预期效果的。因此,伦理尽管有其独到之处,要求我们必须认真对待,然而通过法律的方式解决问题才是我们今后的真正目标。

在这里,我想提一些司法制度改革方面的问题。在治理环境问题上,从"(市民)公共性"的观点来看,国家大体可以通过以下三种途径逃避其责任。其一是指森嶌先生所说的不能明确界定居民的受害标准。即使像水俣病,企业和国家直到最后仍然不愿承认受害的真实状况。

第二,即使承认灾害发生,在方针政策具体实施过程中,也没有从法律上给予充分的保障。他们把法律中"无法判断违法事由(损害)"作为一项理由来逃避责任,最终判定上诉无效,将当事人拒之门外。

第三,即便判决认为已触犯了法律,还有一个森嶌先生所讲的平衡度问题。老百姓尽管遭到利益上的侵害,在交涉过程中一旦涉及国家政策、目标,就会在心理上产生一种负担,认为不该与国家利益相争,能忍则忍,遇事便不再坚持了。

另外,在审判制度上是否也存在着问题?对于欧美的陪审团制度,开始我并不是很理解。到了美国之后,才真真切切地感受到审判原本就该是这个样子。法官对条文基本上只做技术性解释。如何运用法律条文解释现实当中存在的问题,毫无疑问,在这一点上法官算得上是一个优秀的技术人才。相反,对于社会良知却并不是很敏感。当然,美国法律界人士同样具备一定的哲学素养。在美国,读法律之前先要学一点哲学。而在韩国,从一开始就直接进入到专业知识的学习。因此,对于其他知识几乎一无所知。有些指导教官甚至会认为"法律不需要学习哲学。哲学甚至会阻碍你在法律学业方面有所建树"。我心生厌倦,并选择放弃攻读法律专业。这也印证了我对哲学情有独钟吧……

223

在英美有"陪审"员,他们的存在体现了一个具有良知的完美市民的形象。裁决过程中,法官会优先采纳陪审团多数人的意见。当然,这一制度由于辛普森事件曾一度受到批判,任何一种制度都会有它不尽如人意的地方。与美国形成鲜明对比,日本法院在作出判决后，如果"不符合社会评判标准"，尽管也会受到媒体多方报道，并遭受民众的强烈谴责，然而最终结果却不会发生改变。这有好的一面，却也不得不承认它也有矛盾的一面。

特别在环境问题上这一感受尤为强烈。历经旷日持久的讨论之后，《环境基本法》终于得到了某种程度的改善，但是具体对策依然存在很多欠缺。现有的法律条文根本无法使事情得到圆满解决。中坊公平先生至今为此还在做着不懈的努力，问题之根本最终要归到司法制度的改革上来。

为什么说有必要对司法制度进行根本性改革呢？原因是多方面的。中坊先生始终把关注的目光投在丰岛的产业废弃物不法投弃问题上。他清楚地认识到了目前司法制度中所存在的弊端。在他看来，如果不进行这方面的根本性变革，日本就不会有一个光明的前途，他立志为此项事业倾注全部的热情。

丰岛事件最终无果而终，的确不能令人满意。然而，就凭现状来看已不可能有更多的奢求。大家尽了最大的能力。而要想使问题进一步得到圆满解决，只有依靠司法制度的根本性改革。通过这件事，我认为可以让国民对司法认识有一个全面了解。从而使今后的司法改革逐渐形成一种气候。因此我希望森嶌先生不要把全部精力都放在伦理和道德问题上，而应该在司法制度改革上投入更大的热情。我这个建议怎么样？

森岛昭夫：或许是我的表达方式有问题。如果我执意学习伦理学或哲学，就不会搞什么法律了。我刚才已经说过，尽管日本法院还受到诸多限制，不过法官已开始用私有权的观念去断案了。

另外，否决权也使公共性的作用得到了进一步的发挥。正如金泰昌先生所说，尽管进展得不够顺利，不过利用旧有条文，在"确定损害"方面实际上已有了创造性的突破。我们在通过病疫学因果关系鉴定法和统一划分法对受害人进行鉴定时，尽管不能做到逐一鉴定，并且在行为和结果之间也不能找到更为科学的论据，但只要有资料在手，损失赔偿就会得到认定。这在进入到20世纪70年代以后就已经取得了重大突破。

比如说在"条文中并没有作出明确规定"的"人格权"也已获得了承认。"环境权"这样的概念在判决过程中虽然没有得到承认，但是得不到承认的理由不是别的，恰恰在于没有对环境权概念本身作出一个明确的规定。

1970年大阪召开的日本律师联合会人权大会上提出了"环境权"概念。会议的中心议题并不是要把环境权作为一个宪法理念和政治目标提出来，而是要让环境权概念在损害赔偿或实施否决权等具体法律条文实施过程中成为一个可操作性概念。会后，包括本人在内的法律界诸多人士尽管做了多方努力，进展却并不顺利。问题很多，不过至少在日本法律界在拒绝时已不再以"条文中没有写明"或是"明治三十一年的民法中没有规定"等为由。

在寻求平衡的过程中，学者认为应把重点放在"人权"和"环境"问题上。然而法院在判决中，如果对方是"行政"，这一平衡就变得很难掌握，承认否决权则更是难上加难。在判决损失赔偿时也很难更多地考虑到老百姓的利益。有人认为要想对司法制度进行彻底改革，要花掉将近十年的工夫，而最大的阻力正是来自于日本最高法院。

日本在大正十年时曾一度导入过陪审团制度。但是，被告人并不会选择陪审团替自己作出判决，因此制度终究没能维持下去。当时人们普遍抱有一种想法，即"让伟大的法官对自己作出裁决还可以接受，把这一权力交给周围的人则于心不甘"。最近，在一些新闻发布会上，可以听到要求引入陪审团制度的声音，我也参加过类似集会。

225

金泰昌：整个判案过程中,法官的仲裁和学者的学说之间究竟是一种什么样的关系呢? 法官相对来说具有一定的预知性吗? 学者的学术观点在判决过程中会对法官产生影响吗?

森岛昭夫：在公害问题和消费问题上,民事诉讼法并没有作出积极的应对。由于包括消费者保护法在内的一系列法律发展相对缓慢,学者无法满足于过去的一些案例,不得不锐意开拓创新,因而走在了时代的前列。我并不清楚自己处在一个什么样的位置,但至少希望能够成为其中的一员。如果不牵涉行政等公共权力机关,法官在判决过程中还是具备了一定的柔韧性的。

金泰昌：如果对方是公共权力机关呢⋯⋯

森岛昭夫：针对公共权力机关作出判断时,法院是非常慎重的。法官毕竟是公务人员,法院也属于行政单位。第二次世界大战前,法院始终隶属于行政部门,受到来自行政部门的干涉,战后才从司法部门中独立出来。而在今天,法院的自主性显得有些过于强大了。自战后的某个时期起,在任命最高法院法官时已变得相当保守。因此,法院在审判过程中与其说是重视公共性,倒不如说在错综复杂的行政关系网中如何抵制来自中央政府一方的压力。在这一点上法院已表现得相当敏感,几乎到了神经质的地步。

在与行政部门的对决中,即便下级法院判定原告胜诉,一旦拿到上面去仍然有可能翻案。早在20年前就有人指出了这一"司法的反动化"问题。这里借金先生的一席话以自勉之。我们不能坐等观望,需要立刻行动起来,努力设法改变这一切。

桑子敏雄：听说《环境基本法》的修订工作正在进行,请告诉我一些有关这方面的进展状况。通读现在的《环境基本法》,很难理解它的真正含义。单拿开头的理念部分来说,与其说理念自身难以理解,还不如说日语表达上有问题,冗长且杂乱无章。哪里与哪里相连接,不反复阅读很难弄清楚。我对此深感困惑。

单拿环境方面的法律来讲,1972年出台的《自然保护法》就是一部写得很好的法律。依我个人来看,作为一种理念,要比今天的《环境基本法》完善得多。而20年之后出台的这部《环境基本法》却为什么没有将那部分理念贯穿下去呢?除了国立公园保护一项,其他地方完全忽视了对该理念的继承与发扬。希望能谈谈有关《环境基本法》方面的事情。

与日本的这一情况形成对比,美国的 conflict management guidebook 在网页上公开发行,表达方式也极其浅显易懂。

过去,美国内务省通过辩论的方式决定判决中的胜败问题,这就造成了时间和金钱上的极大浪费。经过一番反思,美国在进入20世纪90年代以后,尝试着在诉讼之前使问题尽量得到解决,因此出台了联邦的替代性纠纷解决法(Alternative Dispute Resolution,简称ADR)。

该法律的宗旨在于首先致力于如何预防纠纷的发生。在意见发生对立的情况下,运筹帷幄,寻找最佳解决办法。即便最终走上法庭,也要想办法调解。这在法律中有着明确的规定。因为在公共项目问题上,回避对立几乎是不可能的,因此才对操作程序有了如此明确的规定。并且把开发部门与外界之间产生的冲突与对立区分开来考虑。而在日本,我们可以看到政府部门之间总是存在一种纵向的裙带关系。

下面讲述一个发生在滋贺县守山地区的事情。当地一条叫野洲川的河流堤坝高出地面许多,成了天河。建设省认为极其危险,下令挖河引水,导致地下水水位下降,水源补给被无形切断,周围的水田全部枯干。针对当时的状况想到的唯一办法就是利用水泵抽水。这是一则典型的行政失败案例。建设省事先没有和农业部门做好协调工作,在不考虑到地下水脉的情况下简单从事。类似

227

事件还有很多。

宇井纯：迄今为止，在环境领域里地方条例发挥了重大作用，但在法院的仲裁过程中对地方条例的重视程度还不够，今后有必要进一步加强这方面的改进工作。

另外，作为处理纠纷的一个操作平台，各省都设置了公害审查委员会，并进一步把公害调停委员会制度化。如何看待这些问题，议论各有千秋。丰岛事件处理过程中，作为最后的一种手段，中坊先生把案件拿到了审查会上，最终有了结果。实际上足尾事件和水俣事件也曾做过这方面的努力。水俣事件中组织发起人委任状上的印章被发现是伪造的，调停委员会被迫解散，最终只能交由法院一方作出裁决。

我向来主张"公害问题上不存在第三者"。但是，公调委本身就是第三者，这让我感到多少有些自相矛盾。在冲绳，作为公害审查会的委员，我做过一些调解工作。理论上看起来好像有些矛盾，但换个角度来讲，作为一种手段，不必花费力气打官司就可以把纠纷处理好，我认为还是可行的。最近这种方式正在逐步得到推广。如何看待这些问题，还能获取更多的信息吗？

森岛昭夫：我并没有直接参与《环境基本法》的制定，当时我在中公害委员会任职。法律的理念部分被收纳在最初的第三条到第五条之间，在对内容作出规定时受到了里约宣言的影响。我所提议的经济手段被放在了第二十二条。开头部分的文字在我看来的确晦涩难懂。通常，法律条文由不同部门共同制定。我最近担任审议会的部长，开始涉及一些访问贩卖法①方面的修改工作，修

---

① 是指与上门推销，通讯贩卖以及电话推销订购方式相关的法律。——译者注

改内容要报送通产省产业结构审议会消费者经济部会审查，具体条文要在各有关部门的通力配合下由通产省统一完成。

环境行政由于是调停行政，各省厅都会派干事出面干涉，而他们之间往往会发生利益冲突。因此，名义上虽说是送交审议会审议，实际上在幕后还有个干事会。我在担任会长期间，常常在深夜11点到1点之间会有电话打来，拿出方案来向我询问，如果我说不行，协调还会继续下去。

《环境基本法》也罢，环境基本计划也好，文章晦涩难懂是因为各部门都要拿出自己的意见。文字表达一旦变得明确化，一定会有一些部门站出来表示反对。要想让所有部门都满意，最终的成文不仅意思模糊，简直就是不知所云了。这些我都亲身经历过。

特别在制定经济政策时，产业界的态度非常强硬。有关环境税的论述，在制定经济手段的第二十二条二项的相关规定中有如下内容：第一，要对经济措施的效果以及对经济产生的影响进行调查评估；第二，如果调查研究的结果证明，最终有必要采取经济手段。对于上述两点问题是否能够克服，是否能够获得国民的充分理解，都要作出明确说明。换句话说，必须在所有人都投赞成票的情况下经济手段才是可行的，这里边当然也包括产业界；第三，即便付诸实施，也要获得国际方面的合作。条件繁多，文章由此变得晦涩难懂。

因为内阁法制局也在其中，因此从技术角度讲完全符合法律条文规范。而在理解它的内涵时，既可以解释成是向前看，也可以解释成是向后看。从这一点来说，由环境厅独立制定的《自然环境保全法》，在书写方面自然要清晰得多了。

尽管我并不认为今天就已经做得很好了，但是比起什么都不做，稍许的进步也是值得欣慰的。环境评价等问题虽然受到了来

229

自各方面的批评,但是一步也罢,两步也好,重要的是要先走出去,然后再进一步考虑如何完善它。不管怎样,终究会对法院评判产生有利影响。

美国的 ADR 来自于日本。进入 20 世纪 70 年代,美国的诉讼案件大量增加,高昂的诉讼费用造成了巨大的社会成本浪费。当时,美国已开始提倡"Japan as number one",并致力于向日本企业学习。于是从日本引进了调解制度,并制定了 ADR 法。

日本在这方面做过许多努力,包括简易法庭的调解等等。宇井先生所说的公害调停委员会就是其中之一。由于当时在社会价值观上并没有产生严重对立,因此 ADR 法在金泰昌先生提到的权利和义务等方面,对抑制纠纷的发生起到了良好效果。当事人经过协商之后,由第三者出面作出调停。

然而,一旦在社会价值观上出现对立,调停人自身会出现信赖危机。况且还要出示各种材料,相互陈述意见,花费大量时间。因此大家又会认为,法院方面裁决比较好。而实际上,交由法院来处理不但要耗费钱财,还要拿出证据。公害调停委员会本着省时省力的原则,却没有收到应得的效果。

另外,我还听说,调停并不能见报,而打官司则可以引来新闻界的关注。媒体对事件进行报道时总会站到原告一方,于是接受调解的人就更少了。不过,正如宇井先生所说,案件一旦进入平稳状态,在新一轮的较量中,当事人双方会抛开费时费力的法院,而是选择庭外调解,这一变化虽不很明显却已初露端倪。

至于谈到日本的政府部门,则很难进行调节。各部门各行其是,部门内也都是"有局无省,有课无局"的状态。而且,有意思的是行政人员在调往其他科室后,就会只考虑现任科室的利益,而把原先所做的一切抛到了九霄云外。从这一点也可以看出,日本的行政人员各个擅长逢场作戏。在日本,政府部门之间的纠纷很难通过 ADR 方式获得解决。

事实上他们会一直吵闹到深夜,上至局长,下至科长,还会放出话来威胁说要到次官(副部长级——译者)会议上去睡觉。因为,在次官会议上如不能做到全员通过的话,法律将成为一纸空文。ADR 虽然出自于日本,但是在运用上美国则要洗练得多。

地方条例在环境问题以外的其他领域里并没有发挥太大的作用。但是,只看环境问题,包括环境评价在内,地方政府要远远走在国家的前头。市民针对行政提出上诉时,东京都、神奈川县以及川崎市等地方政府为老百姓提供的机会要远远大于国家。因此地方条例就显得极为重要了。而要对地方条例提出上诉,还显得有些无从下手。

小林正弥:"环境"问题出现于近代,暴露了日本各省厅之间相互勾结的裙带关系,对于这一点,森嶌先生可以说是站到了时代的前列,并为改善现状做着坚持不懈的努力。只是眼下所使用的办法对于解决当今问题究竟能起到多大作用? 对此想必您一定会深有感触吧。

我认为这里边隐含了一个很大的问题。正如今日先生所说,在法律的框架之下,利用"私权"解决问题这一方法本身就有它的局限性。这同时也体现了近代人权概念中以"个人"为出发点思考问题的近代宪法理念上存在的根本问题。

从理论的角度去思考,单靠技术手段是否就无法解决环境问题了呢? 比如说尹特齐尼等人认为在共同体主义政治哲学中不光要有"正义＝权利"(justice＝right),还要在"责任"(responsibility)的基础上建立代表"义务"概念的 duty 和 obligation 等。

我认为这些问题不单单是指政治,更应该重新回到"法律"问

231

题上来。刚才提到了"伦理",我们是否可以在政治哲学和法哲学的交接处寻找一片新的空间,"把伦理作为基点,并在此基础上将其升华为一个法律问题,使其重新得到规范从而发挥出更大的效益"。这是我个人的一些想法。

比如说,刚才提到了"生物(自然生物)的权利"问题,这一观点把主体从人进一步扩展到"生物",从某种意义上说恰巧碰触到了近代思想的扩展部分,是对"权利"观念的一种扩大解释。未来后代的问题也是这样,应该充分考虑到未来后代的权利。不这样去思考问题,地球环境就无法得到保护。

自然生物或是未来后代由于无法为自己伸张正义,必须选择代理人,以确保法律的公正性,这正是该理论的核心所在。另外,还要"在考虑个人权利的同时,照顾到集体的利益"。这与鬼头先生最初提到的入会权问题相关联。

我认为把本来的权利概念和集合的权利概念放在一起来看有些困难。我无法立刻就同意上述理论。另外,金泰昌先生刚才提到了社会学者尹特齐尼的"新黄金分割",这一新理论告诉我们传统的强调个人伦理的黄金分割已不适用,应当在全体和个人之间寻找出一种新的平衡关系。新的黄金分割强调了如何在个人的"自律"和集团的"秩序"之间寻找平衡。这里涉及的是一种伦理道德观念,在主张个人"权利"的同时还加上了有利于秩序形成的"责任"概念,我们不可以把它理解成是对权利概念的扩张。

因此,与法院认定的法定程序上的技术问题不同,我个人认为,以思想理论为基础构筑更深层次的法学理论也可以作为公共哲学的一个新课题。

这一课题也是当今司法改革当中具有现实意义的一个课题。森嵨先生追求的是一种实实在在的可以实现的方法,在此之上,我们是否有必要做进一步的思考呢?

森岛昭夫:我阐述的着眼点在于"公私"问题,话题自然会局限在市民通过一种什么样的渠道向公共机关陈述自己的意见这一点上。议论到了这一步,话题已被进一步拓宽,上升到"国家"是什么、"行政"是什么这样一种高度上来。市民不去投诉,国家以公开的方式对事件作出报道。这一类的行政职能又该如何去实现呢? 这就是行政法上的问题了。

行政法学家对我们今天谈及的问题还没有做过更深层次的议论。只有我们这些私法学界的人士不断鼓励自己坚持下去,并已经付出了实际行动。包括行政法最近提出的各种措施请求权在内,我认为采取什么样的决策方式,如何召开公证会,如何做到信息公开化,这些问题都有必要从行政自身出发来寻找问题解决的出路。

233

综合讨论二

主持人：金泰昌

司法的作用和市民的作用

金泰昌：正如论题六中森嵩先生在最后一部分指出的那样，许多问题的症结最终都归在"国家是什么"这一点上，我也深有同感。在任何一个国家，都不外乎是为了两种观点争论不休：一种观点认为应该尊重本国的传统、历史、国土和文化，从整体结构上"固守原有的价值观"；另一种观点认为应当对传统的价值观进行创新，从而追求更高质量的幸福生活。总体来说，年轻人中"左"派或者说是进步派多一些。不过真正划分起来，还是形形色色，不可轻易下结论。

在整体结构中固守原有价值观念的人们，从法律的角度解释就是具有先例主义倾向。对事物作出判断时喜欢用是否有先例可循这一标准，然后再采取行动。另一方面，具有创新精神的那些人会想方设法突破旧观念，去创造新的价值观。美国的最高法院就是这样。因而从这里作出的判决就能够获得美国人民的尊重，并博得他们的充分信赖。

如果问到什么是最值得美国国民信赖的话，答案不是总统，而是最高法院。在终审判决中随着右翼人数占据席位数量的增加，即便是相同的案例，也会得出完全不同的评审判决。而这一结果

235

将会作为之后进行公审判决的依据。

刚才很想向森嵨先生做一点咨询,日本法官在一些对价值观有直接影响的判决中是否发挥了重要的作用? 还是因时而异、因地而异呢? 不过从整体上来看,审判更多的还是从国家这一"公"的立场出发,对市民公共性进行统治和管理吧? 有人认为"司法独立"虽然叫得很响亮,实际上并没有真正独立。我们希望法律界人士为此多付出一些努力。

小林先生提出的问题我认为也很重要。我在大学学法律时最初接触到的是法哲学,怎么学都提不起兴趣来。为了培养新的价值观,我又选择了比较政治学。可是仍然觉得不够充分,现在正在钻研政治哲学。毫无疑问,只谈"权利"会在各种问题上碰壁。但是,只讲责任和义务不谈权利,也同样会滑向灭私奉公的深渊。在日本,这种思想依然保持着很大的影响力。森喜朗总理曾在一次电视采访中说:"父亲从小就教导我要灭私奉公,这是我做人的原则。"这一发言反响强烈,引发了一场关于"灭私奉公为什么不好"的讨论。

"灭私奉公"作为一种个人的价值观,旁人不好随意点评。而森总理身为国家最高领导人,公开倡导这一价值观念,为灭私奉公打造舆论空间,这样做究竟是否合适? 我认为有必要将二者区分开考虑。

桑子先生提出"调停"的问题,我在美国也曾做过一些深入调查。调停既有好的一面,也有一些不利因素在里面。调停尽管可以使问题暂时得到解决,随着事态的进一步发展,由于调停不具备灵活的构想解释能力,就显示出它的缺陷和不足来。调停只适合用于发生在特殊情况下特定人物之间的纠纷。而在其他场合,如果用调停的办法来解决纠纷,就有可能使残局不可收拾,而最终不得不对簿公堂了。

借助法律手段解决纠纷问题,被称为是具有"裁决意识",据说美国人在这方面的意识要比日本人强烈得多。不很了解美国的人常说"美国是诉讼社会",其实这只是一种形象的说法,那些人只抓住了一些表面特征,并有些夸大其词。在我看来,并不能完全以此对美国社会下断言。

京都市努力把削减二氧化碳的目标值从5%提高到10%。内藤先生作为一名京都市民,对此事投入了极大的关注,简直就要为此冲到霞关去了。我们再来看一下全国各地为解决环境问题所做的实际努力,其中要首推熊本县的水俣市。接下来排在第二位的是神奈川县的川崎市。前20名都已公布,京都市却位列其外。还得加把劲啊!

内藤正明:实际上不光是水俣地区,放任自流带来毁灭性后果的山村,在日本全国各地到处都是。正因为如此,才迫使我痛下决心,振奋精神,为改变当今社会的价值观和生活方式,建立一个崭新的社会模式尽我的一点绵薄之力。作为一份中介力量,在一些山区农村地区拉起一张张严密的大网。遗憾的是,熊本县并不如我们所期望的那样,背道而驰。即便说水俣市不行了,农村地区不还是可以有所建树的吗?当然,这样一来带给全国范围的影响就要小得多了。我在想,如果"京都"变了会怎样?这也是我想做的最后一点尝试。

237

金泰昌:京都变了,一定会带来一些变化的。

内藤正明:京都变了,日本也会变;日本变了,世界就会发生变化。听上去有点像大放厥词。

金泰昌:我期待着京都的变化会成为整个日本向好的方向发展的原动力。

内藤正明：我也希望如此啊。

如何改善环境问题

金泰昌：从整体印象来讲，近藤先生的论题可以引起强烈共鸣，也与我们今天所探讨的问题很接近。为了避免引起误解，我想问一个问题。您向我们介绍说，可供我们每个人使用的空气平均是100吨的话，只有其中的几吨被污染了。您在人类活动为地球环境带来影响这一话题中还指出，尽管从局部看来污染问题的确存在，但对整个固体地球来说其实影响并不是很大，您还对存在的两种影响分别做了说明。这里边难道没有什么问题吗？

近藤丰：我所说的固体地球整体上没有太大的变化，是指岩石圈部分的地球质量没有变化，或者说整个海域的成分没有发生太大的变化。

如果单看地球表面，比如说植被变异，森林消失，环境发生了很大的变化，而且影响也是极为强烈的。我强调固体地球质量或许容易引起误解。

金泰昌：我们应当如何认识环境？环境认识论大致分为两部分，一种是所谓的地球仪环境认识论。也就是说将自己置身于地球之外，从外部观望地球。这种观点是从地球的外部对（地球）环境进行整体把握。

还有一种观点我们暂时可以称其为天文馆环境认识论。我非常喜欢天文馆，每次到国外出差，都要到当地的天文馆去看看。观察所处的位置不同，看到的天空的模样也就不同。欧洲是欧洲的样子，澳大利亚又是澳大利亚的样子，找准自己所在的位置去观察。我们常常会看到发生在自己身边的一些问题。不管是在自己身边还是外部周边，只要用眼睛去观察，就可以有所感悟。通过不同的视角,观察视野进一步扩大,进而从地球扩展到整个宇宙空间。

刚才听过近藤先生的解释之后,对那番话又重新做了理解。按照近藤先生的观点,我们通过地球仪观察地球时,就会发现问题并非想象得那么严重。然而,发生在我们身边的水体污染、山体崩坏等一些特定地区的致命性环境污染,都是当今迫切需要我们解决的问题。从前的环境认识论,更习惯于让我们置身其外,居高临下地看待环境问题。如果我们不把"环境"与生命关联起来考虑,并把自己作为生活在其中的一分子,我们的环境意识就会变得异常薄弱,就有可能形成一种纯粹客观的,或纯粹数理统计式的环境认识论。这难道不正是发生在我们身边同时迫切需要解决的问题吗?

"百分比"的表达方式尤其如此。用这种表现手法来对付今天的环境问题究竟是否合适?环境思想和环境运动对于如何认识环境都很重要。时代不同,对于环境的认识也会发生改变,不能等一划之。顺应时代的潮流,把现阶段的地球仪式的环境认识论转变为天文馆式的环境认识论,这才是我们今天应该做的啊。只听近藤先生的论述,容易产生一些误解。对此我只是想确认一下,接下来我们进入下面的讨论吧。

近藤丰:在发言时我也曾考虑过仅仅用质量比这个概念展开议论是否过于单纯,是否很危险的问题。我用一种非常单纯的手法对海洋的整体性做了说明。应该说在地区或更小的范围内,与实际生活紧密相关的环境问题是明显存在的,确实应该把两者放在不同的层次上加以讨论。

全面观察整个地球环境的体系是存在的。在这一领域里从事研究的科研人员,即使考虑到整个地球的状况,在实际操作过程中

239

往往也都是把研究范围限定在小城市或地区环境问题上。最近出现一种倾向,人们在与地方行政搞合作研究的同时,也会在更大范围内对环境问题作出统一规划,并且将两者有效结合起来。这是非常重要的。

金泰昌:宇井先生在东京和京都时,对日本产生过绝望情绪,可是到下面走过之后,就会改变想法,认为日本还是大有希望的。听了这番话,我很受感动。宇井先生的真实感受正是来自于一名科研人员的忧患意识。作为实实在在地生活于其中的一分子,深入现场第一线,观察并想办法解决问题,我认为这是一种极有价值的人生观。

至于为我个人,在处理问题时,总能保持一种乐观向上的态度。只是这种状态并不是始终如一的。比如说早晨,我是一个乐观主义者;到了中午,我就有可能变成了一名机会主义者;而在晚上,我又会变得很悲观。

处理环境问题的地域性

金泰昌:在进入下一阶段的讨论之前还有一点需要申明。刚才在讨论到循环问题时,薮野先生认为应当让行政也循环起来,这是否会带来责任逃避?照薮野先生的说法,"决策的循环"是否可以理解为本该由 A 做的决断,最终推到 B 或者 C 那里去,而始终不能确定下来,互相推诿,导致事态进一步恶化。从某种意义上来说,这不正是环境问题的症结所在吗? 先生所指的意思到底是什么呢? 希望能给我们一个明确的解释,这就可以避免在下一阶段的讨论中产生不必要的误解。

薮野祐三:我所说的行政"循环"是指对自然循环的一种延续,并非指行政在决策过程中踢皮球。我举一个具体的例子。我和九州大学的四个朋友计划利用飞船来排除依然埋在柬埔寨地下没有被清除掉的地雷。但是飞船自身却被当做武器,这就违背了日本有关武器的三原则。在他们看来,地雷是武器,飞船也是武器,而武器是绝不可以用武器来解除的。这件事情直到现在还在和当地政府交涉中。

当时,飞船的研究者只负责飞船,雷达的研究者只负责雷达,这样做显然行不通。于是我想借助 NGO 的力量完成这项计划。以前曾通过住友商社,采取贸易往来的方式,总算一度成行。可我还是希望能够通过 NGO 来做这件事。事实上,这一计划在柬埔寨已取得了非常明显的效果。我总算看到了一点希望。

就整个过程来看,发明并推广某项技术时根本看不到"市民"的身影。如果能把 NGO 的想法借鉴进来,就可以建立起一种循环。我们总是埋怨"行政不做好事",可是真的去接触一下,就会发现他们全都是一些做事极为认真的人。另外,我们也常说"政治家不做好事",政治家也会反唇相讥,认为"学者都是白痴"。我们始终被人家看做白痴。在市政府里有两名议员可以配合我们,他们很有正义感,因为谁都有可能为利欲所驱动,只是包在纸里,没有露出其真面目而已。人没有了正义感就无法生存下去。在作出决策时,会设法用到各种手段,还会考虑到是否有必要回到原点,这才是我所说的"循环"。如果出现了"逃避责任"的问题,我们必须认真对待。

241

我认为"东京"有三副面孔,分别是国际化大城市、日本首都和东京市。人们一般不会把东京当成一个地区看,这让我感到非常气愤。东京的荒芜化、高龄化问题最严重。一谈起这些问题,人们首先会联想到青森或宫崎,其实城市型荒芜化和高龄化的问题也同样不容忽视。东京在这方面问题尤为严重。这些问题却都给忽略掉了。

顺便再提一点。我的一个在九州大学共过事、负责脏器移植的老师曾经用"横线和纵线"做过一个形象的比喻。比如说在人工移植脏器时要向国民作出承诺，无论在北海道还是冲绳都是一样的，否则就会失去老百姓的信任。但是从捐献人的角度来看，还存在一个如何输送脏器的地域性问题。

环境问题也是如此，为了从技术角度获得国民的信赖，就必须保持政策上的一贯性。同时，在实际操作过程中还有一个地域性问题。我们可以把它比做生活这张大网的纵线和横线。地区老百姓和行政这一横线要搭好，要做到意见统一，同时还要在纵线之间做到环环相扣。不过我们更多看到的却是，要么只有横线，要么只有纵线，根本就看不出解决问题的方向性来。我所说的"决策的循环"是希望能够把横线和纵线交织起来。

金泰昌：从前的公共哲学共同研讨会上，曾就"人在与国家关系中的位置和公共性"这一话题做过讨论（参考第五卷《国家、人和公共性》）。当时的内容包括诸如"国民"、"市民"、"居民"和"公民"等等概念。我宣称自己是一个世界主义者，其实是有特殊含义的，这恰好与薮野先生今天所讲的内容相符。东京既是一座国际化的大城市，又是一个国家的首都，同时还具备了地方城市的特征，我们居住的城市都拥有国际性、国家性以及地方性这三种特性。

我个人也是这样。我并不属于它们其中的任何部分，而是一个混合体。因为找不到更合适的表现手法，才想到世界主义者这一固有的表达方式。如果找一个词做替换，可不可以是"全球地方主义者"？cosmos 是指"世界"和"宇宙"，polis 的意思是"共同体"和"国家"。因此，东京有东京的方式，京都有京都的风格，并在同一个"世界"里求得共生共存。这样就为世界主义者的概念赋予了新内容。但是这个词在日本引起了一些误解,我认为应该把它和希腊语中的世界主义者放在一起使用。

薮野先生所讲的内容确实非常重要。一部分人固守国家利益,一部分人只看到地方性。如果日本只是一个小国也就罢了,事实上日本作为一个大国,已引起了国际社会的广泛关注。许多人都想来日本生活居住,这一点就完全可以证明日本是个极具魅力的国家。

生活在这里的每一位公民,尽管个性有所不同,但所有人都应该谋求一种共同的生存方式,这种方式应该同时具备全球的、国家的以及地方的三种特质。这就是我所谓的全球地方主义者的真实含义。

宇井先生为我们讲述了中心和周边的问题。生态系的破坏程度越往中心部位越严重,而周边地区的生存机遇相对要大一些。那些残存下来的周边地带连成一片,又可以形成新的中心地带。这是我记忆中对生态学理论的理解。

因此我们并不苛求一定要在中心地带做点什么成绩出来。当代的体系是以东京为中心形成的,在这里接受教育并从事工作的人们,某种意义上说,因循守旧,处于一种相对落后的状态。新的思想观念多半来自于周边地区。明治维新就是这样。我认为萨长联合是有一定道理的。由于德川幕府所在地江户地区逆时代潮流而动,最终导致一些边远地区萌发了新的思想观念,并汇集成一股新的力量。这也是符合生态学观点的吧。

美学的公共性
金泰昌:宇井先生强调了艺术家的作用,并指出艺术家把表达视为生命,这给我留下了极深刻的印象。世界主义者的美妙之处正在于它的艺术性。这不是指法律的公共性或者管理型的公共性,而是指美学的公共性。

20世纪中叶的法国建筑大师勒·柯布西耶在对巴黎实施城市改造计划的过程中,把拿破仑的一些想法与近代公共性的思想相结合,在建筑上把凯旋门作为一个中心点,由内向外扩散开来。在颜色的选取上也多以白色为主,因为白色象征着透明。这就构成了透明直线形的近代建筑的统一风格。

对这一构想,许多人提出过否定意见。其中一个叫弗莱德南·沙瓦的人还特意修建了一座曲线形的建筑物,并取名为理想宫。他认为人不应该只拘泥于一种形式,特意选择了弯曲的造型。

弗莱德南·沙瓦首先认真制订出计划,之后才付诸实施的。这与常规做法有所不同。他曾经做过邮递员的工作。由于每天只重复同样的工作,让他感到极为厌倦。为了缓解郁闷的情绪,他决定去做一些别人不曾做过的事情。于是,他就从各个地方捡回一些奇形怪状的石头,并把它们堆积在一起。久而久之,他的理想宫就盖起来了。参观一下里面就会发现许多蛇形和希腊神话中才出现的奇形异状。这座建筑物只是由一些石头简单地堆砌而成。

对于我们每个人来说,只有直线和透明度是不够的,有时会产生一些怪癖的想法,并去做一些稀奇古怪的事情。两者的共存不正体现了一种公共时空吗?公共性难道只有按照勒·柯布西耶式直线透明的方式才能实现吗?我们完全可以把这种公共性看做是拿破仑时代延续下来的国家公共权力管理之下的公共性。尽管它可以作为公共性的一种存在方式,但并不可以代表整个公共性。后人经过反思,终于认识到至少还应该借鉴一下弗莱德南·沙瓦的做法才是。

只依赖于勒·柯布西耶的设想并不能使巴黎真正变得漂亮起来。正是因为有了弗莱德南·沙瓦这些人的存在,才有了今天堪称艺术之都的"巴黎"。这一点对于国家也同样适用。艺术家追求艺术表现这一精神,在某种意义上不也同样适用于公共性问题吗?

立足于现实,一点一滴地去积累,这一想法在融会了拿破仑思想的勒·柯布西耶式的想法中无法寻觅,而在弗莱德南·沙瓦的理想宫殿中反而更容易找到。这种公共性体现了一种"异质的共存",由不同的物质相互结合共同形成。清白一色,具有同一形状的公共性是贫瘠的,同时也是脆弱的。单靠这一点,人是否能够生存下去?

有人认为,单凭国民的公共性就可以把日本凝聚起来。我在接触到这些言论时,首先想到了陀思妥耶夫斯基的"水晶宫"。水晶宫里是不可能有异物存在的,用透明的水晶建造的宫殿不可能隐藏住任何东西。我总是会把它和日本的公共性联系在一起。不过这样一来日本就真的能变成一个很好的国家了吗? 在这样的国家里真的可以居住了吗? 相形之下,还是弗莱德南·沙瓦的理想宫更好一些吧。里边有各种奇异鬼怪存在,而它们又可以做到和谐共存,这样不是很好吗? 这是不是更接近于我们今天所探讨的真正意义上的公共性呢? 听了宇井先生论述艺术家的作用那番话,我萌生了以上一些想法。

薮野祐三:1995 年 8 月 6 日我在德国的波茨坦。说到艺术表现,我认为可以把艺术这一概念界定得更为宽泛一些、华丽一些。波茨坦市议会向我们传递出这样一条信息,即"投放原子弹的决定最初正是在这里作出的"。德国人没有参与,但所表现出来的内容却非常富有艺术性。

245

切尔诺贝利核事故发生时,古巴提议要把两千多名遭受核辐射的孩子送到该国接受治疗。日本对此并没有做相关报道。掌握着世界最先进核辐射治疗技术的城市是日本的广岛和长崎。我却没有听说过切尔诺贝利的孩子们被立刻送到广岛接受治疗的任何消息。

阪神大地震时瑞士派来了救援队。因为是国家行为,购买机票时不必履行任何预约手续。只要和大家说明情况,每一个人都会把位子让出来。日本人在相同情况下,尽管内心里并不情愿,可他们是否还会装出一副非常高兴的样子来呢? 这一点我表示怀疑。

我主张日本既然拥有世界一流核辐射治疗技术,应该在广岛建立一支核辐射治疗救助队。有人建议我应该把这一想法直接陈述给平冈市长。这位市长在 1997 年受到了海牙政府的起诉。我在见到这位市长时对他说:"世界上任何一个地方只要有情况发生,需要接受核辐射治疗,广岛人都应该及时赶到,这也算是对广岛人民的一种最大回馈吧。"

平冈市长是一个非常好的人,他告诉我说:"如果有这笔钱,首先会把他们分给那些受到核辐射伤害的人,你的这一提案在议会上很难通过。"我认为"艺术信息"或者是"公共信息",不是索取,而应该是一种付出。"公共空间"或"公共性"这种说法太过沉重,太过恐惧,让人难以接受。我这样说对金泰昌先生有点不恭了。可是,如果把公共性变成一种快乐的值得欣喜的空间,我则是非常乐意接受的。从广岛传来的信息非常具有艺术性,再下一点工夫或许会更好。

金泰昌:恐惧、僵硬、沉重的公共性是管理型公共性。今天,我要寻找的是一种可以引起共鸣的,并能共同分享喜悦的联合式公共性。

日本环境问题的特异性

石弘之：我始终在关注各国环境意识和环境运动的发展。日本的突出特点表现在"加害"和"被害"上，这是因为日本的环境问题最初来源于"公害"问题。在欧美，这一过程提早了 20 年，当时只是单纯的"企业犯罪"，并没有构成"环境问题"，可以明确地区分出加害者和被害者。日本究竟算是幸运还是不幸，伴随着"公害"问题的发生，产业公害、城市公害以及农业公害等极富悲剧色彩的词汇相继诞生。

欧美所提倡的"环境问题"具有非常成熟的文化性。比如说，生活小区里有一棵树，大家都可以享受到它的绿阴，树的主人却认为落叶太多想把树砍掉。我不知道有没有"景观权"这种说法，如果"景观可以共同拥有的"的话，"我们志愿在秋天把落叶打扫干净，请把这棵树留下来"，这种请求应该是可以成立的。这里的"环境"不光牵扯到被害和加害，还包括了生活的舒适性以及感性世界。

迄今为止，我并没有更多地通过感性世界去议论"环境"。薮野先生所说的"优美的感觉"至少在"environment"（环境）、"ecology"（生态）这些词语里可以找到吧。对此我的印象极为深刻。为什么日本总是要把加害和被害放在前头呢？

247

宇井纯：石先生所讲的这些问题确实存在。爆发于欧洲或美国的自然保护运动，某种程度上起源于中产阶级或上流社会。因为他们有钱有精力去做这些事。而日本的反公害运动大体上是以中产阶级中的下层人士、学校的老师、地方公务员、小业主等人为中心，还包括农民和渔民在内。日本的公害运动尽管带着泥土气，却是一场自下而上的运动。当然,还有一个原因就是公害自身非常严重,必须有所行动。出现在亚洲的公害问题大致上都与日本很相似。

在美国,运动范围已不再仅仅局限于中产阶级了。比如说垃圾填埋场多数建在黑人居住区,由此引来了"环境与歧视"问题的讨论。进入 20 世纪 80 年代,黑人奋起抗争的例子逐渐多了起来。

运动的发祥地好比被堵塞了的管道的后半段一样,在日本就是这样一种情况。受害人在整个运动过程中,不只考虑自己的事情,同时还会做到顾及他人。身患水俣病的川本辉夫正是这样。他投身于运动并不单单是为了他自己,同时还不断鼓励其他受害人也加入进来。通过"法院裁决"的方式展开斗争的律师团把他称做过激派,对他的行为颇有微词。川本辉夫本人并不介意,也没有为此发过任何牢骚。他始终靠自身的努力团结起身边的受害人,为水俣病全体受害人的共同利益奔走呼号。

还有一个例子就是在国际上享有盛誉的"足长育英会"。该组织是在交通孤儿育英会被官方取缔后,通过其他途径建立起来的。救助对象包括交通遗孤在内的病后遗孤、灾害遗孤以及失业父母自杀遗留下来的孩子,为他们提供奖学金,听说最近还要在神户地区修建心理健康治疗中心。该组织在土耳其发生地震之后,立刻飞赴当地展开援助活动。志愿向那些失去父母而变得沉默内向,不能进行正常交流并将自己封闭起来的孩子们提供关爱,帮助他们渡过难关。他们的行动在国际社会上获得了高度评价。

我认为这个社会已存在一种能力,让我们去帮助那些陷于困境的人群。然而,在日本国内的行动却会受到莫大的限制。这主要是指与行政之间产生的一些纠葛。不过,同样是行政,在省和市县之间也会存在极大的差别。作为市县一级的行政人员,一旦做了什么不对头的事情，就会被人们记住，直到死都会背上骂名，他会被说成是一个恃强凌弱的伪君子。即便得到了提拔重用，这种印象最终都不会改变。因此他们在做事时会掌握一些分寸。然而一旦到了省一级，无名无姓，任期至多不过两三年。也有一些是直接从上面派下来的，最终还会回去。整个过程看上去就像一部机器在运转，很多人在其中只起到了一个零部件的功能。

在冲绳还保留着美军机构、人民政府以及琉球时代的传统，省政府的官员个个耀武扬威，拿他们毫无办法。可是到了村一级就不一样了。美军占用土地修筑基地时，为了捍卫村民的财产利益，挺身而出的村长不乏其人。市县一级的政府官员与省有所不同，其中许多人对待环境问题的态度都是极其认真的。

博帕尔煤气泄漏事件发生之后不久我去印度开会。会上，印度人把博帕尔与"广岛、长崎、水俣"并列放在了一起。他们认为博帕尔事件的责任并不在于他们自身，而是一种天灾人祸。这种认识让我感到万分惊讶，不过至少让我知道了整个世界都在关注日本的广岛、长崎和水俣市，关注它们是如何从困境走向再生的。正如刚才所说，使运动蓬勃兴起的力量源泉正出自这里。

"公害"的犯罪性

石弘之：我认为"公害"具有犯罪性。如果把公害问题定性为地球环境问题，是否减弱了它的犯罪性质？人生活在这个地球上短短几十年，如何保证这几十年里每个人的生活质量才是我所说的"环境"问题。

金泰昌：如果把宇井先生、石先生和薮野先生所说的内容进一步拓宽，针对如何看待环境问题这一点，你们可真是仁者见仁，智者见智。日本以及亚洲其他国家，还有非洲和中东地区，看问题时

249

都采用了同一种方式,即公害式,甚至包括歧视、贫困和压迫等社会问题。在解决问题时,会把这些统一放到"环境"这一大的框架下进行考虑。

但是环境问题并不局限于此。正如石先生所说,还有另外一个侧面。密切联系生活,并思考如何做才能使生活变得更幸福,按照这样一种思路去尝试着解决问题。

从学术角度讲,环境学可分为环境哲学、环境心理学、环境社会学以及环境法学等等,还有环境犯罪学。泛泛地讲,它必须是全面的。特别是日本在经历了无数苦难实践之后,直到今天甚至包括薮野先生在内,依然把公共性看做是一种坚固、沉重、令人感到恐惧和痛苦的东西,这恰恰体现了日本人的一种真实感受。忽视了这一事实,即便去做也不可能收到很好的效果。人不论做什么,如果不感兴趣,并且认为没有价值,结果只能是既做不到轻松参与,也不会获得好的结果。这样下去,进展就不会很顺利。我有时甚至认为,环境美学和环境感性论在日本或许会收到更好的效果,因为勇于面对社会问题和进一步提高生活质量必须是同步进行的。

有些人仅仅在听了"公共性"这个词之后,就立刻会心生反感,唯恐避之而不及。实际上到现场来看看就会发现,其实并非完全是想象中的那样。我在想,今后是否有必要建立一种艺术性的、让所有人都能够感受到快乐的公共性呢?

具体来讲,可以考虑有以下几种形式:一种是贝多芬式的公共性,共同超越痛苦与悲哀;一种是莫扎特式的公共性,欢喜同在,并能使对方感受到快乐;还有一种就是带着一颗祝愿的心,努力朝更好的方向迈进的肖邦式的公共性。我提议我们是否可以对这三种公共性进行一番探讨呢?

原田宪一：我可讲不了那么高深的话题（笑）。日本在第二次世界大战后所经历的不幸完全是由企业的犯罪行为造成的，即所谓的暴力团伙造成了对环境的破坏。这些人戴着墨镜穿着黑衣服走过来（企业），让我们一眼就认出了他们的真实面孔。比如在今天，由于家庭排出的污水，山形县最上川的水质受到严重影响。在老百姓的脑子里只有一个概念，一提到环境污染，就肯定与哪家企业有关，并不能意识到自己在这方面存在的责任。有些人对我说："地球环境问题、温室效应问题很严重。"我就对他们说："您使用的香波也是环境荷尔蒙。白白浪费掉的油也会造成地球环境问题。"他们听了之后就会反问："水质污染难道不是工厂排出的工业废水造成的吗？"公害那段痛苦的经历依然以一种激进的方式对后人产生着强烈的影响。

还有一点就是战后的"被害人意识"。深受这一意识的影响，人们会认为："战争使日本贫困化。山形县在全国位列倒数第五，还很贫困。"但是从整个国际社会来看，山形县人均收入不菲。这正应了刚才那句话"与其救助切尔诺贝利的难民，倒不如救助一下广岛的原子弹受害者"。一些国会议员认为，日本经历了第二次世界大战战败后的痛苦挣扎，终于重新站立了起来，如果现在松一口气，要不了多久就会沦为三等国家，于是拜金主义成风。当他们把积蓄拿出来到世界各地去消费的时候，第一次真实地感受到了自己的富有。只存钱而不去消费，不论在什么时候都不会感到生活的富足。我们是不是应该重新做一番思考呢？

"如此大量地输出木材，想必日本的许多山脉都已变成秃山了吧？"抱着这一想法的菲律宾人来到日本一看才发现，日本满山遍野郁郁葱葱。于是就会产生疑问："日本既然有这样丰富的森林储藏，为什么还要把菲律宾的森林都砍光呢？"

251

接下来还有一个问题。地球物理学上有一种物理量转变的说法，地球物理学和地质学的不同之处也在于此。用物理量来测量要容易理解得多。把地球的重量用十的二十几次方表示出来，就很容易做到从量上把握了，这就是地球物理学的长处。反过来说，也会削弱地球本身的历史性和地域性，甚至还会产生一种想法，认为可以通过一些数据，按照一种可能的操作方式去控制和征服自然。

正如鬼头先生刚才所讲，在把质还原成量之后，质就会消失，从而产生了普遍性。普遍性一旦产生，利用这种普遍性，针对自然的操作就会成为可能。可是利用量这种计算方式是否可以做到全部呢？事实并不是这样。现在的地球环境问题，从学识的角度去讲，正是在测试我们的知识水平啊！把"质"或"人"的问题放到地球环境问题中考虑是完全有必要的。

生物、地方主义

金泰昌：第一次见到内藤先生是在六七年前了吧。当时，日本对环境问题的看法正经历了一个从技术乌托邦向生态乌托邦的转变过程。

现在流行着一些日本人爱用的词汇，诸如"花园国家"、"海上城市"等。如果用莫扎特式的环境论来理解的话或许会是这样。但是，空气和水不分国界，中国的空气会飘到日本上空形成酸雨。因此，日本单方面想建设什么花园城市，并不现实。必须要跨国界思考问题。

内藤正明：与此相关，还有地方的自立问题。为什么地方必须自立呢？它的意义从政治、生态、生物和经济等诸多方面都有所体现。比如说，不至于使共有地酿成悲剧的最好办法就是在一种

"透明的关系"下确立地方在经济上的自立能力。

从社会多样性的角度来讲也应当做到地方自立。在日本,地方受控于中央,各地执行行政方针的范围受到了辅助金的严格限制,这当然不会取得实际效果。美国等国家采取生态地方主义,我们应该效仿,这样才会保证多样化,并且不至于受到周围一些因素的牵制,真正做到地方行政的独立。这正是我想说的。

发生在水俣和山形县的循环运动,最近在日本全国各地风起云涌,这与生态地域主义是非常接近的。即便是这样,该如何正视那些来自于国际社会的影响呢?对此我也拿不出一个很好的方策来。至少希望自己不要卷进去,并尽量做到自我完善吧。

金泰昌:"花园"式是人为设计的,存在着驱除害虫的构想。这让人多少感觉到有点恐惧。

内藤正明:是这样啊!反过来说,地方可以在不给他人添麻烦的同时,做到靠自己的能力在尽可能的范围内求得生存。充分利用地方资源,探索与生物的共生共存,这是我想强调的。

金泰昌:因而我说这与生物的自立性是完全不同的。

内藤正明:与庭院列岛的方式完全不同。

金泰昌:生态理想乡的构想之所以会失败,是因为它过于人为化,并被过多地赋予了计划性以及行政色彩。按照最初的设想去做,结果却发现了许多负面的东西,最终以失败而告终。

内藤正明:这与我所使用的"生态理想乡"是两回事。

253

桑子敏雄:翻阅了《五全总》(由国会制定的 2010 年到 2015 年全国总合开发计划)之后,就会发现里面保留了大量的庭院列岛式的构想。迄今为止,我们所做的都是针对空间进行的管理。地域不同,管理主体和管理方法就会有所不同。

比如说在《五全总》的序言里介绍了各地区如何利用管理这

一概念划分空间和范围,并如何促使其发挥更大的作用。其中,河川归建设省、农田归农水省、森林归林业厅等,做到分头负责。林业厅负责森林管理和修建治沙水库。山水管理原本是不可分的,由于各省厅各行其是,这样就形成了一种极为松散的格局。面对这一状况,究竟采取什么方式才能使日本变成庭院列岛? 对于概念本身的含义又该如何去理解? 在思考这些问题时,人的思维受到了一定的束缚。

我正在协助东京郊外的一个小型地方自治体筹划环境基本计划。武藏野还保留着一些树木。这些绿地非常宝贵,基本上都归私人所有。然而却有人把垃圾倒在那里。去看一下,就会发现那里垃圾成堆,还有废旧汽车也被丢弃在那里。行政负责人会说这是私有地,不在他们的管辖范围之内。那么,由谁来负责清理呢? 只能由土地拥有者本人来承担这一切了。有人提议,为了保持街道的清洁,可以让志愿者来做。这一点也遭到了拒绝。因为这里是私有土地,不可随便进入。结果公与私一旦被概念化,公共意识在这里就不再起作用。那么,所有者如何才能使自己的土地不至于遭受垃圾的侵害呢? 最常见的做法是,砍掉道路两侧的树木,改建停车场,这样一来就不会有人进到树林深处去了。

还有一个例子。有人在道路两侧拥有一片树林。政府规定,所有者一旦死亡,继承人要为此支付大量的继承税。拥有森林尽管可以获得少得如同麻雀眼泪一样的辅助资金,而所有人一旦改变,就要为支付大笔的税金伤透脑筋。结果只好把林子卖掉。而这些林子一旦落入产业废弃物处理厂家的手里,极有可能在上边修建垃圾填埋场。导致二噁英等污染问题发生,在当地引起骚乱。政府为了缓解二噁英气体在老百姓中间引起的恐慌,会购买性能良好的焚烧炉回来。一番拉扯较量之后,居民才会安静下来。本想利用这一机会,促进行政人员为改善当地环境作出进一步努力,可是位于东京郊外的这座小城,居民大都在晚上才回来。没有居民的全力配合,环境问题就得不到根本解决。

刚才还提到了周边和中心地带的问题。如何在两者之间划分界限?从概念上区分"公"和"私"是一种较为抽象的说法,难道就没有一种更为折中的方法了吗?比如说当地居民在参加公园建设时,可以把自己喜欢的花草拿来种。这样既满足了个人的兴趣和爱好,同时又培养了一种公共意识。在对"界限"问题作出思考的时候,多有一点这类的问题意识不是很好吗?

生态公共性和公私问题

金泰昌:我们在议论过程中,并不是要把"私"和"公"对立起来看待。正如桑子先生所说,"公共性"是指一种"分界线"。如果把"公"看做是以国家为中心的领域,而把"私"看做是受利益驱动影响下采取行动的领域,那么两者相互交融的部分就是"公共"领域。

在日本,"公"的身边总有"官"(official or government)伴随左右,这就导致了"公(官)"、"私(民)"对立局面的形成。但这并不是我所指的"公共性"。我希望在所谓的日本式"公"和"私"之间形成一个时空,各种中介都可以在这里活动。也可以把这一时空理解为官民互动。但是,有一点非常重要,就是要使这一时空做到多层次、多样化。

这片时空的活动主体必须是"私(民)"。有时"公(官)"也可以占据一定的主导权。如果认为"公"是为了国家、"私"是为了自己的话,那么"公共"就是为了双方的共同利益了。尽可能顺着这一方向去思考并付诸实际行动,这种"公共性"与"公"是有所区别的。

对于人类环境认识上的变迁，石先生已对此作出了很好的总结。人类对于"环境"的认识，经历了一个漫长的发展过程，由最初的对"自然"的认识发展为对"环境"的认识，从而又进一步扩展到运用"生物"的观点看待世界。我们很想对生物的公共性认真做一番思考，并对其内涵作出概括。

首先是"自然性"。自然性是指尽可能在不受到人为因素干扰的情况下保持的一种平衡状态。拿柯布西耶制订巴黎城市计划的例子来说，就是他在制订巴黎城市计划时完全应该降低其计划性和行政性。另外还有多样性和相关性。如何界定"公"和"私"，做到不偏不倚，使其充分发挥效能。最后一点也是非常重要的，即必须立足于未来后代可持续性的观点。没有了这一点，体现"代际公正性"的公共性就不可能成立。

东京大学的渡边浩先生在会上指出了日语的"おおやけ"与"わたくし"，中文的"公"与"私"，英语的"public"与"private"之间的不同，并认为将它们混为一谈会引起误解。当时曾有人反驳说："不就是这样混合着用过来的吗？"其实渡边先生不讲我们也知道，在日语里原本就没有"pubilc"这个概念。因此在日本非"公"即"私"，或者非"私"即"公"，中间相互交融的部分一向很薄弱。把这样一种"公"和"私"用"public"和"private"进行替换，就会出现认识上的偏差。（参考第一卷《公和私的思想史》）

在外国人（特别是欧美人）眼里，日本和韩国在国家政府与个人之间存在着一段没有规范过的空白地带。东洋学园大学的布赖恩·马科贝（音译）博士用"anomic space"这个词对此进行了描述。自然也有人对此提出了批判意见。但是英美所特有的健全的市民社会在日本或韩国并没有得到充分发展。今天，在国家和个人之间还没有建立起一个成熟的具有多样性职能的媒介机构,所以它依然处在一种无规范的状态。这一事实绝不容否认。

比如说可以严格管教自家的孩子,并且在工作岗位上设立严格的规章制度。除此之外,一切就变得毫无规矩了,甚至会在路边随便小便。按照作者本人的说法,这里是一个开放的空间。从家庭和工作岗位中解脱出来,处在一种无规则的空间(anomic space)里。但这并不是公共空间。我并不认为公共性只是一个空间上的概念,因此才使用了时空这一表达方式。因为从代际责任角度来看,应该特别强调公共性的时间性。

而在日本,不是"公"就是"私"。由于不能忍受"公"的一些清规戒律,甚至讲给自己老婆听都无法排解郁闷心情的时候,日本人就会泡酒馆,那里就成了一种可以自由发泄的无规则的空间了。一旦被决定了要去为国家或社会做什么,由于找不到发表意见的场所,要不就逃到无规则的私人空间去避难,要不就只好屈服。二者择一而为之。

居民把问题交付给行政,要求得到行政的有效处理,这样的公共空间在日本并不存在,因此渡边先生最初的发言就极有意义了。这与桑子先生刚才所讲的问题也是密切相关的。

"公共性"体现出的层面多种多样,并非一元化。在认识环境的过程中,特别是现在阶段,很想对生物的公共性做一番思考。这样一来,问题的焦点就归结到了环境问题是否是自然问题这一点上。自然有其自身的存在价值,我们应当在充分认识了自然带给人类的一些积极的或消极的影响之后,重新考虑人类和自然之间的关系。

我们在考虑到自然的多样性、相关性和持续性时,单纯提倡日本的庭园列岛方式是有问题的。作为一种健全的具有生态意义的

257

想法,向世界展示一种发展模式是有必要的。但是,如果只是把它作为一个口号提出来,尽管可以给人以鼓舞,里面同时也会蕴藏许多危机,学者在这方面必须慎重从事。

自然环境、生态、公共性

小林正弥:"公共性"和"生态"的关系是非常重要的。艾奇奥尼自称是社团主义者的代表,我以前就说过,他(既不是自由主义者,也不是社会保守主义人士)的这种社团主义是在"(个人)自律"与"(整体)秩序"之间寻找一条中间道路以谋求某种平衡。这与金泰昌先生刚才提到的作为"公"、"私"中介的"公共"在某种意义上一致。

目前,以桑德尔为首的社团主义又在大力提倡"共和主义",并把它与欧洲的"公共性"和"共和主义"放在一起。由此来看,构成"公"、"私"中介的"公共性"与当代欧美盛行的"社团主义"、"共和主义"非常相近。

只是在欧美政治哲学里,这一思想主要强调的是人与人之间的关系,涉及生态方面的内容并不多。这是一个严重的缺陷,也是这一政治哲学的局限。

比如说刚才提到了从"环境"向"生态"的转变,"环境"一词至今仍在使用,而"生态"概念的重要性却日渐显现出来。因为"人与环境"已不再有"主客"之分,两者之间是一种相互依存的关系。我们在看问题时应该牢牢把握住这一点,时刻认清人只是这一相互依存关系中的一个部分。

然而,如今的欧美政治哲学在这一点上的认识还很不够,很容易在已经存在的共同体这一概念之下去看待共和主义和社团主义。本次研究会上,把自然环境、生态问题等和公共性联系起来考虑已被看成是一种理所当然的事情,而在当代政治哲学领域里,对此认识并不十分充分。我个人认为我们正在开拓的是一个崭新的领域。

比如说"自由、平等、博爱"这一法国大革命时期的标语多被用在政治问题上,并不涉及环境或生态方面的问题。那么是否说"自由、平等、博爱"在环境问题上就没有意义了呢?显然不是。"友爱"从来都被看做是人与人之间的友爱,今后有必要做进一步的补充说明。如果不在友爱等一系列概念中加入"人与自然"(两者之间)的关系,这一近代思想大概是不会重新焕发出光辉来的。

环境问题、国际政治和国家

金凤珍:我学的是国际关系专业。在国际政治舞台上,环境问题总会诱发各国间的利害冲突。冲突背后常常会反映出一些国际政治理念,比如说近代国家的理性、主权思想以及不干涉内政等等。其实光有这些是远远不够的,在探讨新的国际正义或国际公正时,这些理念只能作为一种知识背景,新型的政治哲学和国际政治哲学思想还没有建立起来。

发达国家已在充分重视环境问题了,而发展中国家今后在实现发展的过程中,如何看待这个问题呢?享受着奢侈富足生活的发达国家,与发展中国家极有可能在利害关系上引发正面冲突。尽管在国际社会上经常有大型的环境问题国际会议召开,由于两者之间存在着根本性冲突,因此很难达成协议。

我想说的是日本在考虑环境问题时,无论从思想或是哲学的角度都应该超越国家这一界限。

金泰昌:我在韩国居住的时候,有一条道路从我家门前穿过。这条路恰好处在 A 区与 B 区两区管辖范围的中间地带。这样一来,会出现什么问题呢?我家附近有一家食品店,孩子们在那里买了雪糕吃,然后就会把垃圾扔得到处都是,因此附近的道路总是很脏。可是区里并不派人来打扫。A区说归B区管,B区反说是A区的地盘,互相推诿。结果怎样?只好由我去做这件事情了。为了使自己的生活空间保持一份清洁,每天都要起个大早清扫这片区域。大约要花掉一个小时的时间,这也成了我每天唯一的运动。

通过这段经历我总在想,有些环境问题根本就是国家无法解决的。国家也好,行政也罢,照这一分工方式下来,无论多么优秀的环境问题大使在联合国或国际会议上据理力争,有些问题还是不可能得到解决。我们生活在其中的每一个人,并不应该抱怨"为什么非得我去做",而是抱定"自己的生活空间自己去创造"的信念,行动起来让自己的生活空间变得更加整齐清洁。这才是一种比较现实的做法。

我的住宅恰好介于AB两区的交界处,尽管这只是一个物理问题,但是在认识论上,也存在同样的问题。单从行政或法律的角度去判断属于"谁的管辖范围"或是由"谁来负责",即便哲学思想再先进,现场操作过程中还会出现一些障碍。每一个人的脑子里都该形成这样一种意识,靠自己去建设一个健全的生态生活空间,这也是我们出发的原点。这与国家或地方政府分担责任无关,与行政法也无关。让我们在触手可及的地方首先建设一个健全的生活空间,我认为只有这种不断积累的办法才是唯一可行的。

公共性的法律框架

森岛昭夫:刚才听了金泰昌先生对于"公共性"的一番探讨之后,我意识到自己对于"公共性"概念的理解未必与金泰昌先生的理解一致。日本自古以来就把"公"作为"公共"的代表。公害以及环境问题正是在这一模式下产生的。被害人即便对制定"公害法"提出要求时，也只会产生一个想法，即"国家没有做它应该做的事情，没有对企业采取强制性措施"。这一点恰恰印证了金先生所说的日本模式中"公""私"之间并不存在任何过渡这一点。我对此表示认同。

我在国外的时候也同样感受到了这一区别。西方人所谓的善恶标准均出自于基督教教义，即使不是基督教，也会是伊斯兰教。在这里，除了国家之外还有一个群体同样拥有相当的权力以及规则，环境问题也不例外。在金先生最初谈到的公共性领域里，最先行动起来的既不是国家权力机构，也不是个人，而是存在于这样一些群体当中的另外一些组织机构。

有些国家甚至规定可以向这些群体提供赞助，并享受减免国家税收的优惠政策。在这种方式下"公"并没有浮出水面。而日本最近出台的 NPO 法案，却没有享受到财政方面的补贴。国家这个"公"的机构扶持了 NPO，对于那些"公"够不到的私人领域，却是采取了一种不闻不问的态度。老百姓自己不去做，反过来埋怨国家。阪神大地震时，出现了大批的志愿者，他们既不属于"私"，也不属于"公"，当然就无法强求他们做什么或不做什么了。

要想拥有金先生所说的自然性、多样性、相关性和持续性，必须培养一批自愿坚持公共活动的群体。在欧洲或美国大概都有这样一个群体存在吧，就像同窗好友一样，这些人自觉自愿地走到一起，为这个社会做一些国家做不到的事情。这样一个族群在日本还没有形成，顶多搞一个集会，请某位官僚来讲一讲。东京大学的同学会也曾试图集资 10 亿乃至 100 亿，可是几乎没有人肯掏一分钱。

在既不属于个人又不属于国家的环境里进行多方位多角度的

思考,这类事情迄今为止在日本还不曾发生过。很遗憾,我不得不承认金先生提供的那本著作里所描述的情况在日本基本属实。

尽管如此,日本还是要追求一种公共性。从法律的角度来讲,有必要建设一套完整的体制。其中一点就是税收制度,另外还有必要建立一些规则。规则由个体来制定,重要的是要建立一种利于规则形成的环境,诸如法人化等等。

日本现在的一些团体,作为 NPO 组织,在 NPO 法实施后具备了法人资格,这样一来,反倒要受地方公共团体的控制,形成一种被动局面。这一局面必须改变。

我发言的主要内容是,受日本一些传统习俗的影响,正如这次研究会上所描述的那种"公共性"在日本其实并不存在,因此我们必须认真思考在"公"和"私"的关系下应该如何处理环境问题,更应该考虑到今后如何通过法律来支持和保护这一定义下的"公共性"。正因为如此,刚才在听了金先生的总结发言之后,我第一次认识到了自己所理解的"公共性"其实是有问题的,倒不如说在很大程度上还是受到日本传统中一些东西的影响。

公、私、共

金泰昌:我在想汉语里为什么会有"公"和"公共"这两个概念?并且在"公"后面还要再加上一个"共"字?"public"这一外来语在最初转换成日语时,"公的"这一表达方式并没有行得通。那么"公共"是什么和什么的"共"呢?这一点也没有表达出来。我认为大概为了有别于"私",才在"公"的后面加上了一个"共"字。

刚才提到了西洋思想中的基督教,我认为还应该把汉字圈里的思想资源也一并活用起来,以此尝试着解决问题。在解释"公共"一词的含义时,并非一定要用到英文的"public"。比如说幕末明治时期的思想家横井小楠的"天下万民共有"的"公共政治"以及"天地公共的(实)理"等国家哲学思想,田中正造的"公共协同相爱"的市民哲学构想,如果能够重新体会一下这些思想中的精华部分,重新理解它们的内涵和外延,其意义是非常重大的。从这一角度出发,认识和理解现在以及将来日本的新型"公共(性)"概念,内发地实现再构筑,公共哲学思考能力的共有性则会有更大程度的提高。

在日本最常用的词是"共同体",用"共"把"公"和"私"连接在一起。为了实现这种连接,运用了以"同化"为目标的"同"的原理。这一想法的产生背景可以追溯到圣德太子颁布的十七条宪法。宪法强调了"和"的思想,即"不要反叛",也"不允许有异议"存在。正是这一条共同体原理将"公"(国家)和"私"(个人)连接在一起。

举一个最典型的例子就是"人情社会"。在这个"社会"里,叛逆者只会被驱逐出境。"同"的原理在日本产生过强大的影响。当然也有好的一面。正因为如此,迄今为止它依然保持着顽强的生命力。但是,人们在共同享受从前的伦理道德时,其多样性并没有被同化,这一外来观念逐渐深入日本社会,并开始登上了政治舞台。在这样一种时代背景之下,这一原理所发挥的重要作用已大不如从前了。"同"的原理致使一些持不同主张的人遭受歧视、排斥甚至备受压制。因此我们必须追求一种境界,与不同质的人和物取得共存,而不必只要求做到"同",应保持一种"和而不同"的状态。

这样一来,我们有必要重新认识"和"的理论。在日本提到"和"容易引起误解,这里所说的"和"是《论语》中"和而不同"的

263

"和"。中国古典《国语》中记载的"和实生物，同则不继"的思想无论现在还是将来都应该得到充分应用。然后再来考察"公"、"私"合并之后的"共和"伦理观。这与从政治体制上推翻天皇的共和制是完全不同的。

"共和"这个词来源于中国典故。周王朝由于各种原因其统治无法继续维持下去。于是皇帝就对最亲近的两名大臣说："我不在了，你们两个要商议着共同维持朝政。"共同商量、和和气气地同朝理政，就是所谓的"共和"了，那个时代应该叫做共和时代吧。

我把这个例子再拓宽解释一下。皇帝作为国家权力的象征，大权在握。皇帝的地位尽管很高，却能够听取下臣的意见，共同治理朝政，这正是一种"异质共存"的体现。针对不同的意见求同存异，相互统合。作为一种必备理论，这种理论体现了与"共同理论"的区别所在，应该称其为"共和理论"。

这样，连接"公"、"私"的"共"就构成了三条原理。其一是"同"的原理，即被同化了的"共同"。其二为在"和"的原理之下求得异质共存的"共和"原理。这一原理体现了"尊重异质并求得共存"。"和"构成了这一原理的中心点，并成为连接"公"和"私"的中介。其三在于"争"这一概念下的"共争"原理。这是一种斗争原理，所有的问题都通过胜负来解决。我们必须认识到，一旦受到这一原理的支配，最终极有可能走向暴力。

在日本，"同"的理论从来都占据着优势。如今，经历了各种变迁，"同"的理论正在逐步走向衰败。因此有些学者主张恢复"同"的原理，重新找回那种美丽的日本式道德。这种想法是可以理解的。

但是另一方面，只顾追求"同"，就极有可能造成排斥和压抑的危险局面。日本充分利用了"和"的原理取得了发展。今后要做的是让原来的"共同"原理在"共和"原理的带动下，重新焕发出光彩来。有了"和"的原理，还会使在日或留日外国人能够与日本人做到友好相处。这样的原理是非常有必要的啊！

可是光有了"同"或"和"，凡事未必就能够顺畅。同时还要在现实生活中充分重视"争"的原理。曾经一度把因"公"废"私"看做是一种美德。今后在"公"、"私"之间还会发生相互冲撞。这就更加突显了"公共性"的迫切性。

参照西方思想观念的确很重要，但是，再次回顾一下那些一度为日本人和韩国人所熟知的，而在明治维新以后遭受冷遇的汉文化圈里遗留下来的思想资源，并把它们在全球范围推广开来，不也是一件很有意义的事情吗？我们完全可以一边发掘埋藏于中国古代思想中的"同"和"和"的原理，一边将胎动于日本思想体系中的"公共"思想紧密联系起来，充分做到对两者的灵活运用。也就是说，不是从西方思想或基督教，而是重新回到东方思想这一原点，经历一番思考之后一定会有所发现。寻找能够说明日本、韩国等东亚国家的一种历史经验论，然后在此基础之上参考西方理论，这样就可以达到构筑新型理论的目的。

这样做的立足点在于冲破思想一元化的桎梏，开拓多方位多层次的思想理论体系，而并非要与西方思想对抗。

原田宪一：听了刚才森嵨先生关于法律的一席话之后，我不得不承认一个事实。在日本只有陈情和说教，根本就没有对话。要么就是来自下层人士的陈情，要么就是来自上层人士的说教。两者占其一。双方若有不满之处，则是互相欺骗，或者顾左右而言他。

不过，据我所了解，在对马的鳄浦地区曾发生过这样一件事情。宫本常一先生要求查看当地的古文书。村长赶到神社,大家面对面推心置腹地聊了三天三夜。有人因为工作中途退出,也有人累了回去睡觉。村长三天以来一直坚持在那里。经过了一番彻彻底底的探讨,终于得出了结论。在他们看来,日本表面看上去似乎只有陈情和说教,但是深入到实际生活中去就会发现,日本社会完全实现了民主主义。整个国家的事情我并不清楚,至于刚才内藤先生讲到的生态和地域主义原型我想在日本还是可以找到的。

东西方自然观的比较

西冈文彦:一谈到普遍性或国际设计,为什么就只会是一些几何图形呢? 金泰昌先生列举的"花园"式构想里也可以看到笛卡尔解析几何学的影子。实际上欧洲的园林建筑技术正是诞生于笛卡尔之后。

笛卡尔建立了"广延"概念,这一概念适用于宇宙的任何一个角落。再有就是解析几何学了。这样一来,任何一种形态都可以还原为数值。这一发明显示了其超乎寻常的神奇力量。所有的设计都可以把几何学融进去,并且最终都将被数据化。

日本有一本介绍庭院建造方法的书叫做《作庭记》。该书写于平安时代,记载了许多不同寻常的内容。比如说书中认为应该把水或石头放置成乞丐行乞的样子,利休①的精神也在里边可以找到,让花保持自然的状态。这些看法的可贵之处在于日本人或东方人可以接受它们。既然接受了,就一定有它存在的理由。这

---

① 利休,名千利休,织丰时代茶师。公元 1522—1591 年在世。作为一茶界一代宗师,利休一扫当时茶道界盛行的豪华之风,将茶与禅结合起来,创造出了以简素清寂为本体的茶道之风。——译者注

也恰好说明了在解析几何学与提倡乞丐造型模样的方法论之间存在着一条无法逾越的沟壑。

类似的例子还有油画。比如说西方油画是竖起来画,因此对画具和画板的固定性要求很高,是一种彻头彻尾的人工行为。英国在修建庭园时,自然背景做到像"画一样美丽",与"自然一样美丽的画"这一说法恰恰相反。因此他们追求的是一种完全被改造了的自然。欧洲到 17 世纪为止实际上还没有风景画。然而在中国,早在 11 世纪就有了非常漂亮的风景画。东方人把纸摊开作画。颜料属水性,色彩会在纸张或布上随意流动。因此东方艺术具有高超的重力感和亲和性。水墨画及山水画的地域性非常强。相反,竖起来画的西洋画则显得非常人工化。这种人工的作画方式直接影响到了园林和建筑风格,说白了就是把自然景观当做一种可以操作的对象。如果横过来画,颜料或墨汁就会随意流动;而日本或中国画家在绘制松竹时,一半靠人力,一半则要靠重力和素材本身的调和力。这一点非常重要。

这个例子与金泰昌先生刚才所讲的内容相比,或许会有些无足轻重。民族文化并不仅仅局限于美术,更像大自然里生长的植物一样,必须在特定的土壤里、通过特定季节的采集才可以获得收获,并要有一个良好的生长环境。这是一个大的原则。如果能结合日常生活中的一些具体事例来讲,一定会起到良好的教育效果。

宇井先生在讲到"艺术家用生命去表现"这一点时,我竟有了一种想哭的感觉,内心生出一种深深的愧疚感。大家对艺术给予了如此深厚的期望,而事实上今天的艺术却在朝着一个相反的方向发展。因此我认为,如果没有充分认识"艺术和美之间的关系",并从这一角度出发去理解"感动和感受性问题"的话,我们的艺术无论现在还是未来都将无法满足人们的殷切期望。

267

20 世纪的艺术自从 1917 年马塞尔·杜尚利用便器搞了一个美术展览之后,就只被看做是一种否定和叛逆的存在方式。然而单靠这些,毕竟无法表达人们对于未来的憧憬以及一些共同的感受。

"人鬼相争的机械空间"和"天地生生的时空"

吉田公平:金泰昌先生为我们提供了一个崭新方案,让不同于西方思想的中国以及日本的传统思想再度活跃起来,常年从事日本思想史和中国哲学研究的我听了这番话之后,不得不对此作出深刻的反省。第二次世界大战后对文化史进行研究时曾一度全面否定过东方思想,为了从这一状况里摆脱出来,我们花了很久的时间。

这次研究会的内容与我的研究方向相去甚远,因此我只是倾听而很少发言。在我看来,一种理念或原理被谈及时,作为一种知性的资源,总可以在中国或日本的传统理论中找得到。即使不能具体指出人名,保持相同观点的也大有人在。我们在从事这方面的研究,却没有很好地提供相关知识出来,并且在缺乏该种认识角度的历史研究中迷失了方向。对此我有必要作出深刻的反省。

"灭私奉公"为什么不好?因为它没有考虑到个人。这就非常不好了。现任(2000 年)总理(森喜朗)就是最典型的例子。据说前任总理被称做"真空总理",他们这代人在那种灭私奉公的时代里接受教育,第二次世界大战后的制度改革也由他们操作实施。尽管有大量的知性资源存在,却没有变成财富。他们并没有把知性资源看成是一种可以利用的资财。在他们的整个成长过程中甚至都没有动过那方面的念头。

为"公"奉献而甘愿"消灭自我",最典型的就是事先不把自身的因素考虑进去。结果只有随波逐流，被一些利害冲突左右自己的行为。"私"所具备的许多积极的东西都被忽视掉了。

金泰昌：我说到了生态的健全的生活空间，其实是担心有些学者对东方思想还抱有抵触情绪而采取的一种较为慎重的说法。在我们今天的生活空间里存在大量的环境问题。用东方的思想观念来说，这里就是一个"人鬼相争的机械空间"。这既包括意识形态领域里的人与人之间的斗争，也包括这片完全由机械制造出来的空间。这就是近代化为我们造就的一片生活空间。

如果借助中国思想特别是朱子学的观点来看，我们的生活环境曾经是一片"生机勃勃的时空"。天地之间，包括人在内的所有生物息息相关，完全处在一种共生共存的状态。对于它的解释也可以是多种多样的。但是天与地生息相伴、生死相融这一点是永远不会改变。这一时空的总和是一个延续不间断的过程。如果用现在的修辞学来表现，应该说是一个生态型的健全的生活空间。可是这一切正在消失。伴随着近代文明的不断发展，我们眼下的生活环境终于变成了一片人鬼相争的机械空间。

我们的生活空间处于种种为我们带来便利的机械或电器的层层包围之中。城市里的饭店设施完备，环境舒适。可是待不了两三天，就会感到极度不适应，或者干脆就难以入睡。因为饭店里陈列着许多不必要的机械电器，有人说是因为电磁波的过度干扰带来的不适症状。到了中国的乡下旅馆，不会有任何问题发生，睡得非常好、非常沉。我不能肯定是否真的与这些电器有关？总之到了乡下感觉会非常舒服。

这说明什么问题？因为是人鬼相争的空间，不知不觉中人与"鬼"的较量就在进行中了。按照佛教的说法，这里完全是一个修行的世界。而那些生活在生机勃勃环境里的人或其他生物则要好

269

得多。让我们先来把我们的生活空间改造成一片生机勃勃的世界吧。有可能的话，我们还应该摧毁这个人鬼相争的机械空间。多半在开玩笑，这就是我的总结。

林胜彦：非常感谢。地球环境问题的根源产生于 20 世纪的科学技术以及支撑它的近代理性主义。其中还包括把人的欲望和效率放在最优先位置考虑的所谓现代人的想法，这种观念已深深烙印在人们的脑海里。

但是，问题必须要解决，重视未来后代的科学技术也很重要。比如说宇井先生开发的下水处理技术，造价低廉并能收到很好的效果，这样的技术就有必要进一步推广。还有日本如果真的在脱硫排烟装置上拥有先进技术的话，通过 ODA 采取一种正规的方式，将这些技术转移到那些遇到困难真正需要帮助的发展中国家。这样，日本就可以为国际社会多做一点贡献了。

论 题 七

环境伦理和公私问题

鬼头秀一

我原本是学医的,在读博士时曾经研究过有关癌病毒的分子生物学。后来转向了"科学论",现在从事"环境伦理学"方面的研究。

20 世纪 80 年代末,随着地球规模环境问题时代的到来,以美国为中心的盎格鲁-撒克逊系环境伦理学以普遍的形式登上了国际舞台,以此为契机,环境伦理问题成为一个备受关注的研究课题。在这方面,美国已经取得了丰硕的研究成果,而日本则刚刚起步。但是,我并不赞同"美国的环境伦理就是唯一普遍的环境伦理"的说法,而且对以这种方式引进美国的环境伦理,特别是那种强调独立于"人"的"自然"价值论深感畏惧。因为,这种环境伦理存在着对原始大自然的迷恋。我们必须理清这一思想的有效范围,它只存在于美国的还残留着开拓精神的地域性或历史性之中。这是我研究环境伦理的出发点。

其实,这种畏惧是多余的,因为日本还远远谈不上已经吸收了这一环境伦理。虽然加藤尚武的《环境伦理学的劝学篇》(丸善,1991 年)曾畅销了很多时日。桑子敏雄也曾突破传统哲学框架直接从正面切入环境问题。但真正的哲学和伦理学意义上的"环境

271

伦理"还鲜见。我涉足此领域的初衷是想抛砖引玉，没想到却成了一名"环境伦理学家"。我的本行是"科学论"，对人们把我冠为"环境伦理学家"颇感不适。桑子在最近出版的《环境的哲学》（讲谈社学术文库，1999年）一书中称我是"环境伦理学家鬼头秀一"，既然如此，我"干脆就横下一条心做一名环境伦理学家好了"。

对"环境伦理学"，我是在现场中而非在哲学和伦理学传统中展开研究的。我采取这种现场方式源于我大学时代的悬案"水俣"，从事环境伦理研究以后，我第一次遇到的真正"现场"是"白神"。我在青森公立大学读书时，正赶上白神山地的进山限制问题被炒得沸沸扬扬，从那以后我就一直追踪这一问题。我发现，白神山地问题的实质与其说是对进山的限制，还不如说是白神山地与周边地区居民的关系。我作为一名理论工作者，之所以采取这种实地考察的研究方法主要是跟我对白神山地的关注有关。直到最近，我仍然和文化人类学者一起工作。

后来，日本出现了奄美黑兔子诉讼（自然的权利诉讼），该诉讼把价值论这一涉及环境伦理学实质的问题凸显了出来。我曾对奄美大岛和盛产弹涂鱼的谏早湾等现场进行过实地考察，在这一过程中，思考了自然权利诉讼的意义。最近，我参加了一个有关亚洲地区综合环境保全的科研项目，该项目研究如何从人类学的角度看待"开发"与"环境保护"之间的关系。过去人们对文化人类学等区域性研究这一角度关注得不够，最近从事这方面研究的人开始多了起来，真令人有隔世之感。

有个文化人类学家曾向我挑衅说："鬼头先生的'环境伦理'听起来蛮不错，我得到现场中把它（环境伦理的大道理）好好实践一番。"我回应道："那就请你试一试吧。"现在，我在研究环境伦理时，采取实地调研和理论联系实际的方法，譬如到美军机场所在地冲绳县名护市边野古调研,考察西表岛的山猫,关注农业开发等。在这个意义上,我的环境伦理学和一般所说的"环境伦理学"相去甚远。

传统环境伦理学的核心在于与人分离的自然"价值论",而我的环境伦理学则强调人与自然的"关系论"。我不是在静态中,而是在变化和生成的动态关系中去研究环境伦理的。另外,我的环境伦理学还涉及了共识理论、少数派的权利等政治哲学问题,还包含着人通过"学习"改变自身等环境教育的观点。

在接受这次演讲任务之前,我对公共哲学研究会的情况一无所知。后来快递公司送来了研究会以前的讨论记录,我才意识到问题的严重性。因为讨论记录不仅数目庞大且内容深刻。我感觉研究会的主题与我本人的问题意识不谋而合。

在发言的后半部分,我再谈环境伦理的普遍性问题。这里我想先提出一个新的框架,即"环境伦理的参考图",这就是图8"环境伦理思想的关系性主轴和要素"。"个体"和"整体"问题一直是我的研究主题,但在读过研究会的讨论记录后,我觉得可能用"公"和"私"概念来梳理环境伦理更为恰当,因此我对原图做了修改,横轴表示关系性。下面让我们一边看图,一边说明。

加藤尚武的环境伦理学由三个主张组成:第一,自然的生存权;第二,代际伦理;第三,地球全体主义。我想把这三个主张解释成三个领域。第一个领域处理的是人与自然的关系。第二的代际伦理基本上属于人与人的历史性领域,从广义上讲,代际伦理与南北问题以及女性主义相关。第三的地球全体主义涉及公共性与私人的关系,属于与公私问题相关的领域。

最近,井上有一等人提出了一个所谓的生态学三大原理:(1)环境的持续性,(2)社会的公正,(3)存在的丰富性。这三大原理的提出不仅和夫利克斯·加德利在《三种生态学》(大村书店,

273

1991 年) 中提出的三大问题——环境、社会关系和人的主观性相对应, 而且和薮野的建议有关, 即"迄今(生态学)的范围只限于自然环境, 现在应该扩展到社会环境和人的环境"。如果把这三大要素和上述三个领域一一对应, 按 3×3 的矩阵排列, 我们可以得到下面的概念图:

图 8　"环境伦理思想的关系性主轴和要素"

interrelations elements	人与自然的关系 human-nature	人与人的关系 inter-generatinal	公和私的关系 public-private
环境的持续性 enviromental sustainability （环境）	自然的生存权问题 生命中心主义 生态中心主义 自然的权利 生命地域主义 生计论、技术论 风土论 所有论	代际伦理问题 生命地域主义 生计论、技术论 风土论 所有论	地球整体主义 救生艇伦理 宇宙船地球号 共有地的悲剧 地方自律 生命地域主义 所有论
社会的公正 social fairness （社会的各种关系）	保护区、禁猎区 环境正义 所有论	代际伦理 南北问题 生态女性主义 所有论	整体主义下的不平等 环境正义 达成共识 所有论
存在的丰富性 ontological richness （人的主观性）	动物的解放/权利 生命圈平等主义 （深层生态学） 生命地域主义 风土论 休闲、工作论 （生计论、技术论） 所有论	代际伦理 生命地域主义 风土论 休闲、工作论 （生计论、技术论） 所有论	整体主义对自由的限制 生命地域主义 自我实现 所有论

加藤基本上是以环境的持续性为中心展开环境伦理的。虽然他偶尔也批判深层生态学和生态女性主义，但他关注的并不是"社会的公正"和"存在的丰富性"，而是如何在政策层面上确保"环境的持续性"。因此，他所讨论的问题仅限于概念图最上面一栏的三项，不包括生态女性主义和深层生态学所提出的"社会的公正"和"存在的丰富性"问题。

我将在"环境伦理概念的转向"一节还会讨论，环境主义思潮主要发端于20世纪70年代，其目的是要实现从人类中心主义的环境保全（conservation）向与人的评价无关的自然环境保存（preservation）的转变，即向非人类中心的生态中心主义和自然权利的转变，环境主义思潮对环境的持续性问题产生了重大影响。

南北问题、土著民族的权利问题以及社会公正问题都始于1992年召开的里约热内卢地球首脑会议。宇井提出的问题也跟这一问题相关，实际上，日本早在"公害"时期就对"社会的公正"有过讨论，并一直把它当做是一个重要的环境问题。而欧美对社会公正问题的关注始于20世纪70年代，是在环境主义兴起之后。美国从20世纪80年代起，以北卡莱罗纳州的PCB废弃问题为起因，爆发了环境正义运动和反对环境种族歧视运动。"环境正义"一开始是和种族歧视问题联系在一起的，属于美国国内的问题。但在里约热内卢地球首脑会议之后，"环境正义"发生了范式转换，逐渐成了一个与土著民族权利等相关的全球性概念。

迄今为止，人们一谈论"土著民族"，总是颂扬他们与自然共生的历史，却很少关心如何保障他们的权利问题。近代以后他们甚至被贬为"不良的（坏的）土著人"。这种观点是不正确的，存在着严重的问题。水俣病提出了如何处理患者的健康损失以及不知火海地区渔民的捕鱼权等重大社会问题，但却一直没有引起人们

275

的注意,这种状况直到 20 世纪 90 年代才有所改善。

"环境的丰富性"、"存在的丰富性"和"人的丰富性"这些概念也同样重要。在西方,强调这一点的是深层生态学。深层生态学是提倡生命平等主义的激进思想,它基本上是从生态学角度来理解包括人在内的一切生命的。除了主张生命平等主义以外,它还关注个体生命如何在生态系中实现自我,强调人的自我实现。而如何确立生态自我显然与"丰富性"问题相关。深层生态学侧重自己与世界的关系,其核心是确立自己同世界发生关系的方式。另外,如何理解休闲、农业和渔业等生计中的人的行为也与"丰富性"相关。

此外,还有一个人与地域的关系问题。和辻哲郎与奥库斯坦·贝克等人提倡的风土理论,以及美国的生命地域主义(bio-regionalism)都讨论这一问题。在"丰富性"问题上,最重要的是"自我"(自己)、"地域"(风土)和"生活"这三极与自然的关系。

总之,我们是在一个大的范围内讨论问题的,研究环境的持续性必须要考虑社会正义,也必须讨论"丰富性"这一根本问题。

环境伦理中各种观点林立,时常发生对立。例如,"自然的权利"由于过度强调人与自然关系中环境的持续性,其结果就如我们经常看到的那样,为了维护环境的持续性,为给鸟兽们建一个保护区(sanctuary)而把土著民族赶出了家园。这会给社会带来不公正,正因为如此,强调生命平等的深层生态学者与强调社会正义的人之间发生了激烈的对立。如何看待这一对立是重要的,这一对立有助于我们从多重角度思考环境问题。如果我们把各个时期出现的问题都置于这一概念图中,并对照概念图进行梳理,当然不是单纯的分类,我们就可以发现并弄清对立的状况以及可能取得共识的方向,因此我们需要把包括当事人在内的对立双方都置于图中。在这个意义上,这一概念图具有参考价值。

一、环境伦理中公私问题的各种形式

1. 哈丁的"共有地的悲剧":公、私、共

谈起公私问题,首先遇到的是所谓的"共有地的悲剧",即"共有地"问题。这一问题在人与自然的关系领域中与资源利用理论和资源所有权理论有关,在公私关系领域里与共识形成理论相关。换句话说,它是一个如何看待"公"与"私"以及达成共识的问题,具体来说,它包括如何看待整体主义的不平等,以及是否会对自由进行限制、是否存在着达成共识的其他途径和历史性等问题。

"共有地"基本上是使用权,换句话说,是如何理解排他的使用权问题。按照哈丁的理论,共有地一旦彻底开放,就将陷入无法无天的境地,因此(在某种意义上)需要用"私有制"来对共有地实施严格管理。哈丁"共有地"理论的基础是19世纪英国自由放任的原子式个人主义。认识到这一点十分重要,因为一旦从人的共同性出发思考地域关系,那些建立在个人主义基础上的理论将失去合法性。

东南亚许多国家修改土地法,通过"国有"将地域纳于中央集权的管理之下,结果却造成了对热带雨林的乱砍滥伐。这跟日本修改地租时出现的问题相似,在"公有化"的名义下搞的却是私人管理,这种管理方法才是问题的根源所在。

哈丁等人按传统做法把排他的使用权和所有权挂钩,与此相反,有人提出应该缓和二者的关系,使它们脱钩。我在听了森嵨的报告后曾向森嵨提问,其实我的提问与这一问题相关。尽管公有

制和全体所有是近代以前的所有制形式,但从人的共同性和地域关系角度来看,这种所有制形式有其积极意义,应该把其引入到现有的所有权法中。但森嵨却对此予以了否定。我知道森嵨为什么否定它。

现在我们之所以不能简单地肯定公有制和全体所有,是因为现行的公有制和全体所有已经失去了它本来具有的地域关系性含义,相反其所有权部分却被片面夸大。例如,为修建道路而征用土地,有时需要从法律角度对土地所有者进行补偿,但如果按照财产权这种近代方式对土地所有者进行补偿,无论是大写的公有,还是几十个人的共同所有,都有可能要求管理者跑到国外去请每一个所有者盖章,否则补偿就无法进行。森嵨也认为日本对"所有权"过于认真了。但这种"所有权"与地域意义上的公有和全体所有是不同的。正是因为如此,在听完那个石氏住宅的故事后,我觉得石氏生活在已经丧失地域联系的城市里有点可怜,都是那种共同所有的方式不好造成的。

但也有反例,譬如处理产业废弃物的厂商购买了某块地皮,既然是买来的地皮建什么是厂商的自由,建产业废弃物处理厂也行。但周围的居民会反对,他们会说他们对那块地皮也拥有某种权利。也就是说,我们不能把产业废弃物处理厂的例子和石氏住宅的故事等量齐观。两者是有区别的。我们是在地域的关系性、"公共性"的意义上肯定公共所有的。我们还需要对这一问题做进一步的研究。

总之,并非只要拥有排他的使用权就可以随心所欲。从定义上看,使用权是排他的,但从内容上看,它具有公共特征。

我认为,共有地概念的基础是自由意志与地域的共同性,二者在某种意义上应该彼此制约。但是,把制约理解为"限制"是近代的思维方式,我们应该把制约理解为"节制"或者"在意"。不过,不能通过社会压力强迫人家"在意"。"共有地"问题的实质在于,我们能否建构起基于自由意志的"节制"或"在意",我们能否建构起这样一种共同性。

2. 地球整体主义问题:在自由主义与整体主义对自由进行限制的夹缝中

第二个问题是地球整体主义。这一问题是以自由主义还是整体主义这一二者择一方式提出来的。一般说来,地球整体主义不是说靠整体主义来限制,而是一个在自由主义的基础上如何达成共识的问题。显然,其关键是自我决定。不过,通过自我决定来限制自由也分两种形式:

一种是采取类似于公共法律契约的形式。譬如《京都议定书》(如果得到批准)就是一种法律契约。在国际政治中达成共识就意味着缔约国必须以某种形式在法律上对自由予以限制。

但这样一来,如何界定"国家"将成为问题。因为国家中存在着不同的地区,国家层面结成的法律契约需要在地区层面上予以落实,这就需要达成多重共识。如果把人与人之间的关系和社会建立在原子论的基础之上,上述条件是无法实现的,在现实中也会出现各种问题。

公共法律契约形式实际上是一种自上而下的做法,与此相反,还有一种自下而上的做法,这就是基于地域共同性的操作模型。按我的理解,如果把金泰昌先生常用的地球仪模型当做前者,即公的形式的话,那么后者的地域共同性则是天文馆模型。

那么,人们又如何达成共识呢? 这是一个政治哲学问题。当然,就是在前者即通过公共法律契约人们也未必能达成共识。在

279

前者的情况下,决策往往是以独断主义方式作出的。将这种方式贯彻到底就是整体主义。一般说来,整体主义是恶的,但在现实中,人们只关心实质性权利能否得到保障,这样在专家占主导地位的社会里,很多决策是可以由专家独断作出的。

让我们看一个这方面的事例。在建吉野川第十大坝时,当时的建设大臣中山曾说:"居民投票是一种错误行为。"他还宣称:"国土治水的责任应由建设省承担。我们的计划是在专家进行科学论证的基础上作出的,这样的计划还要由居民投票来决定简直是太荒唐了!"在他看来,这是对"公共性"的破坏。中川的发言如实地反映了日本官僚体制的本质。

不错,建设省是征求了包括生态学家在内的专家的意见。但是不是只要运用近代自然工程学等科学技术,"为使自然更加完善而征集了专家的意见"就够了呢?这难道不是一种独断主义的决策方式吗?这一做法无论在内容上多么符合近代自然工程学原理,采取了多么先进的三面张开以及可移动大坝的治水形式,但从结果上看,都只能是一种靠中央集权、靠普遍的科学技术来解决问题的独断主义。

自然工程学也罢,生存空间也罢,只要生态工程学技术还延续着独断主义的"普遍技术",那么它就和传统技术没什么两样。宇井先生介绍的荷兰技术转让事例不属于这种以普遍的方式发挥作用的科学技术,它是一种地域性科学技术,其中不仅有居民的参与,而且还包含了他们在利用自然的过程中对自己生活和环境的思考。

总之,科学技术的存在方式与独断主义有关。我们要研究由居民投票来决定技术的是非问题,而正是在这一点上目前我们做得还很不够。我认为,如果离开相关地域才是主体这一前提,居民投票将很难步入正轨。这是一个政治问题，我们还要研究其他的决策方式以及决策程序的合理性。正像该研究会经常讨论的那样，以对话的合理性为主体的市民决策方式才是最重要的。即使如此，我们还必须认识到，共识并不是一个静止的结果，它是一个价值生成并不断变化的动态的形成过程。

3. 对未来后代的责任和伦理

第三个问题是未来后代的问题。迄今为止，未来后代问题一直被认为不符合相互性的逻辑。从哲学上解释这一问题很困难，而在原子式人类观、社会观的前提下尤为困难，为此也引发了许多争论。我认为，对未来后代问题应该按图8矩阵概念图所示，从历史共同性的角度予以考虑。

从现代人和未来人之间的关系特征来看，我们可以考虑未来后代的利益，但未来后代却无以回报，现代人和未来后代之间无法结成相互性关系。然而，我们继承了前人的成果，我们应该以此为基础，从人类存在的历史性出发，把伦理看成是已经被内在地纳入到当代人中的历史性存在。从图上看，我们应该把相互性理解为一种从前人到现代人再到未来后代这样一种历时性链条，尽管这样做有原子论之嫌。

二、环境伦理概念的转向

1. 20 世纪 70 年代的转向

这里，我想从历史角度对环境伦理思想做一下梳理，并从现代思想史的角度对其予以定位。这就是环境伦理的转向问题。

第一次转向是在 20 世纪 70 年代。70 年代以前环境伦理的核心是人类中心主义。到了 70 年代,随着非人类中心主义思潮的出现人们展开了激烈的争论。例如,在管理自然的方式上,人们开始考虑新的管理方法,即以自然价值论为依据,把人的领域和自然的领域分开,把人能涉足的领域和无法涉足的领域分开。

2. 20 世纪 90 年代的转向

20 世纪 90 年代环境伦理又出现了一次大的转向。有人把这次转向称做是向环境正义范式的转换。与过去那种以白人中产阶级为中心的浪漫主义环境运动不同, 这一新范式把工人和少数派等社会各阶层的健康以及安全乃至自然享有权都视为主体。

美国早在 20 世纪 80 年代就爆发了由少数派掀起的环境正义运动。环境正义概念就是在此基础上发展起来的。因此,这一概念跟如何理解人们在环境问题上的自我决定权和自我管理权,特别是对自然资源的使用权密切相关。如果把使用权理解为一种对自然资源的排他性利用,由于使用权将对自然造成破坏,那么我们还须把人在精神上对自然的依赖性也考虑进来。

此外,还有一个环境危害即公害问题。譬如,PCB 的废弃和放射性问题就是如此。有人提出要从它们造成的影响角度来建构环境正义的框架,这一建议虽与过去发生的公害问题相类似,但仍然不失为一种新动向。

环境正义本来应该在环境伦理学中占有重要的地位,但人们对此的讨论却并不充分。而且对环境正义的新想法几乎都来自政治学家。环境问题虽然最近开始转变为政治问题,但如何从“伦理”的角度来研究环境问题仍然是值得深思的。

三、在开发与环境保护的夹缝中环境伦理
　　所具有的意义

1. 生态系保存等环境保护理念拥有普遍的强制力吗

那么,对具体的开发和环境保护来说,环境伦理学究竟有什么意义呢? 下面,让我们来研究一下这个问题。

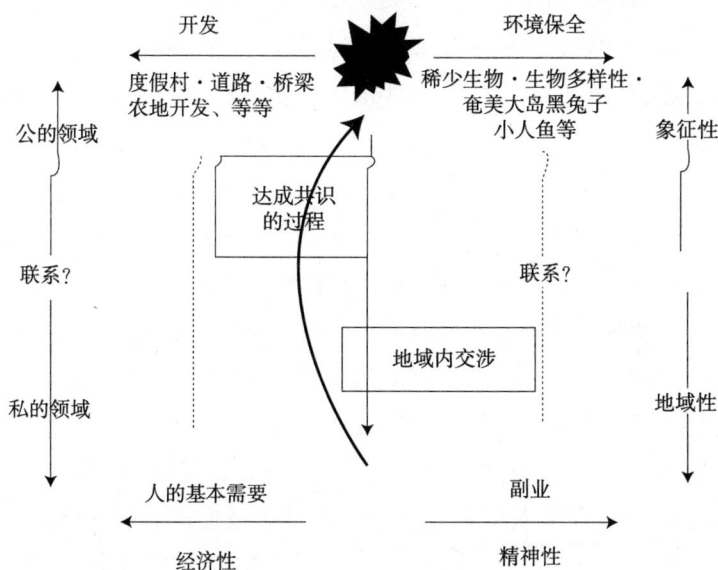

图9　开发和环境保全

生态系保存这一环保理念本身是否具有普遍性力量? 在这一问题上,存在着开发和环境保全的对立。例如,主张开发的一方要修路,主张环境保全的一方会以开发将导致奄美大岛黑兔子等珍稀动物灭绝和生态系破坏为由进行反对。那么,这一对立应该如

何解决？

我们应该从人们生活的具体地域出发来重新思考和把握这一问题。对开发与环境之间的对立，也应该从地域的全部生活出发来寻找解决的方向。请看图9，人为了生存，必须要保证地域中的"人的基本需要"，但这并不必然导致开发。与"人的基本需要"相对，人还有"副业"（minor subsistence）。所谓"副业"是指次要的生计。例如，对稻农来说，种植水稻是其主业，是维护其生活的经济基础。与种稻相比，采野菜和蘑菇就不属于经济行为。稻农的收入也是以收获大米的多少来计算的。然而，春天去摘野菜，秋天去采蘑菇，鱼季去捕小香鱼，这些活动虽不是经济行为，但当事者却对此倾注了极大的热情。"副业"就是指这种非经济行为的地域性活动。

最近人们发现，从人与自然的"关系"，特别是从人对自然的直接的身体的关系来看，种植水稻固然重要，"副业"活动也非常重要。虽然这种活动本身具有游戏的特征，但却可以追溯到孩提时代。例如，很早以前，人们就采笔头菜、捕小河蟹、追小兔子，并把这些东西摆到晚饭桌上。这样看来，"副业"处于狭义的生计和游戏之间。因此，不能光从种稻这一生计角度来理解稻农的生活。人与自然的关系，就像我们从生计到副业以及游戏的连续性中所看到的那样，在更深一层的意义上，是人类存在的整体关系。

沿岸渔业情况更为复杂。谏早湾的渔民本来是以打鱼为生的。第二次世界大战后，随着近代渔业协会的出现，制定了捕鱼权。本来，渔业法尊重的是习惯，但鱼协的近代性质，却导致了许多渔民失去了捕鱼的权利。这显然是不合理的。虽然现实中渔民们仍在捕鱼，但因筑堤排水所带来的经济损失却得不到赔偿，其权利也得不到保障。

例如,冲绳系满一带的渔民现在分散去了各地,但原来生活在那里的农民有很多把捕鱼当做副业。尽管渔业权有很多,但唯独没有副业权,而在日本这样的副业有很多。最近,人们通过这一概念提出了一些有关环境的新思想。

这种副业权,与其说是经济上的,还不如说是精神上的。地域中的自然保护运动需要以副业这种人与自然的精神联系作为其理论根据。但是,自然保护与人与自然的这种精神联系是否真正相关呢?这一点目前还不清楚,但却十分重要。例如,在奄美大岛黑兔子的自然诉讼问题上,东京人提出"要保护奄美大岛黑兔子"的口号,他们的保护对象显然是"奄美大岛黑兔子",而当地人要"保护"的并不是"奄美大岛黑兔子",而是寄托在黑兔子身上的那种岛上渔民与大海息息相关的精神生活。公共事业的确给人们带来了方便,但也使海胆和章鱼消失,而这些水产曾盛产于奄美大岛,这样干行吗?正是这种试图找回失去了的精神家园的强烈愿望,才引发了奄美大岛黑兔子的诉讼案。

从字面上看,"自然的权利"似乎是指奄美大岛黑兔子到法院起诉,但这显然是荒唐无稽的。在环境问题上,总会有某个特定物种引起人们的关注。但如果只强调特定生物,就会出现"是不是只要有奄美大岛黑兔子就够了,人的死活就可以不管了",以及"弹涂鱼重要,加级鱼和比目鱼就不重要"这种无视个别性的奇谈怪论。"弹涂鱼"这一概念中已经包含了副业这种人的精神生活,正是因为如此,地域中的"人的基本需要"与"人与自然的精神联系"才成为人们进行评价和决定的根据。

2. 环境保护的理念是"公"的理念吗

"开发"标榜的是满足人的基本需要。事实果真如此吗?很

285

多大型公共事业都没能做到这一点。以青秋林道为例，青秋林道周边的市町村虽都赞同建道路，但理由却各不相同。以西目屋村为例，西目屋村想建的是一条通往森林的林间小道，这片森林是国家因建水库而补偿给该村的。但是，建林间小道要不来预算，要拿预算只有支持青秋林道的建设计划。满足人的基本需要，并非一定要依靠大型的公共事业，实际上小型的公共事业会做得更好。而这一问题我们还没有认真思考过。

现在，无论是"开发"还是"环境保护"都标榜自己是为了"公"。为了"公共"利益需要建度假村和道路，为保全环境需要保护珍稀动物和生物多样性，因为它们具有科学研究或者自然的价值等等。但这究竟是不是为"公"呢？我看并非如此。因为"公"的前提是达成共识，其关键在于这些主张能否在地域范围内真正满足人的基本需要或者副业要求。达成共识才是地域创造"新的公共性"的关键。

3. 达成共识的"公"的体制能否建成

如此看来，达成共识的关键在于如何通过地域内的交涉，对不同主张进行检验和证明，看看它们能否满足人的基本需要或者副业要求，在此基础上，找到达成共识的办法。其实，达成共识就是人的存在方式。

特别需要关注的是那些既能满足人的基本需要又能实现环境保全的传统事例，譬如土地风险回避。为回避土地风险而分散使用农田；为防止红土污染而垒石墙。还有在改造土壤的做法上，现在是把土地彻底铲平，而以前则是留下树根来防止土壤流失。尽管这些树根可能是因为没能拔出来而不得已才留下的。但是，不是从外部结构而是从非结构性的角度来看，正是这些树根才使土

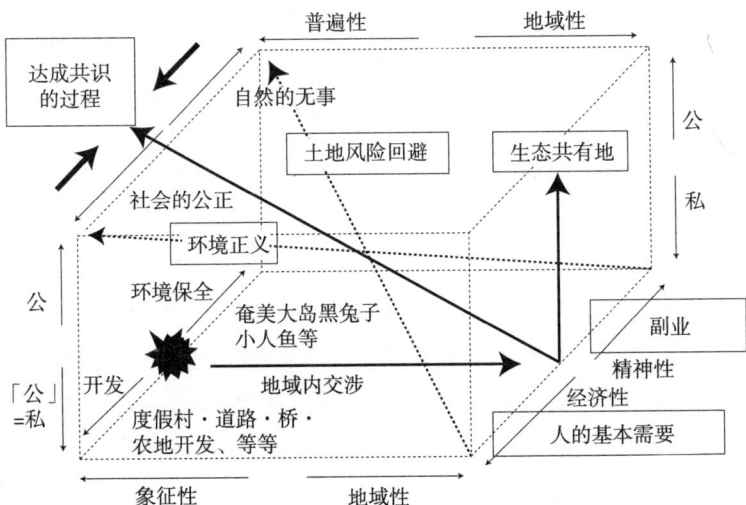

图10　达成共识的过程

地风险得以回避。

　　图9的立体化就是图10。如图10所示,满足人的基本需要的行为也能起到保护自然的作用。哲学家内山节曾提出过一个"自然的无事"概念。意思是说,提"自然保护"等于把自然当做刻意保护的对象,而这是不恰当的。理想状态应该是今年和去年一样,人与自然相连,村子是一个共同体,人生活在共同体当中,一切都处于"无事"状态。其实,前面提到的人从基本需要出发去回避土地风险结果保护了环境就是最典型的"自然的无事"事例。

　　下面,再让我们看看副业问题。开发常使副业无法维系。在这种情况下,开发一方的确应该给受害者经济补偿,或者给农民相应的土地补偿,但从结果上看,这些补偿都没有考虑精神因素。这无论是对地域还是对人的存在方式而言都绝非好事。

　　因此,保障副业的"权利"是至关重要的。"环境正义"中不仅

287

包含着经济权利,还应该包含人与自然关系的权利。从这种关系出发寻求社会公正,兼顾经济效益,实现经济性和精神性关系的逆转。换句话说,两者是不可分割的。

那么,在上述基础上如何达成共识呢? 这里的关键是达成共识的过程。图10中有"生态共有地"一项,迄今为止,人们评价和研究的是地域共有地的加入方式,而这基本上是现实中的公共性,完全属于地域层次。但是,我们的公共性不能仅仅停留在地域层次,它还需要上升到普遍原理。图10所表示的,并不是要使"生态共有地"这一传统共有地复活,它是指我们需要一种达成共识的特殊方式。

四、环境伦理的参考图

1. 普遍伦理能否成立

最后,我想讨论一下普遍的环境伦理能否成立的问题。一般说来,普遍的环境伦理由于使普遍限制优先于个人的自由意志,往往带来对个人权利的侵害,在结果上剥夺了少数派的权利。也就是说,平等本来意味着让每一个人都承担风险,但实际上却让少数派的权利遭受更多的侵害,这是当今环境问题的一个显著特征。要想解决这一社会不公正问题,恐怕只有通过多元主义。

2. 政策决定的两种方式:两种"公"的形式

那么,对多元主义我们又该做如何考虑呢? 这跟政策的决定方式有关。政策决定有两种方式:

(1)普遍主义的决定:唯一解

一种是普遍主义的决定方式,它基本上寻求的是唯一解。那么，唯一解又是怎么得出来的呢？它是专家们依据客观合理的自然科学独断地给出的。尽管他们标榜唯一解保障了人们的实质权利，并以此为由使自己的做法合法化，但实际上并非如此，在很多情况下，不仅人们的实质性权利得不到保障，而且求唯一解的做法本身也常常碰壁。

（2）多元主义的决定：复数解

与此相反，还有一种多元主义的决定方式，这种决定方式得出的基本上是复数解。复数解并不意味着可以为所欲为。因为，复数解是在一定地域由该地域成员共同得出的，在一定意义上它是唯一的决定。那么，在逻辑上唯一的决定又是如何可能的呢？这就是公开化，只有公开才可能有复数解；尽管是复数解，但却是公共的解。也就是说，公开化避免了相对主义的陷阱。

那么，复数解的根据何在呢？多元主义与普遍主义不同，它强调的是程序，在程序中必须含有普遍的根据，在程序上有普遍的标准。换句话说，就是自由的地域成员共同确认程序的合法性。"公共圈"是这一程序的前提。

但是，光程序合法是不够的，我们还需要从社会关系的逻辑去考虑经济因素和精神因素。换句话说，人与自然的关系不仅与社会和经济因素相连而且与文化和宗教因素相连。由于一提到宗教总会让人想到某种特定的宗教，因此我采取精神因素这一说法。近代人们往往偏执于其中一种因素，结果造成了关系的断裂。

近代之所以对自然进行掠夺就是因为缺少精神因素，我把这称之为"肉片关系"。这就好比在超市购买的牛肉片，我们无须考虑牛肉片的前身牛与自己的关系，我们食用的只是被赋予了经济学意义的肉片而已。

与此相对，自然保护主义无视人的存在，只从保护野生动物的

289

必要性出发,采取了一种排斥人的做法。结果,它在强调野生动物文化价值和科学价值的同时,忽视了"人的存在"。近代思想割裂了精神因素与经济因素的关系,直至今天也是各种问题的根源。

总之,经济因素和精神因素不可分割,普遍原理应该建立在二者统一的基础之上。这绝不是向传统社会模式的倒退。对正处于现代化进程中的土著人来说,要采取精神性和经济性并重的做法,找到一条与发达国家传统现代化模式不同的道路来。选择这一道路绝不能来自他人的发号施令,而是自我决定的结果。

3. 作为参照系的环境伦理

最后,我想提出一个问题,即能否在保证普遍性高度的同时,找到一个建立在多元主义基础上的伦理?

从结果上看,图8的矩阵概念图显然具有发生学意义。在协调成员之间的争议以及解决问题的过程中,地域成员发现他们都以某种形式共同拥有这一概念图。概念图本身并不能提供什么决定,它只是提供了一些概念。各种要素在该图中不仅分析自己,而且还发挥着地区交涉的参照作用。

如果说存在着什么普遍的环境伦理的话,那么它绝不是对普遍"道德标准"的列举,而是通过建构环境伦理的参照系把伦理转变为具体的决策原理,这就是我的结论。

围绕论题七的讨论

石弘之:您的梳理非常清晰,令人佩服。我想问几个问题。

首先是关于人们常常提到的"开发和环境保护"的问题。虽然人们采取的"是开发还是环境保护"这种提问方式,但在环境保护的现场,却很少出现"开发"的概念。因此,我们有必要对"开发"概念的含义进行重新梳理。我觉得,争执双方其实是"本地的生活伦理"与"环境伦理"才对。

对大多数当地居民来说,奄美黑兔子并非不可缺少,黑兔子的存在不仅与他们无关,而且对黑兔子的各种保护措施反而会给他们带来麻烦。鬼头先生给我们提供了普遍的伦理,但现在最优先考虑的应该是地区的生活伦理。奄美大岛也需要 24 小时店。之所以会有 24 小时店,夸张地说,是因为近代的理性主义。近代理性主义的最大成就是美国式的高度消费社会。除了塔利班等少数地区以外,世界各国都梦想着要像美国那样实现高度的经济增长,这一点就连日本国内最偏僻的小岛也不例外。生活自动化,追求简单实用成了最理想的生活方式。

那么,"环境伦理"的挑战对象究竟是什么呢? 我认为是"公共开发",或者再大一点说,是我们内部存在的进步主义和理性主义。我们忽视了真正的敌人。

对主张引进核电站的人来说,核电站不仅可以减税,还会给学校带来温水泳池,符合人们眼前的利益;而环境伦理则强调后代的利益,认为引进核电站会给未来留下隐患。在这场"眼前利益"和"长远利益"的斗争中,在目前"长远利益"派无法获胜。

鬼头秀一:迄今为止环境伦理的确存在着这样的问题,正因为如此,它才无法获胜。我也一直否定这种普遍的环境伦理。

追求方便是人的本性,这也正是我在图中写下"人的基本需要"的理由。但是,人们是否已经掌握了有关人的基本需要的信息了呢? 我看不尽然。譬如您刚才提到的 24 小时店。我们经常听到"24 小时店真方便"、"我家那地方连个 24 小时店都没有"的说法,但没有 24 小时店就一定不方便吗? 我看未必,地方上的小卖店也同样应有尽有。

三年前我回到东京时曾感觉"东京很不方便"。在地方，需要的东西就近都能买得到，而在东京，我连这些东西在哪儿都不知道，到新宿去，又没有那份心情。24 小时店里的东西看似很全，但令人感到意外的是，往往在那里买不到真正需要的东西。而在农村的小卖店，至少生活必需品是很全的。

因此，真正方便的并非是 24 小时店。所谓"24 小时店真方便"的说法完全是幻想，我们应该建立一个意志判断系统，去揭露那些幻想。

谏早湾的事与其说是不幸，还不如说令人难过。对农民而言，昭和三十二年在谏早湾发生的是一场水灾。近代以后，每隔 30 年那里都会发生水灾。随着时间的推移，堤防外总会堆积下来一些淤泥，造成农田排水不畅。为了改善这一状况，需要把地头的水排掉。但到了明治时期，这种筑堤排水的做法却停了下来，原因很简单，是因为有了排水管。既然管道可以把水排掉，还筑堤干什么呢？其结果造成了今天海平面高出农田两三米的现状，非常恐怖，况且堤坝还在老化。令人不可思议的是，农林水产省对此却置若罔闻。

实际上，在昭和时代曾经有过要重新筑堤排水的时期。当时的计划并不是要像今天这样，要大规模排水造田，而是要把传统的筑堤排水方法稍作改进。工程计划分了三个工区，并完成了第一工区，在昭和二十七年进入二工区以前，当时的西冈知事却把这一伟大的长崎造田计划搁置了起来，理由是反正有明海已经出现大面积的淤泥，再在这片海域进行小规模的排水造田已经无济于事。结果，海平面和农田之间一直维持了两三米的落差，一下雨就很危险。

因此,解决谏早湾问题的最好办法是重新开始小规模的排水造田。因为规模小,淤泥可以保存下来,而大规模的排水造田将势必造成淤泥流失。但问题是,由于小规模的排水造田以及堤坝的维护迟迟不能进行,农民们只能为了防灾转而去支持大规模的排水造田计划。这完全是政治体制造成的。那么我们是不是应该限制农民们的想法呢? 我认为不应如此,因为这不是一个靠环境伦理从精神上予以限制的问题。

我在封闭谏早湾之前,曾经与谏早的农协会长有过一次长谈。他说:"我是农协会长,不得不赞成排水造田",说这话时他表情非常苦涩。随后他滔滔不绝,突然脸色一亮,去了一趟厨房。正当我迷惑不解时,他说:"好久没去淤泥地了,结果抓到了沙蟹,这不,把它做成了蟹咸菜",说这话时他非常高兴。这种把蟹捣碎做的咸菜叫做冬咸菜。

这在某种意义上就是我刚才提到的副业,是精神性的东西。在他的脑海里,肯定出现过淤泥很重要这一精神活动,尽管他从生活实际出发不得不支持大规模公共事业,出现在他身上的这种分裂并不是一个"伦理的问题"。因为,不赞成大规模公共事业人的基本需要就无法得到满足,这一"结构"才是问题的所在。

当然,这个事例比较极端。但这种情况绝非少见。我并不是要彻底否定近代理性主义,但也不认为回归传统就一定不行。譬如河堤以前都是石头垒的,发大水时因没有现在坚固而常常倒塌。不过,正因为如此,以前才很少暴发洪水。

问题在于要不断地垒河堤。对人而言,这显然是一个苦差事,当然最好能把河堤固定。固定河堤在今天很容易,正如新泻大学的大熊孝常说的,用动力铲就行了。也就是说,我们在运用近代技术的同时,还应看到传统地域性技术的优点,传统技术也很有效,

293

不能以不方便为由对传统技术进行限制。

总之,环境伦理的任务就是对这一层次的问题进行梳理并作出回答。正如石先生所言,空谈精神的"道德标准"是无济于事的。

石弘之:我明白了。最后我还想补充一点,我认为还是应该对生产手段进行限制。至少过去曾有过这样的先例,即在保护自然资源的大背景下,国家拥有高度的技术,但同时又能对生产手段进行规制,限制资源浪费。但现在只突出生产手段,我们应该对此有所限制。

小林正弥:我99%地赞成鬼头先生的意见,只是对其中的1%有不同看法。

受鬼头先生启发,我深有同感,首先让我先做一下整理。从总体上看,环境伦理学在欧洲和美国占有十分重要的地位,但在日本却鲜为人知。在日本加藤尚武的观点影响最大,他对环境伦理的介绍意义也最大。但也正是如此,加藤理论中所存在的问题更值得关注,特别是他对深层生态学持严厉的批评意见这一点。深层生态学,无论你同意与否,在西方的土壤中,它都是讨论的前提。加藤的批判,在某种意义上造成了日本只在理性主义和近代主义意义上理解全部环境伦理的现状。对此,我们绝不能坐视不管。

鬼头先生的概括既准确又精练,不仅把"环境的持续性",而且还把"社会公正"和"存在的丰富性"也提升到一个很高的层次。这对于当今的环境伦理学具有十分重要的意义。我对鬼头先生的基本方向完全赞同,这是其一。

其二,诚如鬼头先生所说,环境伦理不仅是一个伦理学问题,同时还是一个政治问题。我是研究政治哲学的,当然对这一说法感兴趣。我在最近写的一篇论文(《超政治学革命》,《千叶大学法学论集》第 15 卷第 2 号,2000 年,第 1—58 页)中,提出了一个"伦理和政治理论"概念。我认为,"没有伦理学的政治理论"以及"没有政治的伦理"都是片面的,我们应该把两者统一起来。为了强调这一观点,我提出了一个新的理论模型,对这一模型而言最恰当的例子就是环境伦理学。

那么,政治理论适合这一模型吗? 我想对此谈点看法。从方向上来说,我和鬼头先生完全一致。我也是从共同体主义和共和主义入手来研究的。因为,共同体主义和共和主义都是重视先生所说的"公"与"私"或者"整体"与"个体"之间缝隙(公共性)的理论。在这一意义上,我的基本方向就是"共同体主义和共和主义的生态哲学"。

在政治理论中,共和主义传统可以追溯到卢梭。由于卢梭在《爱弥尔》等著作中曾对自然表示过同情,人们往往认为(这是误解)卢梭提倡"回归大自然",在某种意义上,卢梭可以说是环境思想的原点。但同时,他的政治理论具有很浓的共同体色彩。即他的理论研究的不是由上面决定的"公"的契约,而是"如何作出决定"的公正原理。这属于"公"的层次,与"友爱"观念也密切相连。

以上是我的基本立场,我想对你在最后"作为参照系的环境伦理"中提到的"多元主义的决定"提点不同意见。当然,作为一个哲学术语,"多元性"和"复数性"本身没什么问题,使用这些哲学术语也是正常的。但在政治理论传统中,"多元主义"曾经在 20 世纪五六十年代流行于美国。这一概念,简单地说,来源于民主政治就是要使各种利益团体彼此抑制从而取得均衡的想法。多元主义听起来很不错,但实际上集团中获利的只是一部分军事产业复合体和权力精英。这也正是人们批判多元主义,说它是美化这种现实主义或者使现实主义合法化的原因。

尽管最近在日本的政治学领域中仍有人炒作多元主义,但从政治理论的感觉上说,多元主义这一术语叫人很不舒服。无论是强调政治参与的共和主义传统,还是强调共同性和共同体要素的共同体主义传统,都不喜欢这一概念。因此,同对加藤的环境伦理的感觉一样,我对您最后提到的多元主义也颇感不适。

鬼头先生提出"我们不应该把西方传统的普遍主义搬出来",这一建议恰好与共同体主义重视文脉的想法一致。因此,它理应与自由多元的普遍主义不同。但是,鬼头先生又不满足于此,又提出一个兼顾地域状况的高层次的普遍原理。我觉得,鬼头先生的普遍原理既不是单纯的共同体主义,也不是多元论。

我认为,鬼头先生提出的精神性东西和经济要平衡是一个重要的观点。实际上伦理和政治的平衡也同样重要。我们可以考虑把"整体和个体"或者"公"和"私"之间的平衡即"中庸"当做普遍理念。在共同体主义中,艾切奥尼等人的"中间理论"可以看做是对普遍原理的一种探索,也许会成为"如何将普遍原理应用于地域"的指针。

因此,我们可以直接建构高层次的普遍原理,而无须把其隐于多元主义的术语之下,这就是我的感想。

鬼头秀一:我最近才刚刚接触政治理论和政治哲学,对这些领域了解得还不够。我对这一概念的使用也是无意识的,根本就没有考虑到您所说的那些内容。您把我要说的内容按照现代政治学进行了梳理,使我获益匪浅。今后,我一定会在了解政治哲学最新动向以及您所谈到的多元主义的基础上,再对自己的理论作出梳理。

金泰昌:该研究会的初衷之一就是要尽量有效地利用对话来领悟真理。但这并不是要把一切都归结或同化于一个立场上,而是要积极交换各种意见。另一个目标是不仅仅要通过讨论达成共识，还要创新，开阔视野。为做到这一点，有时也需要改正错误甚至推倒重来。总之，在任何时候，持续对话和保持互动都是最重要的，这是根本。无论多么出色的学说，都应该避免成为教条。谁也不能断言某一时间以特定的方式勾画出来的知识地图会成为绝对不变的真理，关键是要谦虚，互相学习，共同创造。

在此基础上，谈谈我的意见。首先，鬼头先生讨论的基本前提不是价值论而是关系论，而且是动态的关系论，其目标是建立以关系论为核心的环境伦理学。同时，鬼头先生还从政治哲学出发，强调了环境教育。对这些我基本上有同感。我这里有一个请求，就是希望您再深入地思考一下"伦理（学）"而非"政治（学）"对环境问题的意义。既然搞政治哲学的可以作出上述分析，而搞伦理学的"却只能提供这点东西"。从会议主办方的立场来看，伦理学太弱了。

我读过日本出版的环境伦理学著作，这其中包括在日本拥有广泛读者的加藤尚武的著作。坦率地讲，环境伦理学是一个新领域和问题领域（包括设定论题、调整视角和坐标、思维方式和研究方向等），但加藤先生的《环境伦理学入门》（丸善，1991 年）却使日本在这一新领域和问题领域上的自主努力大大落后，因为它没能使环境伦理学从依赖进口转向去独立思考和研究现实问题（生活世界）。

原因何在呢？学者的学说、研究和著作一般可分为两类，一类是接受普及型，另一类是发信共有型。所谓接受普及型就是阅读大量外国文献，使其条理化和普及化。这类书也会采用大量具体事例，但这和现实并不是一回事。因为它是按照事先草拟好的知识地图把相关事例汇集起来的。这类书虽然也会给读者"整理得很出色"的印象,但充其量不过是研究生水平,对从事实际研究的学者来说,就像鬼头先生所比喻的那样,是什么也没有的 24 小时店而已。

宇井先生不是这样,他不辞辛苦,亲身体验,百般尝试,在实践经验中创造理论,构筑范式。这是一种体验共有型知识和研究。它不是把亲身经验私事化,而是将其公开,不断地通过实践检验和创造理论。如果说发展中国家的研究和理论在一定时期内采用接受普及型还情有可原,但在各项指标都名列前茅的发达国家日本,其学问方式和研究问题方式再处于这个水平就说不过去了。

从这一点来看,体系(制度、装置、结构、体制)问题虽然也可以通过法律、政治、经济来研究、对应和解决,但如何以人的基本生活方式和思考方法为基础来建构人(居民、市、国民、人类)与环境(无论是自然环境还是社会环境、文化环境)的理想关系则无疑是一个出色的伦理问题。

这是基于我个人的体验、思索和研究所得出的一点认识。传统伦理学不是从个人出发("私"的伦理学),就是从国家这一整体出发探索人与人之间的关系("公"的伦理学),或者反对偏执一端,试图统一两者。这种伦理学对人与非人存在物(动物、植物、矿物以及包罗万象的自然事物)之间关系的研究还很不够。

另外,在作为整体代表的国家与个人之间,存在着许许多多个人或集团的中介活动,对于这一建立在事实基础上的多元关系,我们需要在理论和实践上加以研究。研究人与非人存在物(包括大自然)之间关系的是"环境(生态)伦理(学)";探索国家(整体)与个人之间关系的是"公共伦理(学)"。个人作为出色的人格应该具备哪些美德和价值是"私"的伦理(学)课题;模范国民(公民)向国家、共同体和公司尽忠的德性是"公"的伦理(学)的目标。要想肯定和灵活运用个人追求幸福的愿望,真正实现国家、共同体和公司的发展、向上、繁荣,需要开展各种中介活动,而能为这些中介活动作出贡献的是健全的市民,研究这些市民的资质则是"公共"伦理(学)的目标。

为了重新建构伦理学,思考环境伦理学的理论与实践,我们预设了下面五种立场。

其一是"义务论"。就是我们对未来后代的义务。我们得到了前一代人的恩惠,但对未来后代却不承担任何义务是不正常的。因此需要重新研究义务理论。但在日本,人们对义务的认知很差。薮野以及其他人都谈过,这是因为日本存在着这样的社会心理,即如果把"责任"、"义务"推到前台,理论就会显得生硬、凝重,令人恐惧,不易接近。

接下来是"价值论"。这是一种认为环境本身拥有固有价值的观点、想法。传统价值观仅仅把环境当做经济增长的资源,只承认环境的使用价值。鬼头先生批判了这种价值论,但实际上这种价值论也有其可取之处。况且,光改变人的价值观也未必就能解决问题。

还有"德性论",这是一些拥有基本问题意识的学者们正在讨论的。环境问题是人的资质(道德)问题。因此,需要讨论的是,我们应该确定什么样的"道德标准"以及如何通过教育改变人的资质。把人的利己本性改变为利他品质,尊重自然,尊重别人,共生和共存优先,这才是我们需要的人格。但问题是,环境问题通过这种对人格的塑造就能够解决吗?

再一个是"折中论"。环境问题同人与自然、人与社会(政治、经济、文化)以及社会与自然的关系密切相关,要解决这样复杂的问题需要我们准确把握问题的本质并采取恰当的方法,在此基础

299

上开展研究、实践、教育、运动。但这一问题,绝不是靠总结出一两个理论和体系就能解决的。在这个意义上,出现各种理论和方法论都是正常的。但这样一来,折中就变得十分重要且必要。

上面,我们讨论了四种理论。最近我读了一本书,这本书深深地打动了我,使我开始反省和重新思考:我们究竟应该把环境问题的基本伦理和哲学起点置于何处?这本书就是石牟礼先生的《苦海净土》(讲谈社,1972 年)。以本书为契机,我开始阅读石牟礼的其他著作,从中发现了这样一个观点,即环境问题既不是一个知识问题,也不是一个单纯从客观上予以解决的政策问题,而是对环境受害者发出的一切痛苦的呼唤所作出的真挚回应,是与他们同甘共苦,深思熟虑,从我做起,以生存的证言抒发自己同感的态度和献身精神。

我想把石牟礼先生的证言以及由此而来的研究和运动称做"回应论"。难道对来自人们的呼唤进行"回应"不是伦理的本义吗?无论是"未来后代"的呼唤,"前人"的呼唤,还是"邻人"的呼唤,无论是谁,无论何事,我们都应该作出真挚的回应。只有这样,才能形成对话和共同活动。今后,环境伦理不应再是来自第三者立场的考察,而是作为当事者,真挚地面对问题,认真探索解决的途径,牢记过去的经验教训,以防止重蹈覆辙。"回应论"的原点是人作为当事者的参与。

专业化由于过于狭隘和封闭需要跨专业的学际研究予以补充,从概论和一般论的角度来看,这种说法无可厚非。但是,学际研究绝不能一进入具体领域就漏洞百出。学际研究的前提是在各个专业领域上的研究积累以及平衡各个专业的伦理感觉。具备这一能力的人自然可以进行跨专业研究,但要提防那些挂着学际研究的招牌,而又缺少专业知识的人,因为他们会使问题变得更遭。

那么,通过对上述五种立场和观点的讨论,我们能够得出什么结论呢? 我认为,这就是广义的"环境伦理的良心"。那么,何谓环境伦理的良心呢? 它是环境伦理判断能力的一部分。而环境伦理的判断能力需要环境美学的感性来协调补充,环境伦理的良心在实践中进行决断时,不仅要依靠环境美学感性所锻炼出来的平衡感觉,还需要环境哲学的睿智和贤明。无论是个人认识还是集体认识,只要陷入独断和盲信,就会因其绝对化而失败。为了尽可能避免这一悲剧,我们需要不断地通过建设性怀疑进行抑制和反省,尤其是在环境问题上。这就是环境哲学的贤明。

鬼头先生给我们提供了三个概念图,这些图就如同参谋处的广域战略地图,一定会发挥其应有作用。但是,前线的野战军指挥官和士兵在冲锋陷阵时,这些图是否切实有效呢? 恐怕还需要体验共同型的地图予以补充,只有这样战斗才会更有效。以我之见,这才是环境伦理的核心问题。我非常希望今后也能够和大家一道继续思考这一问题。

薮野祐三:我来说几句。我还是第一次听到有人如此频繁地使用"地域"概念,作为本研究会坚持使用和学习"地域"概念的一员,我感到非常高兴。

我的著作《地域参加》(中公新书,1995 年)销路很差。我所提出的"地域"并不是指"农村",所谓的"全球思考、地域行动"也不是指"在农村行动"。"农村"是"地方"(province),据说希腊语的"地域"也是"宇宙"和"生活场所"之意。在这个意义上,我对鬼头先生所谈及的"地域性"的意义规定颇感兴趣。

只要"地域"一变成生活场所,就必然会出现谏早排水造田等物理性自然问题。但是,只要我们观察一下生活中的"环境",就会发现今天的"环境"已经包含了极其严重的社会因素。今后日

301

本将进入一个高龄化社会,这一社会将会耗尽几倍于今天的电力,而我们对此却漠不关心。一提到"环境和人"就成了"保护自然",而实际上,我们的生活环境本身才是自然破坏的原因。因此,需要研究的既不是谏早,也不是冲绳,而是我们自身对环境的破坏。我们在享受高水平医疗的同时,废弃的注射器却造成了严重的环境污染,希望将来鬼头先生能够对诸如此类的环境破坏问题也给出解释。

桑子敏雄:金泰昌先生所言极是,日本传统的伦理学家们对环境伦理和生命伦理并不感兴趣。前几天我在日本伦理学会做了个报告,像我这种报告在那里根本没人做。尽管在那里偶尔也会出现"如何看待生命"和"为什么不能杀人"这类醒目的标题,但对此的讨论却总变成"黑格尔怎么说的"问题,甚至连"你本人是怎么看的"都没有人去问。

人们常说"高中的伦理教育非常重要"。但为什么重要呢?是因为担心大学里没人去学习伦理学。尽管"伦理"一词已经漫天飞舞,但在传统伦理学家那里,"伦理"和"伦理学"之间的出入,相去甚远。

我在引用鬼头先生的文章时,曾经想过要问他该怎样称呼才好,但最终还是称他为"环境伦理学家"。鬼头先生在报告中提到,他把环境伦理图式化的动力是青森的白神山地,是为解决这一问题而走向环境伦理学的。因此,鬼头先生关心的不是传统伦理学。我认为,鬼头先生提到的有一点非常重要,这就是他不满意美国的环境伦理。

的确,"伦理"是人的行为的内在规范。那么,在"环境"问题上,我们应如何看待规范呢? 首先,人的内在的心理因素非常重要。可人的心理因素不是静止不变的,总处于运动变化当中,换句话说,它是易变的。如何去适应心理的易变性显然是一个问题。实际上,"环境伦理"的出现就是僵死的规范无法适应变化的结果。

内在规范与外在规范的基础是法律。当公害问题上升为犯罪时就需要法律给予解决。

要创造一个能够轻松地实施规范的理想环境,需要一个能被人们广泛接受的规范体系。生命伦理学就是如此。在立法之前一切变化不定,而现在生命伦理学界已经达成共识,要制定相应的指针,内在的东西必须要外在化。

我认为,鬼头先生所说的达成共识的程序有很大的参考价值,它揭示了我们应该朝哪个方向努力,以及环境伦理的前进方向,因此,我还是想把鬼头先生的理论称做"环境伦理学"。

金泰昌:首先我对鬼头先生和桑子先生在研究环境伦理本质上所做的努力深表敬意,在此基础上,我再谈一下我的期望。这就是,对待像水俣这样的具体问题,最重要的是想办法、思考和采取正确的态度。我之所以强调回应论,是因为传统的义务论、德性论、折中论在具体问题上无所作为。何谓"回应"?一言以蔽之,就是重新建构内在行为规范与外在条件之间的相互关系,是以此为目标的实践态度,也可以说是在意识和制度之间搭建的桥梁。环境问题并不是一般地只在地球规模上进行总括即可,它需要弥补和连接人的意识与制度在应对灾害时所出现的偏差,以及受害者与非受害者之间的鸿沟,要做到这一点,首先需要了解各方要求并把各方的能力都动员起来,进行自主和自发的努力。

原田宪一:金泰昌先生提到了环境哲学的认识、环境伦理的良心、环境美学的感性,这些当然没有错,但我认为还应该加上环境科学的知识。从鬼头先生给出的图来看,农业水平上的风土论很

303

有效,但目前主要是资源和技术问题。该图应该加进一个资源论。光靠风土论,认识不了尖端科学技术的资源利用方法以及能源的浪费结构,因此我认为,必须把资源论也考虑进去。

宇井纯:我只能从自己的立场,或者说只能从自己的亲身经验来谈一谈。从动机上说,我和金泰昌先生所说的"回应论"最为接近。我有过在水银环境中工作的体验,后来又亲身接触过水俣病患者,正因为如此,我有义务回答这些问题。这也是我干这一行的理由。这一领域的研究只能是体验共同型的。我也曾试图从国外找点儿什么线索,但都没有结果。

三天来,我们在讨论中都强调如何去理解科学技术或者自然科学中的环境这一问题,但包括我们在内目前还没有人真正理解了这一点,还处于摸索中。外部的人希望科学技术能够给出问题的答案,但这对于内部的人来说却并非易事。

我们现在终于可以做一些尝试了。譬如,河流为什么会像蛇那样蜿蜒?问从事河流工程研究的人,他们的回答很难令人满意。但河流一定会蜿蜒流淌,不这样就没有河流生态系。

现代的各种自然工程学造了许多水泥绿地设施,但这些东西几乎没有什么用处。自然工程学已经陷入了一种无用的怪圈。另外还必须提到,原田先生所说的环境科学知识在今天是很重要的,我们在这方面做得还很不够。

通过讨论我才明白为什么读完加藤尚武的书没什么收获,原因那是接受普及型的著作。日本要是能在哪个领域有所创新该多好呀!比较有希望的是环境社会学,因为它土生土长于日本。其代表是饭岛伸子,她是从历史的角度研究环境社会学的。她的环境社会学虽然与美国同步,但在论述方式上却保持了日本的特色,在内容上同国际上的先进水平相比也毫不逊色。

技术几乎都是引进的。坦率地说，环境技术也不例外。属于日本的恐怕也只有京都的淡水生态学小组。

但另一方面，诚如鬼头先生所说，日本的中小学教师基础深厚。例如，最早对濑户内海污染进行系统研究的是中学的地理教师，20 世纪 60 年代以后，日本有人开始每年两次潜到水下对吴海周边的海星和海参等海底生物物种和数量进行检测、记录，这一工作已经持续了 40 年，做这一工作的老师已经退休，现在由他的儿子接着做，这在那些公共研究机关是难以想象的。

总之，日本既有来自于现实的深厚的环境科学积累，又有与此截然不同的大学里的研究，政治学应该对这种极不正常的状况给予说明。鬼头先生的报告，基本上可以接受，对问题的梳理也大有帮助。金泰昌先生的补充批判也非常有意义，这就是我的感受。

鬼头秀一：金泰昌先生指出我应该从"回应论"等角度对环境伦理做进一步的梳理，这是完全正确的。刚才桑子先生的发言也跟此问题有关，以前我没有意识到自己是一个环境伦理学家，但今后我会接受金泰昌先生的建议，把自己的参考图改为发信共有型的。以后还请多多指教。

刚才说过，最近我已经开始讨论技术问题。我本来就是学科学出身的。迄今为止，科学界很少有人认真地讨论技术问题，流行的只是一些欧美的科学理论。我研究环境问题就是出于对这种科学理论的厌倦。但是，对环境问题的研究，反过来又让我觉得可以彻底改变技术理论。我想再回到老本行上去，研究一下宇井先生所说的那种技术理论。

原田先生所说的科学知识固然重要，但如何看待地域中积累起来的知识也是一个非常重要的问题。自然科学知识不是绝对的，关键要使地域的群众智慧与自然科学知识结合起来。这跟技

305

术理论有关。总之,我想从地域角度重构科学技术理论,至于能不能把二者融合起来我还不知道。

另外,薮野先生的所言极是。我很早就举过谏早的例子,尽管这是一个关于"开发"与"保护"的极端事例,但实际上,它所反映的不正是我们今天所面临的问题吗?

刚才我谈人的基本需要和副业并不是要恢复传统副业,不是在怀旧。现在,NGO 的人考虑深山管理以及想为深山里的孩子做些事,在我看来这些都属于"新的副业"形式。

他们说要恢复休耕制度,但他们所说的"田"绝不是农业中的农田,而是副业用的农田。这是一种新型副业,是人与自然发生精神关系的方式。如果不单纯从经济角度考虑,把我的图稍作改进,我觉得是可以回答薮野先生的。

论 题 八
地球环境、生命伦理、公私问题

米本昌平

实际上，我和原田宪一先生是京都大学同级。我1966年高中毕业后很偶然地考进了京都大学理学系。上大学前，我曾把大学幻想成反官僚、反中央、反权威，可以为人民为世界日夜追求真理的地方，并盼望着在那里实现这一梦想。回想一下，日本的大学一直到20世纪60年代还保持着权威，但水俣问题出来之后，宇井先生开始向大学权威发起了挑战。大学之所以落到这步田地，我认为是第二次世界大战后日本社会发展的必然结果。

人们常把我当做生命伦理学家，其实这是误解，我根本不是。最近，我在日本生命伦理学会杂志上发表了《生命伦理学批判》一文，提出："日本的生命伦理学成了美国研究成果的消费者，这种没用的学问我们还是不做为好。"尽管我还是日本生命伦理学会的理事。

不错，我在1985年写了《生命伦理学》（讲谈社）一书。本来，出版社让我写的是解释生命技术方面的著作，但考虑到当时这方面的著作已经多如牛毛，就提出如果是《生命技术和生命伦理学》方面的我就写。因此，该书主要讨论了生命技术在歪曲了的社会信息空间中的生成结构以及是非问题。后来编辑说书名太长，不

307

行,就把前半部分砍掉,改成了《生命伦理学》。所以,那本书虽然是日本第一本生命伦理学的专著,但我并不是一个生命伦理学专家。

我曾反复强调,"知识"是非常政治性的东西,但知识如果缺少战略在本质上是建立不起来的。在政治性已经被阉割的日本,其学术研究在发达国家中属于另类。

一、地球环境问题和国际政治

关于"地球环境和公共性",我想先说一点,这就是科学绝不是什么"价值中立"或者"政治中立"的东西。随着社会资源的分配,科学研究得到了发展。20世纪不仅使"科学要求价值自由,在政治上保持中立"的意识形态得到了强化,而且研究的专业分化也更为细致。分工和专家团体的出现使研究人员也成为某种既得利益集团。

但是,这一20世纪的神话在我们眼前破产了。下面让我们以地球环境问题为例,看看它与政治是如何融合的。按我的解释,尽管这一解释也许有点勉强,地球环境问题成为国际政治议程,源于冷战的结束。在1988年夏到1992年6月这四年里,随着"冷战的结束、地球环境问题成了国际政治的主题",冷战解体和地球环境问题几乎是同时出现的。

国际政治是各国以武力为后盾追逐国家利益的舞台。如果把"武装起来的国民国家"看做是近代产物的话,那么冷战则是近代走向极端的结果。从历史上看,这是一个非常特殊的历史时期,大国们拥有核武器,但谁也不敢按下核按钮,这可以说是超近代。直到20世纪80年代末,冷战才出现了缓和迹象。

以往国际政治结构的背景是核武器的杀伤力,冷战结束后由于外交能力出现了过剩,"地球环境问题"很自然地就上升为国际政治的主题。

这是谁也没有料到的事。1988 年以后政治家们开始讨论环境问题,尽管他们标榜自己很早就已经关注地球环境问题。从威胁的性质来看,地球环境问题与核战争颇为相似。第一,危险波及整个地球;第二,与各国的经济政策密切相关;第三,危险的实际状况不明。

在这一进程中,都发生了哪些事呢?科学工作者们被动员起来,他们运用地球科学知识,对环境问题的危险性进行说明和描写,以此来给国际政治施加压力。同时,国际政治也开始建构相应的政治结构,两者之间需要在某处找到一个平衡。1992 年,国际社会开始制定防止地球温暖化条约,但当时由于美国的强烈反对,条约中没能写进"到 2000 年把二氧化碳排放量控制在 1990 年的水平上"这一条款。《联合国气候变动框架条约》和《京都议定书》是科学家们对国际政治施压的结果,通过这两个条约,环境问题与国际政治才取得了平衡。由此看来,以后要想使有关地球温暖化问题的交涉取得进展,还需要其他政治力量的参与。

《京都议定书》是各种力量达到平衡的分水岭。例如,由各国统计植物吸收二氧化碳的做法就是如此。科学家们坚持认为,如果把植物的吸收能力也算进来,计算根据将失去正确性,应该停止这一做法。但《京都议定书》签署以后,这一做法竟然成了外交义务。政治上搞一个远大目标,在计算根据上却迟迟不予落实,这是外交上惯用的手法,也可以说是京都机制的漏洞。

英国的 NGO 曾经写过一个地球气候变动的剧本,但很少有人探讨温暖化对策所带来的革命性实质。现在,大气中的二氧化碳

309

正在以每年1.5ppm的速度增加,《京都议定书》的最终目标是要把二氧化碳浓度控制在地球所能容忍的限度内。要实现这一目标,科学家们提出了如下计划,即用今后300年的时间,使二氧化碳浓度由现在的360ppm增长到550ppm,达到产业革命开始前275ppm的两倍。

然而,现在的二氧化碳排放总量的状况如何呢?进入21世纪以后,由于发展中国家的经济增长,全球的二氧化碳总排放量已经达到了最高值,估计到21世纪末,二氧化碳的排放量不仅不会减少,恐怕连稳定在550ppm上都很困难。科学家们所描绘的目标值根本就无法进入政治议程。

制定横跨300年的能源政策可以说是一个庞大的计划经济。在20世纪曾进行了历史试验的苏联以及当代中国在全国人民代表大会通过的经济计划是5年,发达国家进行经济评估相隔也只有25年。在这个意义上,人类还是第一次制订温暖化对策这样的长期经济计划。要实施这一计划,目前至少要对三代人以后的事作出决定。

现代的议会民主政治的使命在于调整拥有投票权的公民利害关系,它是当今政治意志的最终决定方式。但是,在地球温暖化问题上,议会民主政治也无能为力。

总之,温暖化问题,从我们现在的能源消费水平来看,肯定会与我们信奉的价值观发生冲突,处理这一冲突将非常棘手。

"科学描绘的是政治议程的边缘",这一自然科学的政治功能诞生在地球温暖化的过程中,建立了公共科学评价制度。气候变动政府间小组(IPCC)是整理有关温暖化的最新信息,并将这些信息引进交涉过程的机构。这种公共科学评价机构在欧洲曾经出现过,即有关酸雨的欧洲监测及评估长距离跨国境大气污染传送合作计划(EMEP)。奥斯陆议定书是欧洲有关酸雨对策的国际条约,其目标是使雨水中的 SO_x 含量降到一定数值以下,使整个对象地区免遭酸雨的灾害。该外交公文的出现意味着对条约对象地区受灾状况调查的结束。不仅如此,各国还将其削减目标等输进计算机,为了实现 2010 年削减 60% 的目的,计算机还算出了各国应该削减的数值,并把这些数值当做外交努力的目标。

计算机程序的设定过程是透明的,其目的是为了杜绝受特定国家利益的影响。外交工作就是为了确保输入科学信息的公平性和透明性。因此在这一问题上,传统意义上的外交交涉在欧洲已然消失,"科学"和"外交"被融为一体。

但在东亚,这是不可能的。其最大原因在于,只有日本是发达国家,其他的国家和地区基本上是发展中国家。

如果各国把污水都排放到与国家主权无关的公海,公海就会被污染。1972 年以后,按照波罗的海、北海、地中海的顺序,出现了保护海洋环境的国际公约。但在日本近海还没有出现,这又是什么原因呢?

实际上,环境外交是其他政治交涉的副产品。欧洲防止酸雨污染的条约签署于 1979 年,其契机是 1975 年赫尔辛基的合意文件。这一文件是北约和华约首次坐在谈判桌前而达成的一种东西方合作的产物。

1985 年欧洲各国签署了把 SO_x 一律削减 30% 的议定书,但这也是当时军事对立的结果。1983 年因中距离地对地导弹的配属问题,欧洲爆发了核战争危机,当时的西德采取了一个东西方应该进行环境合作的绥靖政策。也就是说,当国际关系缓和时,环境外交是缓和的象征,当军事对立紧张时,环境外交又会成为绥靖政策。在冷战时代,这是家常便饭,环境外交起着缓解军事对立的作用。在这个意义上,是军事对立促成了东北大西洋环境保护机构。环境状况也许并不能因这一机构的设置而好转,但这一机构的设置却使地区获得了安定。在日本常听到这样的说法,"从中国飞来了污染物",那么给中国提供脱硫装置不就行了吗?这种说法太简单了。日本在考虑环境污染对策时,能想到的只有"技术"。

即使日本呼吁缔结日本海环境保护公约,韩国和北朝鲜恐怕也不会响应,因为两国把日本海称做东海。但为了实现东亚的安定,应该以"环境"这一谁也不会反对的理由,设立一个东亚各国进行对话的平台。在这一意义上,提出国际合作研究计划无论是在政治上还是在维护地区安全上都是重要的。但日本却根本无人问津,倒是韩国学者的感觉很敏锐。希望韩国能帮助日本弥补其在外交感觉上的欠缺。

二、冷战结束后的科学技术政策

冷战结束后,在世界通行的不再是冷战时代军事对立的逻辑。冷战体制造就了一个巨大的科学技术体系。1991年苏联解体以后,美国在20世纪90年代面临着解散和缩小军事部门的难题,这一点无论谁当美国总统都一样。但是,由于军方在美国社会中地位极高,直接让其裁军是不可能的,只能找一些其他冠冕堂皇的理由。这就是地球环境问题的应对措施以及信息化社会的建构等。

科学技术是美国的国家财富,把它从国家财富改为由民间管理,是合情合理的,因为美国以军费的形式为此投入了巨额资金。美国20世纪90年代的科技政策可以用"军转民"(defense conversion)来概括。冷战时期,技术开发的最终目标是国防的需要,这是国民的潜在共识。冷战结束后,技术开发需要新的使命。"转换"（conversion）本来是指宗旨的变化，美国 90 年代的科技政策就是从国防转向其他领域。从 1942 年 12 月日本偷袭珍珠港到 1991 年 12 月苏联的瓦解，整整半个世纪，美国一直都在进行战争，第二次世界大战以后，美国精心打造了一个军事和产业的复合体，但是现在这一复合体却不得不解体。

　　本来，美国奉行的是门罗主义（Monroe）。门罗主义的宗旨是与欧洲互不干涉，独立自主。虽然现在人们都认为美国是一个超级军事大国，但实际上 1941 年以前，美国的国防开支少之又少。虽然美国借欧洲爆发危机之际，向欧洲提供武器和经济援助，向欧洲销售军火，但其国防开支本身并不大。而到了冷战时期情况就不同了，即便是在和平时期，美国也将其 GDP 的 5% 到 10% 用于国防开支，以支持核武器的开发、维护和研制。美国联邦政府原本是从宗主国英国独立出来的临时组织，按照其"宪法"，政府只在税收、军事和外交上拥有自主权，而在内政上偏软。结果，在美国形成了金融政策和遇到经济危机就增加军费投入的军事凯恩斯主义这两大经济政策。美国的高技术产业实际上是军工产业。特别是受到斯普特尼克号（苏联发射的世界上第一颗人造卫星）冲击以后，美国开始转变其思维方式，提出自由的基础研究应该间接为国防服务的主张。因此，可以说冷战的最大受益者是美国的大学。这一思维方式不仅引发了尖端的军事需求，而且还给低能耗的计算机、通信和航空业带来了产业化效果，刺激了美国产业的发展。

313

　　冷战遗留下来的最大的环境问题是大面积核污染问题。美国要想净化国内 3000 多处核污染地带，需要用 75 年时间，投入 3000 亿美元。这是美国最大的环境问题。美国能源部环境管理局是负责核净化的，该部门的预算在两年前就已经超过了环境保护厅（EPA）的预算。因此，净化核污染无疑是最大的环境安全保障问题。

三、生命伦理与国家

让我们再回到前面的话题上来。要达成国际共识,就需要多国受益和专家认同的共同体,皮特·哈斯把这一共同体命名为知识共同体。在这一意义上,"科学"已成为国际政治的一部分。

生命伦理是有关"科学"具有政治特征的另一个例子。苏联瓦解以后,苏联人的平均寿命急剧下降。1994 年苏联男性的平均寿命不足 58 岁,这在没有战争和瘟疫的情况下还是头一次出现。其原因是环境污染、有害物质污染、道德崩溃,以及因国家瓦解而导致的教育和医疗等福利制度的瓦解等。

面对这一严重事态,日本的反应非常迟钝。对这一问题展开调查的是欧洲的 NGO 和研究人员。而日本对俄罗斯远东地区和西伯利亚发生的一切,以及北极地区发生的核污染毫不关心。在东亚,日本、韩国、中国台湾地区已经和 OECD 各国差不多,如果制订国际科学研究计划完全可以成为强有力的外交手段,但日本根本就没有这一设想。从整体上看,日本的政治是面向国内的,其研究大多属于不疼不痒型的。今后,研究东亚共有的价值观将成为一个重大课题,但是谁来与我们合作?

现在,人类基因组已经是一个耳熟能详的概念。但它是人类的公有财产吗?1990 年,人类正式启动了解读全部 30 亿碱基对的基因计划。但在以前,很多著名的科学家对这一计划能否实现持怀疑态度。美国能源部是这一基因计划的发起者,第二次世界大战后在调查了广岛原子弹的受害者后,他们产生了"是否能彻底解读 DNA"这一想法,后来便成了后冷战时代的研究课题。尽管这一意图没有公开,但美国能源部和国家卫生研究所(NIH)制订人类基因计划的确是出于这一目的。

1998 年,一个叫做文特的人宣称,如果用 300 台新型 DNA 高速处理机,用两年的时间就可以把人类基因全部解读出来,从那以后该项研究得到了迅速发展。现在,从形式上看基因已经解读完毕,但实质上能精确解读的只占 21%。这是为什么呢? 让 DNA 自动处理机来解读 10 倍的基因,在某种程度上,经过计算机的综合计算可以解读 65%,加上精确解读出来的 21%,解读值总计可达 86%。

如果这一成果是用于药品开发,那么不对全部基因作出精确解读也无妨,对此投入资金也无可厚非。但是,人类基因是不是人类的共同财产? 还有,是不是应该对人类基因研究进行限制? 这些问题还悬而未决。

20 世纪 70 年代,美国出现了生命伦理学。1972 年,塔斯克基(Tuskegee)梅毒事件被曝光。这是一个对 399 名患有梅毒的黑人男性进行研究的计划,该计划只对患者进行观察而不给予治疗。1974 年,联邦政府肯定了人体试验的必要性,并出台了允许合理地、道德地、科学地进行人体试验的法律。本来,国家一般不应介入科学研究,但从那时起,联邦政府以保护实验对象的人权为名,开始以法律的形式介入科学研究。通过这一法律,政府制定了相关政策,包括各研究单位要进行同行评议,研究计划只有获得批准后才能向国家申请经费等。一开始,科学家们进行了抵抗,但不久这些做法被推广到了全世界。

现在对科学研究进行限制已成定论。那么迄今为止对生命科学研究进行限制的理由是什么呢? 是"安全性"和"保护人体实验对象"。人体器官移植等是通过对实验对象人权规制框架的强化

315

以及灵活运用这些原则的结果。如果没有得到对遗传基因操作试验的"安全性"和"人权"这两个方面的认可，遗传基因治疗也是不可能的。顺便说一句，日本在大学医学院设置伦理委员会其实并没有什么法律依据。

但是，人们最近发现这种方法是有局限性的。例如，随着对基因的解读，联合国教科文组织发表了《人类基因和人权宣言》，这一宣言后来得到了联合国大会的承认，成为一个世界性宣言。人类基因这一概念本来是指个人或集团的基因，但在这一宣言中，它却成了"人类的共同遗产。"联合国教科文组织宣言的开头写着："在象征的意义上，它是人类的共同遗产。"

实际上，关于什么是"人类的共同遗产"在国际法上有明文规定，它是指当物理上无法接触的对象变得可以接触时，特定国家不能垄断对它的使用。按此规定，最早的"人类的共同遗产"是南极。在世界的七个大陆中，只有南极不属于特定国家的领土，而是由科学委员会管理的。由科学家来管理"人类的共同遗产"的做法，是基于19世纪和20世纪人们相信科学工作者，一切交给科学家们来做主的理想主义。

后来，月亮、天体以及宇宙空间也成了人类的共同遗产。另外，各国的经济管理水域外部海底存在的锰块也属于人类的共同遗产。设立人类共同遗产的目的是为了排除特定国家对其的垄断。但是人类基因是任何人都拥有的自然，因此它"是象征意义上的人类的共同遗产"。

这一问题最早只在日美欧等发达国家中进行讨论。但是，来自基督教文明圈的讨论是否具有世界意义呢？这还是一个问题。欧美的生命伦理，当然是从事实与价值二分入手的。但在这里，"自然本身"就是价值自由，与此不同，还有一个衡量人的定义和价值的评价系统,这一系统的演绎结果就是"价值"。

西方近代哲学彻底摆脱了基督教的教义,人与神之间的契约关系也开始世俗化,这种契约关系经过提炼,诞生了法律和人权概念。但是,这种梳理方法在 21 世纪是否有效呢? 这还是一个问题。

在欧洲,各国的主要教派大多已经定型,价值观也比较稳定。但在美国就不同了。美国是一个强调信仰自由的国度,是在欧洲受到压抑的少数派寻求自己宗教生活的地方。因此,其价值观从一开始就是多元共存的。统一和协调多元价值观的原理是民主主义。民主主义,严格地说不是"价值",而是"协调价值观"的程序,它实现了对国家的统合。正因为如此,美国人信奉激进的自由主义社会哲学。

迄今为止的生命伦理能够适应 21 世纪吗? 这恐怕只有通过实践才能作出回答。现在,我的研究室正在对韩国和中国台湾地区的先进的医疗限制方案进行比较研究。韩国和中国台湾地区过去都曾是日本的殖民地,都曾发生过大的政治动荡,但医生的社会地位却一直很稳固。这两个国家和地区在现代化过程中都照搬了日本的模式,在医学教育和医疗制度上和日本相似。先进医疗和社会文化的相互作用如何反映在立法程序中? 我们现正在对这一程序进行详细的分析。

韩国和中国台湾地区的现在也许就是日本的明天。就家庭观和身体观而言,发生在韩国国会和中国台湾地区"立法院"的议论也许比欧美的生命伦理更适合于日本。"什么是日本人?"日本人在寻找自我认同的过程中,需要对近邻文化进行比较研究,否则就无法找到令人满意的答案。

317

四、"内部自然"的政治学

从结果来看,20 世纪是物理科学的世纪。在这个世纪里,我们对居住环境即自然进行了彻底的研究、利用,并改善了我们的生活。但是,生活的改善也引发了资源分配上的不均以及环境问题。

如果 21 世纪是生命科学的世纪,那么就应该把研究资源投入到"内部自然"上去。"内部自然"是一个我们无论在情感上还是在逻辑上都未体系化的自然,对这一自然,我们要以共同情感为语言将其体系化,在此基础上明确给出"这样不行"、"这种做法好"之类的判断,建构一个有关"身体 = 内部自然"的政治学。我们不能再停留在"似乎觉得不妥"这一层次上,而应明确说出反对的理由,只有这样才能唤起共感,才能达成共识。因此,我们首先要研究关于内部自然的政治学。

什么是内部自然的政治学?幕府末期,日本社会开始引进西方的近代医学。江户时代,由于禁止解剖,人们对"内部自然"一无所知。但是,近代随着西医的涌入,人们逐渐了解了身体内部的各种器官。我们今天的状况跟江户时代差不多。如果今后人类基因这一新的内部自然被全部解读,我们该如何利用这一成果,或是不做利用,这一切需要我们作出决断。日本人在明治初期引入西医时,其社会和权势阶层恐怕也遇到了与此相类似的情况。

如果把冷战看做是后现代,那么在 21 世纪就应将日、美、欧三极花了 150 年时间构筑起来的"现代"彻底相对化。"人权"、"经济"、"权力"、"国家"这些浸透于 20 世纪的概念会因此在内容上发生变化。

美国的隐私权是将宪法所承认的"due process of law"的具体

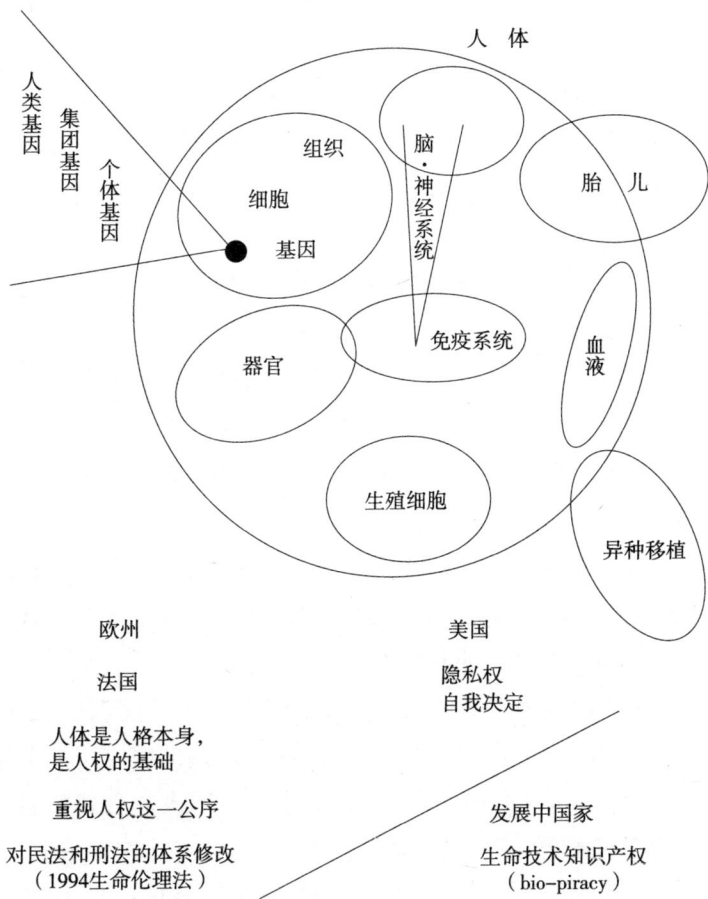

人 体

人类基因　集团基因　个体基因

组织
细胞
基因

脑·神经系统

胎　儿

器官

免疫系统

血液

生殖细胞

异种移植

欧州

法国

人体是人格本身，
是人权的基础

重视人权这一公序

对民法和刑法的体系修改
（1994生命伦理法）

美国

隐私权
自我决定

发展中国家

生命技术知识产权
（bio-piracy）

319

图 11　人体＝内部自然的管理、政治学

内容和判例定式化的结果，其宗旨是承认个人拥有对其身体和人生的决定权。任何组织和个人都不能侵害它。而在欧洲，特别是在主张"国家是为实现法国大革命以后的人权而存在的"法国，从1994 年颁布的生命伦理法来看，它采取的是人体、人格、人权三位一体的哲学立场,该国的民法和刑法也随之作出了修改。

法国人不喜欢美国文化。他们认为,如果把身体交给个人随意处置,就会出现美国那种低俗的肉体市场,因此,自我决定原理有问题,应该由国家从人权秩序出发,直接管理肉体买卖业务。美国和法国虽然都允许器官移植,但不同的是,美国依据的是自我决定原理,而法国则以保护人权为由主张由国家直接管理。美国人权概念的核心是承认某种最小限度的自律,而欧洲对这一原理的肯定是有条件的。

欧洲以国际宣言《人权与生物医学条约》的形式确立了生命伦理的共同价值。例如,条约明确规定了 DNA 诊断只能用于治疗或研究目的。换句话说,在欧洲 DNA 诊断不能用于保险、结婚、就业等领域。而美国则是自己负责,把 DNA 诊断看做是一种服务性行业。欧洲和美国虽然源于同一种社会制度,但在生命伦理问题上,它们所采取的逻辑却是完全不同的社会哲学。日本对这些问题是不是就可以置之不理呢?

让我们再举一个欧洲与美国不同的例子。就美国而言,所谓开拓就是向西部不断开垦巨大的农庄,农庄是彻底应用技术的场所。20 世纪 40 年代,美国已经建成了一个巨大的消费社会。例如,美国曾制造了 T 型福特车,这种车很适合在泥泞道路上行驶。它是专为那些住在农庄里的人去城里买东西而制造的,按照这种理念来设计汽车在世界上尚属首次。以前,欧洲的汽车是贵族们用于享受的奢侈品,而美国则把汽车实用化、大众化。

总之,在美国,知识总是因为需要而被广泛应用。"实用主义 + 自我奋斗 = 技术动员型现世改良主义",这是美国技术开发的意识形态,它创造了大众消费社会。技术开发的动机最早是为了管理向西部不断开拓的农庄,其目的是为了生产耐久的消费品。

然而,1941年日军对珍珠港的攻击使国家领导科学技术成为可能,并使美国的研究方式发生了变化。在那以前,华盛顿政府没有什么力量。在那以后,联邦政府把技术动员型现世改良主义突然应用于"国防",并通过冷战打造出了一个军事和工业的复合体。科学研究的核心转变为核武器开发。由于核武器威力巨大,需要对他国进行侦察,同时核武器的设计也需要计算机。控制核武器的结果打造了一个巨大的可以在全世界范围内即时通讯的系统。冷战结束后,为了在21世纪把核控制体系转为民用,出现了信息化社会理论。本来,这些技术都是不能自由使用的冷战装置。但是现在,人们已经可以分别使用网络和GPS(卫星定位系统),尽管这些技术的基础都是核技术。

　　从本质上看,美国是一个鼓励把科学技术应用于农业的社会。20世纪80年代以后,美国开始应用转基因技术,这对于农民来说是一件好事。1994年美国把转基因(GM)食物商品化,并开始普及转基因食品。1998年开始出口欧洲,但没成想却遭到了欧洲社会的抵制。

　　以前英国人一直保持沉默,但在1998年的2月13日到20日整整一周的时间里,从《卫报》到BBC等媒体都对GM食物做了报道,从结果上来看,这些报道给人留下的是反GM食物宣传活动的印象。接下来欧盟也不再批准新型的GM食物。

　　在这以前,日本的农林水产省一直不闻不问,但由于此事在海外闹大了,才不得不迅速作出反应,出台了相应政策。作出这一行政决定的原因不是消费者的主权,而是外在的理由,由此看来,日本还不是一个能够自己制定正确行动议程的社会。

　　在日本,制定政策一直被认为是霞关(位于东京的日本政府所在地)的专利,这在发达国家中是绝无仅有的。人们都认为政

321

策最好交给优秀的官僚来制定。霞关的官僚搞出个政策大纲，然后向执政党征求意见，有时也会从大学请几个权威来进行论证。如果在国内找不到权威，就会宣称"参照外国主义"、"美国如何如何"、"今年是国际上什么年"、"今年召开地球首脑会议"等，这些都被当成了制定政策的理由。结果，制定出来的政策都是官僚们的得意之作。我把这称做"结构性独断主义"。

霞关与其说是日本政府"各部委"所在地，还不如说是从大藏省拿到委托业务费，以国家的名义从事行政服务的特殊法人，实际上它相当于为增加预算和增设岗位而设的"第三部门"。日美两国尽管关系密切，但它们的研究方式却截然不同，日本学术界所干的只是把美国的优秀成果悄悄地拿过来而已。

作为一位身在企业的研究人员，我的主业是比较国外技术规制政策，并通过比较研究间接地对日本进行批判。至于地球环境或生命伦理，我只是偶尔研究一下而已，不过我认为必须要强调一点，这就是知识及其形成过程是政治性的。

围绕论题八的讨论

金泰昌：在某种意义上说，米本先生提出的论点最为重要。它包括三点：第一是关于米本先生最后谈到的"结构性独断主义"。如果把"结构性独断主义"换成我们现在通用的语言，即日本虽然存在着"公"与"私"的概念，但由于对"公共性"的认识不够，结果"公"常常蜕变成独断主义。日本是"公"占优势的文化，人们相信官僚们已经制定了解决社会问题（包括环境问题）的政策方针，并相信他们会为国民日夜操劳。而且，官僚集团制定的政策以及实施政策的合法性往往还得到了执政党干部和大学里专家的认同。

这种政策制定程序或者说体制差不多已经被制度化，即使像环境问题这样直接关系到人（居民、市民、国民、人类）的大事，在政策制定过程中也很少会出现官僚和专家与一般市民进行对话、互动的环节。从结果上看，这一现状可能是日本社会还没有形成"公共"理念所造成的，而"公共"与"公"是不同的。

第二是米本先生提出的知识的政治性和知识生产的战略性问题。地球环境问题成为国际政治的主题，是冷战结束与核对抗以及核抑制结构失效以后，国际外交重组的结果。

在我看来，米本先生的报告依然是从"公"的立场出发，对现状以及对问题的认识还具有浓厚的"公"的色彩。之所以这么说，是因为米本先生是以国家政策和国家战略为核心讨论科学、技术、研究和知识生产问题的。这本身固然重要，但从我关注的环境问题角度来看，如何使官僚（公）与企业（私）成功地联系、结合起来，使它们发挥更大的作用，在兼顾二者利益的前提下解决问题才更为重要。我们当然不应该把一切都交给官僚（独断主义），尽管他们很优秀，而应该把重点放在市民运动上。因此，我们在从国家之间的政治、外交关系角度来观察、考虑和处理环境问题的同时，还应对市民主导的自主和自发的活动——这些活动其实也可以弥补地域与国家以及国家之间的关系——寄予希望，并投身于这些活动中去，以此来奠定公私共谋、活私开公的公共性基础。

第三，米本先生在报告中谈到或许我们应该从中国台湾地区和韩国那里寻找日本的未来。实际上，我对此也有同感。从经济上看，日本是富裕的发达国家，但在经济以外的领域，譬如在政治意识和生活感觉等方面，日本与其发达国家的地位并不相符。

就拿最近的例子来说吧。最近，日本有一些人正在鼓吹"国民的道德"和"国民的历史"。韩国在 1960 年到 1980 年光州事件

323

期间,一些大学教授(当时这些教授被称为御用教授)也曾提出国家危机和国民分裂等问题,叫嚷"只有树立正确的历史认识和重建国民的道德"才能使问题得到根本的解决。于是从"重塑国民运动"开始,经过"农村现代化运动",再到"净化社会运动"、"创造正确生活运动",运动一个接着一个,都是为了强调"正确的历史认识和国民教育"的意义。那么,强调"国民的道德"和"国民的历史"会带来什么后果呢?这就是会使"内部逻辑"得到强化。所谓"内部逻辑"就是今天的堕落、崩溃以及黑暗都是由外部"敌人"造成的,是他们歪曲了历史并使道德沦丧的逻辑。在这一逻辑中,外国和外国人以及外国思想都成了"敌人",各式各样的人都成了卖国贼、恶棍。显然,"内部逻辑"是非常危险的。

看到日本的现状,我总在想为什么韩国发生的事又在发达国家的日本重演呢?我读了他们的书,跟我的预想一样,他们的"敌人"也是自由主义、个人主义、市民社会、平等主义和国际主义。

从内容上看,韩国敌视日本的理由有两个:一个是过去日本对韩国极恶非道的殖民地统治,受此影响,现在韩国政府官僚以及国民常习惯从这一角度看待日本的一切,指责日本的"过去";另一个是对日本"现在"的批判,即日本资本的进入毁掉了韩国,这些资本受欧美个人主义的污染,属于经济动物性资本。当时,韩国由于与美国的关系良好,没有直接攻击美国。

1980年爆发了光州事件,当时的"国民军"对市民主导的民主化运动进行了镇压,并指责市民,说这是"市民暴乱"。卢泰愚上台以后,由于运动无法平息,政府还曾设立了所谓的"国民和解委员会"的组织。那么其结果如何呢?从结局上说,光州事件是民主化运动,全斗焕政权所干的是"对民主化运动的弹压",尽管全斗焕政权曾标榜自己是一切为"国民"服务的。结果,在对非民主的暴行的批判声中，"国民"在市民面前失败了。

那么，为什么总有一些人喜欢把"国民"、"国民的历史"、"国民的道德"搬出来呢？动机肯定是多种多样的。听了米本先生的一席话，我又想到了日本的独断主义，即"公＝国家＝官僚＝善"、"私＝国家以外的一切＝恶"。官僚都是为人民服务的，听官僚的没错。为了"公"应该牺牲掉"私"，这种"灭私奉公"使那些强调"国民"的势力成了"公"的代言人。

反抗与提出异议的市民，都被看成是"卖国贼"、"叛徒"、"反国家主义者"、"自私的恶棍"。随着国家主义倾向的增强，行政必将蜕变为一种独断主义。独断主义存在着弊端，它会使下述说法成为一种定式，即我为你们做事，而你们又盲目反对，完全是胡搅蛮缠。

问题的关键在于，独断主义根本不承认市民的主体性及其能力和可能性。这种"公为善、私为恶"的思维方式一旦占优势，市民的公共性将丧失其生存土壤。以"公"为中心的思想使环境问题只能在不妨碍经济增长的前提下进行调整。至于环境问题是不是源于美国的政治军事战略呢？我认为这是值得商榷的，因为在现实中，环境问题与我们的日常生活密切相关，它不仅在日本，而且在世界很多地方都实实在在地存在。在环境问题上，国家和政府还做得很不够，因为它受"公"的限制，又超越了"私"的能力。因此"公共"的问题意识和相应的实践会变得越来越必要。

宇井纯：跟刚才的独断主义问题相关，米本先生将基督教世界与非基督教世界分开的做法有一定的根据。世界教会组织（WCC）是基督教的联合会，该组织很早以前就开始讨论"科学技术"和（基督教的）"教义"问题。我在20世纪70年代曾几次被卷入这一讨论。他们的讨论就是独断主义式的，教会是中心，"我们

325

出了这么多钱,出了这么多人来讨论这一问题",那讨论只能是自上而下的。尽管如此,这场讨论在当时具有前沿性,值得肯定。

当时,我曾见过麦克莱特·米德和巴巴拉·福德等大人物。讨论得出的结论都被各个教会带回去,对制定现实世界的政策产生了影响。教会有相当大的发言权,通过这一发言权,教会的影响力得到了维持,不过话又说回来,当时教会也具备发言的实力。这种事在 20 世纪 70—80 年代司空见惯。

回顾历史,佛教世界出现过这样的讨论吗?显然没有。就是现在也几乎没有。那么,伊斯兰世界呢?也几乎没有。只有基督教较早地发现了问题并有意识地组织了讨论。总之,亚洲在这一点上很落后,这可能跟亚洲忙于发展还没有来得及思考有关,不过这造成了亚洲和欧美之间的差距。

同欧洲、美国相比,亚洲的多样性更为明显。印度、中国以及正在进行工业化的韩国和日本,无论哪一个国家或地区在宗教上都是多元的。但亚洲国家和地区对现实政策的讨论却只能在政府主导下进行,而不可能在民间进行。政府当然强调自己的"公共性",为此还找到一些御用学者为其做论证,结果是制定的政策总无法令人满意。

我从水俣病开始研究公害问题已近四十年。这期间,无论是日本政府还是东京大学都没有给过我研究经费。对我来说给不给无所谓,反正也不需要干得那么快。据说,原田正纯先生也没有拿过研究经费,而原田先生在熊本大学一直是站在患者的立场上的。这是日本的现状,在政策中反映出来的都是一些咄咄怪事。米本先生已经从一个角度准确地揭示了问题的本质。在欧洲和美国,基督教作为另一个渠道很好地发挥了作用,而日本和亚洲则没有这样一个渠道。可能也正是因为如此,日本和亚洲相对落后。现在，是到解决问题的时候了。

金泰昌：米本先生所说的是国家的独断主义，其实国家以外的组织和团体一旦规模变大也会出现独断主义，只不过国家和政府的独断主义影响更大而已。

宇井纯：不过，国家的独断主义也使用教会的传统手法。这一点是毋庸置疑的。

小林正弥：在上一次讨论"科学技术与公共性"时，我曾对从事自然科学以及技术工作的人说过，科学在米本先生所说的意义上不是中立的，在国家要给哪些科学研究予以资金支持的问题上，政治最终会起决定作用（参照第八卷《科学技术与公共性》）。先生今天以美国的环境问题为例做了恰如其分的说明，这使我获益匪浅。

刚才，我对美国的多元主义也进行了批判。我对先生提出的观点深表赞同，先生认为左右美国政策的是权力精英，这些权力精英与军事和产业的复合体结合起来，推行着核武器战略。

但坦率地说，我对米本先生在《朝日新闻》的"论坛时评"（1999 年 12 月 27 日）上对《国民的历史》（西尾干二著，产经新闻社）给予那么高的评价感到震惊。这一问题与政治相关，请您能做一下说明吗？

在报告的开头，先生谈到了"威胁规律"，认为美国是把冷战结束后剩余的那一部分威胁转移到地球环境问题上来了。从实际情况来看，美国可能也的确考虑过这一战略。但依我之见，环境问题之所以如此严重首先是因为它是一个现实问题。对这一现实问题，美国只是象征性地采取了一些措施。先生的说法容易给人造成"环境问题根本就不那么严重，是美国从战略出发夸大了它的严重性"这样的错觉。

但是,从前天(2000年11月3日)开始的报告和讨论来看,环境问题实际上是非常严重的,美国的对应也是非常不够的,这一点从《京都议定书》问题上就可以看得很清楚。美国的对应只是象征性的,它实际上什么都不想做。这一问题反映出了美国的国家利益与地球公共利益之间的冲突。我认为美国是一个障碍。关于这一点,我想请米本先生以"现实的危险性"为前提谈一谈看法。

在生命伦理的问题上,美国主张的"隐私权"是非伦理的,我对您的这一见解深表赞同。另外,您提到"欧洲对此则保持了一定的距离",法国大革命以后,重视人权的法国通过人体、人格、人权的三位一体来解决这一问题,对欧洲的这一方向我也赞同。

最后,我想听听米本先生本人的意见,既然您认为我们应该与美国不同,那么我们应该如何解决生命伦理问题?科学技术在表面上是中立的,但实际上它植根于文化和文明本身。今后,日本或亚洲应该怎样发展科学技术?我们需要正确的环境科学和地球公共科学理念,但又应该怎样避免危险的民族主义呢?

金泰昌:小林先生说他对米本先生发表在《朝日新闻》的"论坛时评"上的评论感到震惊,但从米本先生今天(2000年11月5日)的报告来看,米本先生作出那样的评论是当然的,他的那种问题意识也是必要的。但我想强调指出,要获得平衡的公共哲学见识,还是多从其他观点出发思考为好,否则会容易排斥其他观点。

西冈文彦:米本先生的报告非常刺激。但米本先生似乎没有把该出的牌都拿出来,放在桌面上的还不到一半。请把下面的牌也拿出来让我们看看如何。也就是说,米本对脚本的分析非常有趣,但在脚本里,根本就不会出现像米本先生这样的人。这是我最大的疑问。

斯普特尼克号给我们那一代人的冲击是巨大的。日本的理科教育也因斯普特尼克号发生了剧变,我哥哥那一批人考进东大数学系,学习航空设计,后改为学习计算机等先端技术开发,他们完全是按照脚本来生活的。

谈到脚本,在脚本和演员之间总会有偏差。因此,无论怎么分析,脚本里都会有戏剧表达不了的东西,正是这部分才是最有希望的。

斯普特尼克号冲击成了我哥哥那代人的人生脚本。但也许正是出于对它的反感,我没有上大学,而是走进了最没用的美术世界。这可能是我和哥哥之间的默契,我们俩兄弟之间取得了平衡。

斯普特尼克号上天时我正在读小学,认为理科伟大是那时的教育风气。长大以后,在学习斯普特尼克号上天背后的历史时,我又回想起小学低年级时那种对理科的狂热。"理科伟大"这种绝对化的价值观,通过历史学习而逐渐相对化。由此看来,解读剧本才是最基本的,也是最重要的。

尽管有脚本,但现实中还会出现像米本先生那样誓把京都大学的权威拉下马的人。也许这也是脚本的内容之一,因为"没有这样的人,故事情节就太露骨了",国家需要安排这样的情节。我哥哥进了东大,我则掉了队去学美术,这也是为了不使情节过于暴露而已。也正是因为如此,我才有机会登上这一舞台。

但是,在学习舞蹈动作的过程中,我发现除了宏观脚本以外还有一种特殊脚本,尽管这也许仅仅是一种扭曲形态,但像我及米本先生这样的特殊脚本也是十分重要的。

我说的可能比较直观。这是良识,是良心,是萌生在每个人心中的公共精神。宏观脚本里是否有这种平衡感觉呢?或者说这种平衡是对宏观脚本的一种反抗吗?还有,我希望无论什么宏观脚本,都不应该扑灭人们心中燃烧的反叛火种。米本先生毕生都要把京都大学的权威拉下马,我想请米本先生再给我们讲一讲那段经历。

米本昌平:我先回答一下最后那个批判大学老师的问题。关于我的经历,我很早就承诺要写一本书,不过到现在也没有写出来。因为我知道一个人的局限性,写书可以起到抛砖引玉的作用,叫更多的人去批判大学。

1969 年 8 月到 1970 年,我曾经到不丹、印度和尼泊尔旅行。在印度,我看到了解除封锁的京都大学的照片。那是一幅因投掷火焰瓶结果引火烧身在一星期后死掉的学生的照片。"我算什么!"我不也是登山、扔石头、为登山筹款,干了同样的事吗?

于是我又回到了大学,想重新认识一下大学。大学又恢复了原样,我难受极了。最后我决心要为批判大学奋斗终生。在家里我很孤独(笑),往往只说两句话,喝醉了就高喊:"打倒大学!"妻子问我:"晚上吃什么?"我回答:"西藏人只吃青稞,只有日本人才如此花样翻新,连吃什么都犯愁,太荒唐了"。当然每次都遭到训斥。在这个意义上,我是作茧自受。

我从二十几岁就走上了这条不归路。反过来说,这可能是我对大学心存美好理想,对京都大学理学系期望过高所致。读高中时,对我来说最伟大的人是汤川秀树,"我们也要考进京都大学理学系,拿诺贝尔奖",地方那些得了汤川病的高才生们,都抱着这样的理想跨进了京都大学。但一进来就倍感失望,这就是我们那个时代。

像我这种人再出几个也不足为怪。就职以后,星期六也加班。当时如果稍有反体制的言论,就会被视为"红色"。当时我就想:"如果自由时间再多一点,钱再多一点,言论自由的社会再早一点出现该多好啊!"现在这一理想倒是实现了,但人们却不干自己想做的事了,真是令人搞不懂。

通俗一点说,我是产业界的人士。我有"立场",而且还经常听到"好好干"这样来自赞助商的鼓励。但我却不能为批判而去批判,国外可以为批判而批判,而在日本却做不到,没办法我只好借用政策比较分析这一实证主义来批判日本。尽管有人认为我"虽然可以对上边抱怨,但还不属于意识形态",其实我是借科学史或者比较政策分析这种实证主义来完成我的事业的。

在这一个意义上,20世纪80年代是一个非常压抑的年代。虽然日本已经是世界上第二位的发达国家,但市民在政治上已经被阉割,无法掀起任何社会运动。

而在欧洲,不仅出现了绿党,1983年还出现了地对地导弹问题,1986年发生了切尔诺贝里核电站泄漏事故,人们对此都提出了系统的应对方案,出现了一些批判现实的大学研究人员和民间的知识分子。但日本呢?冷战已经结束,对立已经消失,人们却仍然无动于衷?这难道不奇怪吗?

我把自己逼到了非主流的立场上。温暖化问题和地球环境问题也是"世界观"变化的结果,而非因环境恶化才有国际议程的。例如,欧洲酸雨最严重的是在1985年,但实际上在条约签署以前,酸雨已经好转。

虽然环境问题未必会拉认真的人的后腿,但日本人还是过于认真了。

还有,日本人现在正在寻找某种自我认同,这本身的确很危险,但是不能因此而放弃寻找。我认为,也许正是因为存在着某种危险,才需要我们彻底予以讨论,我们正处于这样一个时代。

过去,我一直坚信必须打倒大学。由于"敌人"比较单纯,自己只要保持旺盛的复仇心就可以了。但最近却很迷茫,不知往哪

331

里投弹为好。因为再痛贬大学,大学可能马上就要完蛋⋯⋯
(笑)。

几乎每次出去跟人家讨论,最后都灰溜溜地躲回家中。我真
是无可救药。

小林正弥:米本先生对日本政治经济体制的批判,我深表赞
同。听了您的人生经历,觉得您和宇井先生一样,都有那么一股令
人感动的精神气质。正因为如此,更想谈一点对您的期望。我还
是颇觉遗憾,像西部迈写《国民的道德》(产经新闻社)那样,参加
过安保运动,并在某种意义上当时那些富有良心且艰苦奋斗的一
代人现在却以右派的身份登上了历史舞台。这也许是他们已经看
透了第二次世界大战后启蒙以来所谓进步思想的局限性,或者说
在某种意义上,这些思想已被架空、失去了力量所致。因此,这正
如米本先生所言,现在做什么都没劲,稍微敲打它一下,它就会
崩溃。

在某种意义上,这也正是我们要以"公共哲学"的形式重建它
的理由。迄今为止,宇井先生和米本先生的努力都是正确的,他们
也得到了社会的承认。米本先生能在主流媒体《朝日新闻》上写
"论坛时评"本身,就说明他已经是主流派。尽管如此,从感情上
我还是能感受到来自非主流派的抵抗和反抗精神。既然您已经主
流化,就应该采取与其相适应的形式,希望您在这一战场上也干得
出色。

在上一场讨论如何深化环境伦理时,我曾提出,从伦理来看日
本以及亚洲有很多和环境伦理相关的思想资源。西欧的深层生态
学就曾关注东方,并试图从佛教和道教中寻找支持自己的思想
资源。

深层生态学,如果放任它,就会出现过分强调"自然"的一边

倒局面,结果与人类文明发生矛盾,因此我认为它不可能持续下去。但是,他们好不容易才开始关注东方,就这么简单地放弃,我又于心不忍。米本先生提到,韩国和中国台湾地区等地有很多值得日本借鉴的地方,我觉得米本先生所言极是。

刚才,我谈到了共同体主义。在亚洲,我们经常可以看到重视共同性和注重环境的例子。这对于强调原子论、个人主义的西欧来说,具有重要的参考价值。美国创造了军事文明和消费文明,对当今的环境问题造成了非常恶劣的影响。而美国对环境问题,口头上是积极支持,而实质上采取的是阻挠手段。那么拥有传统文化的亚洲不是应该拿出真正的解决方案吗?一方面,我们有地域的优势;另一方面,我们有先进的科学技术。通过对科学技术的运用,找到与传统文明相适应的环境对策,通过向韩国和中国台湾地区学习,日本也许会成为米本先生所说的新模式的代表。

林胜彦:众所周知,米本先生曾经参加过有关脑死问题的调研。我也曾为脑死调研做过几个影像节目,随着取材的深入,我越来越发现,欧洲在脑死移植问题上自我决定权起着关键作用,而在东方,身边的亲属和自己所爱的人的意见也相当重要。米本先生很早就提出了这一点,和多数派进行了激烈的论战,他是一个实践家。我想补充的就这一点。

原田宪一:真正的科学是观察现实中的大自然,对从中抽取出来的性质进行试验的学问。特别是生物学和地质学。宇井先生的地域技术是与现实密切相关的技术。在西方,当然也有过这样一个时期,而现在现实世界已经没有了,剩下的只是可操作的世界。无论是 DNA 的研究者,还是脑科学家,他们眼中只有可操作的世界。他们都有"让我这样聪明的人来操作一定会成功"的错觉,对现实世界都视而不见。

333

1998 年,我参加了世界文明比较大会,跟法裔美国社会学家进行了对话,我说:"物理时间过于单纯,用处不大。"他回答说:"所言极是。""那就请社会学家们大声呼吁一下。"他说:"不可能。""为什么呢?"他解释说:"欧洲的学问模型是物理学,物理学把一切都还原为量,社会学和心理学也要用统计数字说话,把数式当成自己追求的目标,而现在要否定这些行不通。"

在环境问题上,美国有两类学者,即西海岸地区的地质学家和东海岸地区的地质学家,他们对地质现象的看法完全不同。因为,东海岸跟欧洲一样,几乎没有发生过地震和海啸,也没有火山,自然反应非常缓慢。

在这种地方,改造自然的影响要等到很晚才能出现。例如,德国人过去曾对蜿蜒流淌的莱茵河进行改造,就是将弯拉直,但这一行为遭到报应的时间则很晚,直到现在河里才出现了河床侵蚀和淤积等现象。然而,对于处于季风地带的日本,自然反应则比较快,破坏自然的后果立竿见影。因此,人们的自然观会有很大不同。

在文明圈中,曾受冰河侵蚀的只有欧洲,其他地区没有受过冰河的影响,植物丰富多样,环境也富于变化。如果说物理学可以停留在这一世界,那么研究者则应该回到现实中去。

相信世界存在着普遍性,只要找到普遍规律,那么一切都可以操作,这是欧洲式的思考。如果不使这一欧洲式思考相对化,环境问题将无法得到解决。

米本昌平:有人会说:"听你一席话,没发现你对不远的将来有什么展望和对策呀!"的确,这样说没错。对这一巨变我没有答案。世界恐怕还会变得更加混乱、没有秩序,对这一点,我们要有充分的心理准备。现在要做的是对过去的价值观进行反省,把

"自己相对化"。

我举一个例子。在20世纪80年代我翻阅过美国的文献,美国在80年代中期就对艾滋病实行了规制。1987年1月,在神户的一家酒馆工作的女性因患艾滋病死亡,艾滋病问题一下子引起了人们的重视。自民党马上就准备立法,法律中规定由国家来限制抗体呈阳性的人的性行为,这是荒唐无稽的。美国的法律对此没什么限制,而日本的法律似乎认为,只要严格限制就能解决一切问题。我始终对这一法律持批判态度,持这种观点的人包括我在内也没有几个人。

为了对付艾滋病,东京人的性生活状况如何?他们有没有使用避孕套?或者他们在土耳其浴室里干了什么?对这些问题,政府没有任何数据,他们完全是靠推测来立法的。这算是怎么回事?

日本完全陷入了混乱,我们所建构起来的一切东西眼看着都要崩溃,似乎不下地狱,我们就不知所措,就不知道继往开来。当然,我并不是要让日本再经历一次战败,我只是觉得与其对眼前的一切修修补补,还不如什么也不做为好。我还不如悄悄读一些资料,反正都该退休了,还是解甲归田了事。

金泰昌:米本先生的讲演,在一定程度上把我在设定这次研究会议题时的苦恼表达了出来。我的苦恼是,环境问题究竟是现实生活问题,还是国家政策问题?抑或是整个地球的问题?我究竟应该把焦点放在何处?我当时无法定夺。根据我的个人体验,我的思考、认识和观点是,环境问题应该是一个现实生活问题。环境问题产生于国家政策的强力推进与生活世界的苦难之间的"偏差"。环境问题的核心在于,由于缺少对这一问题恰当而又充分的对应,又没有适时有效的解决办法,情况还在不断恶化,问题还在不断增加。环境问题成为整个地球的问题,是因为各国以国家

335

为主体,推行现代化、工业化、产业化和高度技术化的资本主义路线,奉行富国强兵政策而导致"负面的"、"阴暗的"、"有害的"东西持续扩大和堆积的结果。因此,如果一下子把环境问题上升到地球环境的高度,有可能使我们忽视现实中存在的痛苦,陷入重复和抽象之中。我认为,环境问题包括三个基本支柱,即现场(地域)、国策(国家)、地球(全球),这三个支柱是同时并行的,应该给予同等的重视,环境问题是一个"全球地域"问题。总之,米本先生的问题意识,只有与石弘之先生以及宇井纯先生的问题意识结合起来,才具有真正的生产性。

论 题 九
环境公共性理念的形成

桑子敏雄

一、从"价值结构"到身体论和空间论

我一直是从身体论和空间论的角度来考察环境与人之间的关系的,因此对于环境与公共性的关系问题,我也只能在此前研究理念的基础上谈谈自己的看法。

讨论环境与公共性问题,首先得弄清楚这两个概念的含义。现实中环境问题正不断恶化,威胁着我们的生存,而公共性则是抽象的概念。具体的现实问题与抽象的概念在我们思维框架中是如何相互作用的呢?

要想回答这一问题,首先得考察一下"价值结构"概念。所谓"价值结构"是一个由理念、制度和行为组成的结构。

我们以环境行为——譬如扔垃圾为例。人的行为和意志决定是在评价体系中被赋予各种价值的。近代以前,拜山过程中扔垃圾等行为被视为对神山的亵渎,因此绝对禁止。而近代以后,登山时扔垃圾不受任何限制,乃至于珠穆朗玛峰都快成了垃圾山。如今,随着人们环境意识的提高,扔垃圾又成了人们谴责的对象。如此看来,人们的行为评价是随时代而变化的。其评价框架可以说

337

是一个制度框架。

　　所谓制度就是理念的具体化，理念可以使制度发挥作用。我把理念和制度再加上行为称做"价值结构"。与环境相关的制度性文件，在国际上有 1992 年的《里约宣言》和《21 世纪议程》等，日本国内有在国际条约基础上制定的《环境基本法》和《环境基本计划》等法律和行动计划。只有在制度性框架内，我们的行为才成为被表扬或者被非难，甚至被惩罚的对象。

　　刚才，我把《里约宣言》归于制度性框架之中。其实，《里约宣言》宣传的是一种环境理念，是有关制度建设的理念。《里约宣言》中也包含了今后人类追求的环境理想。在环境和公共性问题上，我们今天要讨论的就是这一制度的基础理念，即公共性概念。

　　当然，公共性概念也可以纳入旧制度当中。但是，旧制度由于机制老化，无法应对环境危机。我们需要摸索适应于未来的新理念以及能将新理念具体化的制度，并寻求新制度和理念下的新的公共性。价值结构是动态的，理念、制度和行为三者总是随环境变动而变化。所谓环境问题也不是静止不变的，它是一个动态的过程。价值结构本身也会因环境和社会结构变化以及科学技术的发展而变化，这样一来，原先制度中那些僵死的价值判断就会过时，生活在旧制度中的人就会面临一个艰难的选择，这就是究竟采取制度内的价值判断，还是采取偏离制度的价值判断？偏离制度的价值判断中包含着新理念的萌芽，一旦这一萌芽获得了理论支持，得到了人们的认同，就会成为新的理念，人们就会将这一新理念具体化为一种新的制度。

　　偏离制度的价值判断作为理念要想得到人们的承认，还需要相关的理论证明。这就需要相应的思想资源，即积累起来的思想史遗产。哲学史就是这些思想资源积累的历史。如何有效地利用这些资源是很重要的。我认为,从环境问题的角度来看,当代哲学的课题就是如何有效地把传统思想资源应用于新理念的建构,以及如何定义新时代理念和如何将其具体化。

要想使思想资源为新理念服务,就需要在传统思想与现代问题之间架起桥梁。因此,如何看待思想传统,特别是西方传统,如何从思想史的谱系中引申出新思想以及这些新思想如何克服旧思想就变得十分重要。在对后现代的讨论中,人们提出了如何克服或者超越近代理性主义的问题。但是对建构价值结构而言,这种"超越主义"不仅毫无意义,而且还会成为其利用思想资源的障碍。我们所面对的环境问题,实际上是由传统制度框架无法适应环境变动所致。我们所需要的不是超越主义,而是与现状相适应的政策理念。这一理念是否妥当,不取决于它是否超越了思想传统,而在于它是否能够适应变化中的新情况。超越主义所沿用的是思想本身在超越过程中展开这一黑格尔式的近代主义框架。在近代超越主义中,环境问题将成为一个思想外部的问题,它不再与哲学和伦理学的本质相关,而沦落为一个对伦理的应用问题。这是由于近代对人的理解所造成的,环境问题应该是与人的本质密切相关的问题。因此,为了避免这一错误,我们必须远离近代超越主义。

为建构新理念,理解行为和意志决定的方式,我引入了身体论和空间论。我所说的身体论和空间论,并不是两个互不相干的理论,两者是密切相关的,它们都是我的理论的基石。在环境问题上,通过灵活运用西方、中国和日本的思想资源,我们最终可以把这两者融合起来。但在这里,我不想做思想史研究,只是想研究一下如何从理论上展开或者在现实中应用这些已经获得的理念。因此,今天我想首先从现代的高度讨论一下使环境和公共性概念结

339

合起来的身体论和空间论,然后再补充谈一下其背后的思想资源。

二、言说的行为空间与身体的行为空间

在有关公共性的各种讨论中,人们会使用公共圈这一概念,或者在比喻的意义上使用公共空间这一表现。例如,哈贝马斯交往行为理论中的"Öffentlichkeit"指的就是言说空间中的公共性概念。

言说空间以及言说空间中的公共性,的确是"公共性"领域的重大问题,它们与环境问题也密切相关。例如,信息公开和市民参与等透明性问题就是环境政策公共性不可缺少的基础。

但这里要谈的空间,不是言说空间意义上的,而是我们人类以身体的形式存在并行动的身体空间,即实在空间的问题。环境问题,作为一个地球环境的课题,或者作为地域自然保护的问题,它所涉及的空间是人与各种生物生存的空间。正是因为人是身体性存在,换句话说是一个拥有身体的空间存在,我们才不能离开环境问题独立思考人的问题。

尽管如此,讨论身体空间也不能离开言说空间的公共性。相反从现状来看,言说空间的公共性与身体空间的公共性正处于大融合阶段。因为,作为公共言说空间舞台的大众传媒、出版、广播电视等由于迅猛发展的信息技术明显呈现出两极化趋势。缓和与调解环境问题上的社会对立工作,正通过网络共享信息走进当事者和具体的调节现场。原来在当事者之间的中介被抽掉、被越过,参与者开始直接获得信息来达成共识。这时,中介物已不再是言说的知识分子,而是那些促成共识的管理者和具有调停技术的人。一方面,我们要建立一个假想空间,为了达到信息共享而公开和传递信息,同时另一方面,我们还要建构一个身体性的实在空间,以

便达成共识。假想空间和实在空间构成了公共言说空间的两大要素,它改变了传统意义上的公共性。因此,生活在这一公共空间中的知识分子也应该改变自己的角色。要研究这一两极化的意义,不可能离开对身体空间和信息空间的研究。

总之,处于两极化中的言说空间本身就是一个重要的公共性问题,它与环境问题密切相关。但是,我这里要研究的空间并不是言说意义上的空间,而是我们人作为身体性存在的实在空间。

人的本质是身体性存在,还是非身体性存在?对这一问题的不同理解会使我们对环境问题的看法也不同。例如在美国,环境伦理被看成是应用伦理,其背景是人的本质不在于肉体而在于精神这一悠久的西方传统。西方的伦理传统认为,伦理是人格问题,只有人才具备人格。美国的环境伦理由于试图把这一伦理传统应用于非人的存在物,因此具有应用伦理的特征。

与这种以精神性人格为基础,人格与身体分离的观点相反,当我们把人看做是身体性存在时,人与环境就会具有本质性关系。我把各种事物和人与自己的关系称作"身体的配置"。例如,我本人与其他事物和其他人之间存在着某种固有的关系,只要我是身体性存在,这一固有关系就是空间关系,因此身体与其他存在的关系就可以用"配置"来表现。重要的是,这一配置并不是静止世界的配置,而是变化中的关系性配置,因为世界总处于运动变化当中,自我配置也会不断变化。

341

风景是从固有配置中感知世界。它是固有配置表现出来的空间面貌。我通过自身来感知固有的风景,但风景中又包含了他者以及我的身体。我可以作为属于他者世界中的存在感知我的手脚,并通过镜子、照片和录像感知自己是世界中的身体性存在。我感知存在于风景中的我,同时还感知离我远近不同的人。我感觉到我和世界中的其他人一起存在。

与此同时，我发现他者正在感知着我的身体，同时他者还感知着第三者。我们知道，我们生存在同一个空间里，正从不同的地点感知着同一个风景。

事物和人的空间位置关系是变化和运动的。由于变化在时间中产生，变动了的位置关系就自然包含时间性。所谓配置本来是空间概念，但就其含有空间变化这一点来说，它又具有时间特征。人在把自己看做是身体性存在配置的同时，又从人与环境相关和不断变化这一点出发，意识到自己是时间性存在。但是现在，这一时间性只能被理解为身体存在的"期间"，因为人作为空间存在，其身体总存在于从诞生到死亡这一"期间"。

那么，我是否跟生前或者死后的世界相关呢？对这一问题，我准备用"空间的履历"概念来回答。我作为身体性存在是世界的一部分，在这一世界中存在着我的履历。我把这称做"空间的履历"。

我通过存在于具有履历的空间中与过去相连，通过在这一空间中生活来积累自己的履历。通过积累履历，我的生存空间又被刻上了新的履历。我的履历和空间履历彼此相连，不可分割。

所谓自己就是"在具有履历的空间中的身体的配置"。在下面的内容中，"身体的配置"和"空间的履历"居于核心地位。

三、思 想 资 源

下面，我想对"身体的配置"和"空间的履历"这两个关键词进行解释，同时对人与环境的关系做一些说明。在通过这一基本想法讨论环境公共性之前，我想先谈谈自己的个人经历，介绍一下自己是如何产生这一想法的,以便对这两个概念的含义做些补充说明。

我从哲学上关心环境问题是从 20 世纪 70 年代开始的。生我养我的是北关东的大自然,我在享受这片大自然的同时,利根川和荒川也深深影响了我。这是我对北关东平原空间风景的体验,这种体验是绝无仅有的。

1964 年东京奥林匹克运动会之后,该地的风景发生了剧变。环境意识实际上是关于环境变化的意识,环境问题是关于环境变动的问题。一个人如果一直生活在同一个风景中,不会产生环境问题的意识,是环境变化的知觉唤醒了人们对环境的意识。富饶而又清澈的泉水干涸,昆虫和小动物以及鱼类的大量消失。这种丧失感使我把目光转向了自然与人的关系。

从 20 世纪 60—70 年代,"畸形"这一词刺激了人们,使人们惶恐不安。日本不仅暴发了水俣病、痛痛病等公害问题,而且出现了大量鱼类或鸟类的畸形案例,这些都是由于城市近郊的工厂污水所造成的。

对我来说,畸形问题是自然与人关系上的最根本性问题。亚里士多德曾对"畸形"问题有过研究,当我知道亚里士多德的这一思想后,我就开始研究古希腊哲学,思考人的行为为什么会给自然带来畸形,同时研究西方思想传统中的科技伦理问题。

那以后,我又以古希腊哲学为中心,学习了西方哲学。但在西方哲学中,人是一个与自然相分离的存在,而且主要是非物体的、非身体的、非空间的精神性存在。这一观点在伟大的柏拉图哲学那里表现得淋漓尽致。尽管柏拉图的学生亚里士多德曾做过不同的努力,但从结果上看,我可以断言西方思想的骨骼仍然是柏拉图主义的。刚才我提到的环境伦理被理解为应用伦理其实就是这一

343

思想传统的最终表现。

越学习西方思想，我就越感到西方思想与我对人与世界的理解相去甚远。自己的身体与世界是密不可分的，这是我多年来的切身体验，而西方思想却与我的体验相反，它把世界和人分开，又把人分成身体和精神，并试图从精神中找到自己存在的最终形态。出于对这一方向的不满，我开始把目光转向了中国。

中国的思想主要是儒家思想，我考察了《易经》以及其他中国传统思想的哲学意义。南宋的朱熹曾经以《易经》哲学为核心，将儒家打造成一个庞大的哲学体系。朱熹在综合了北宋四子（周敦颐、程氏兄弟、张载）思想的基础上完成了哲学体系的建构。他以《易经》的形而上学为基础，用多种方式表现了人与世界的关系，并从根本上把人看做是具有上下、前后、左右、东西和南北等固有特征的空间性存在。这不是牛顿的力学和相对论的宇宙论，而是以人的身体特殊性为基础的空间认识。人是上有头、下有脚、在这种非对称的空间中完成身体行为的存在。世界和人以"天—人—地"的方式彼此相关，人和天地总是处于一种相互的关系之中。

我之所以把人看做是空间中的身体配置，是因为朱子学更具有说服力。人们往往仅仅把朱子学看成是支撑前近代政治体制的意识形态，这一看法不仅有损于对朱子学思想的客观评价，更不利于我们今后研究环境与人的关系。

朱子学把人理解为能够准确选择与环境相关行为的存在。所谓与环境相关，是指与动态地进行循环的生命活动相关。在朱子学那里，宇宙是生命，人的生命是宇宙循环的一部分。生命包含诞生、成长、结果、收藏四个循环相。只有使这一生命循环顺利进行并遵循这一循环进行活动，包括人在内的所有生命才能得到充分的展示。

生命循环的四相构成了四季,称做"四时"。春夏秋冬是生命时间相的表现,时间被理解为一年内的变化。同时,"春秋"还可以表现历史。历史是反映人行为的一面镜子,从漫长的时间区间来看,历史还会重复。正是因为如此,我们可以以史为鉴,从中发现应对同样状况的数据。

朱子学的时间概念是非常有魅力的。在西方,海德格尔曾以历史性为中心考察了人性。其哲学把人超越死亡的时间性理解为历史性。但存在于世界中的是身体性存在。当身体性存在遭遇死亡极限时,海德格尔又把历史性理解为民族的宿命,结果还是使时间性和空间性分离。但是,这种与空间分离的历史性并不是把人看做是世界内存在的必然结果。我认为,还存在着另外一条途径,这就是把历史性与身体性结合起来。

我所得出的答案是"空间的履历"。这一概念是我在研究风景概念,思考日本的宗教传统特别是密教传统时发现的。现在,很多地方还能见到伫立在路旁的马头观世音石碑,这些石碑作为一种履历,记载着密教这一从平安时代发展起来的宗教,它们就是一种履历书。我作为一种身体性存在,生活在刻有履历的空间中,可以直观地看到自己与历史的关系。

46亿年的地球历史也存在于这一空间履历中。与地球历史相比,人在这一空间中的生活履历还非常短暂。风景是自然史和人类史彼此重合塑造的结果,它印刻着这一漫长的履历。我们就是在履历空间中积累着自己的履历。

我之所以使用空间履历而不使用历史概念,是因为履历总属于现在。履历书中记载的不仅是迄今为止的历史,而且它面向的是未来。履历书属于现在,记载的是过去,开拓的是未来。因为了解某个人的履历是为了预测该人将来能干什么。

345

我刚才提到了密教传统。日本的思想传统可以说是"空间和语言的思想"。在密教中空间和语言是难以分开的,身体是它们的中介。语言对意义的传达是从身体到空间,又以空间为中介到他人的身体。身体在其中起着一个中介的作用。这一点虽然重要,但语言并不是传达意义的唯一手段。空间内身体之间的直觉也是沟通的重要手段。

人是"具有履历的空间中的身体的配置",这是我在对比中国和日本以及西方思想基础上提出的概念。这一观点已经被研究土木工程学和国土政策的人所接受,从这一角度出发,"空间的履历"思想一定会为未来的国土政策作出贡献。

讨论公共性是为给公共事业提建议,这和正在扩大的地球规模环境问题的旨趣略显不同。但这是我关心环境问题的契机,也与我身边的环境相关。如果从全球和地域的划分来看,这是从地域角度对环境问题的研究。这一研究可以使我们从逻辑上区分开全球和地域,这样,我们就可以从身体配置角度来理解地域性,并由此来讨论全球问题。

四、在具有履历的空间中身体的配置

上面,我谈了获得这两个关键概念的过程。下面,我想讨论一下把人作为身体性存在而得出的几点结论。首先,把人看做是身体配置存在,就意味着不能离开环境的相关性、关系性来考虑人的本质,就意味着是对那种把人从环境中分离出来,看做是独立实体思想的批判。

近代西方思想把人看做是人格,看做是与环境和他人相分离的存在。我把这称做人格的实体化。通过人格的实体化,人成为环境的所有者和消费者,甚至支配者。人格的平等是人人平等思想的基础,当代美国环境伦理却试图把这种人格实体主义扩展到自然物上去,将近代伦理框架应用于自然物的保护。但是,如果把人格实体主义扩展到水和空气,其本来含义将消失,会成为单纯的比喻。我认为,把人格实体主义扩展到水和空气只能表明它不适合于环境问题。

对人格实体主义的批判会使我们对人与世界的关系产生新的认识,这一新认识将与那种基于因果关系的认识不同。世界上的事物与人的关系是共时性的,所谓"配置"就是在从整体上把握某一特定时间上的世界状态。这种关系与基于因果性的世界认识不同,它是一种靠非因果性来把握世界的方式。

通过非因果性来把握世界,就意味着不是以个体实体之间的关系为中心来记述世界,而是从世界的整体布局来看待世界。人从这一整体布局中获得自己的位置,并积累自己的履历。

黑格尔认为,人格获得自由并成为现实的人格,需要"所有"物件。环境中的存在首先是与人发生关系的"所有"对象。人格只有通过作为所有主体的人格实体和作为所有对象的物件实体之间的所有关系才能成为现实的人格。世界被当成私人所有的对象、支配的对象。因此,它也是劳动的对象,通过劳动而获得快乐的对象。从人与人之间的平等关系来看,人是平等的所有主体,地球环境是人格主体所有的对象。

347

只要不是从人格实体主义而从非因果关系出发,我们就可以说明环境对人而言不是偶然性存在,而是本质性存在。自我意识是有关空间中自我配置的意识,它不是笛卡尔式的排除了身体的纯粹思维的意识。笛卡尔为了能得到思维着的自我,采取了抹掉自身履历的办法,并把这一办法看做是获得纯粹思维着的自我的必然之路。这一纯粹自我将不存在于任何特定的地方,也不存在于特定的时间中,而是一个没有空间和时间规定的自我,也就是说是一个纯粹思维着的主体。抹掉履历的过程实际上必然是抹掉时间规定(历史)中的空间身体性这一自我存在方式的过程。

笛卡尔的怀疑过程真实地反映了身体履历对自己的本质意义。不抹掉身体的履历,笛卡尔的怀疑就无法成立,思维着的自我实际上是对具有身体履历的自我的一种抽象化,这是近代的自我无法逃脱的宿命。我把这称做"笛卡尔的悖论"。

近代是一个把自己从身体和环境中分离出来成为人格、成为私人所有和支配主体并凌驾于环境之上的时代。私人所有和支配当然与资源的开发、加工、产品的消费和废弃过程相关。近代理性,作为近代科学技术的开发主体,赋予了从开发到废弃这一过程以大量生产和大量废弃的特征,而这一特征对环境而言是致命的。废弃是私人所有的放弃,而对废弃物的处理则是"公共的事业"。

废弃行为是拥有履历的空间配置下的身体行为之一,换句话说,它是施加于空间和时间之上的行为。我认为应该从非因果性关系出发理解人的行为,而近代的行为理论则认为只有在因果性中才能理解行为的意义和责任。结果,废弃物仅仅被看成是只与废弃主体有关,废弃物中的有害物质只与受害者有关的东西。

从非因果关系来看,即使是他人废弃的东西也与自己存在于同一个空间中,与自己有配置关系。核废料无论埋得多深,也存在于人类生活的地球空间中。无论我们怎样从科学上证明废弃物不会对未来后代的健康造成影响,这种非因果关系都无法被割断。废弃物本身都会与人处于同一个空间和时间里。只要我们生活在地球空间中,我们和废弃物就必然具有接近性和近邻性。

五、环境的公共性

公共性这一概念能不能够通过非因果配置关系重新建构起来？我们是在共时关系中积累着履历。能够对这一共时配置关系作出区分的是人类制造的各种概念、范畴，譬如公共性。公共性概念与空间相连，使空间概念化为公共空间。例如，道路和公园等开放空间是由公共性的主体国家和地方自治体来管理的，通过这种划分，公共空间和私人空间就被分开。但是，这一区分终究是人为的，其间始终存在着境界性、邻接性、近邻性等空间特征。由于人是身体性空间存在，那种对公共和隐私的绝对区分只会对往来于境界中的人产生负面作用，在制度和心理上都使下列行为合法化，比如说只要是自己的土地和建筑物，就可以染成粉色。

另一方面，国家和自治体作为公共性的主体，通过对公共空间的设定，发挥其作为公共性主体的功能。但是，我们不能把公共空间的管理者实体化，因为根本就不存在所谓大公无私的人。为国家和地方自治体工作的人，往往容易把自己对制度的奉献同自己的行为是公共的这一认识混同起来，而实际上国家与地方自治体的公务员所从事的工作并非都是公共的，他们的行为属不属于公共事业并不取决于事业和行为主体的所属，而取决于事业和行为本身的特征。不区分这两点，就会产生公共事业私物化的现象，即自称是为了公共利益，实际上是在行自己的方便，或者会产生这样一种幻想，即只要是国家和自治体的事业都是公共事业，因此也就可以限制私权。

公共性永远是理念而非制度。理念的确应该被制度化，理念和制度只要赶不上环境的变化就会落伍。但是，制度中的人往往

349

把制度中的理念当做价值判断的根据,不愿意对环境变化作出新的判断。理念和制度的结合会导致制度内判断的僵化。为了防止这种事态,需要使偏离制度的判断包含能够适应环境变化的新理念的萌芽。目前的课题就是去论证偏离制度判断的合理性,即从理论上使偏离制度的判断包含新制度的价值理念。

那么,要解决这一课题,需要采取什么步骤呢?我认为,除了要有对时代变化的敏锐感觉外,还要在新理念的思想资源与现状之间搭建一个思考体系。这一体系光对已有思想进行批评和评论是不够的,还需积极地提出新的理念。

在环境理念方面,日本在20世纪70年代已经制定了出色的法律,而且在全国性综合开发计划中也做了相应规定。但是在泡沫经济的热潮中,日本并没有为实现这些理念作出制度性保证,结果到了90年代,国家和地方自治体的环境保护工作都开始落后,陷入了只能追随国际标准的悲惨境地。要想改变这一状况,只有创造出能够形成高度环境理念并能将其制度化的思维框架。

日本在传统文化中积累了许多思想资源,但还没有找到灵活运用这些资源的途径。河流行政从吉野川开始就一直与居民对立,行政的公共事业政策也不断遭到严厉的批判。但现在建设省(国土交通省)内部也开始有人以日本传统的治水思想为基础重新看待传统工法,并试图将其应用到河流问题上去。由此看来,思想研究方面也该努力了。

公共性从概念问题变为身体空间的行为问题,公共性概念如何拘束身体空间?又如何规制我们的行为?我们要通过对这些问题的思考,去改变公共性理念,去建构识别公共事业是不是公共的机制。

现在再从行为的角度来研究一下刚才谈到的"所有"概念。

我们不应该把人对物的关系理解为人格实体对物件的"所有"关系，而应该把它们理解为"持有"关系。什么是"持有"？让我举一个茶碗的例子。在茶道中，对流传下来的茶碗，经常会听到"织田信长持有"、"丰臣秀吉持有"的说法，在这些说法中，茶碗是主语。在"信长曾持有过这个茶碗"这句话中，东西是主体，人是持有它的一个形式。在持有这一行为中，人是物件履历的相关者。由于物件比人存在的时间长，物件是主体，人生的区间就被相对化了。

正像我刚才阐述的那样，"持有"是物件与人的时间关系和历史关系。茶碗在从信长流传到秀吉这一持有履历中，铭刻着该物件与人的历史。这里我之所以不用历史而用履历，正如前面所解释的那样，是因为履历强调的是现在，而不是对过去经历的说明。履历使过去与现在和未来相连。正因为有履历，我才能够把过去存在的东西理解为不仅现在存在而且将来也存在。

所谓持有物件，是指物件把持有自己的人写进履历。如果把这种关系引入到对环境与人的关系的研究，那么我们就是空间履历的相关者。只要与空间履历相关，我们就是能够与其发生关系的身体性空间存在。也就是说，环境并不是人的"所有"对象，而是人的"持有"对象。既然是持有，就不能对物件随意处置，而只能暂时保管，持有人需要对该物件的继承者以及物件本身负责。

另外，变革公共性理念还需要改变一开始提到的言说行为空间。知识人的言说要想推动社会发展离不开媒体，因为媒体使他们的言说成立。第二次世界大战后，出版界和广播电视传媒支撑了庞大的出版事业和综合性杂志上知识分子的评论活动，反过来说，这些活动也推动了出版界和广播电视的发展。但是，这几年出现了出版界效益低下、杂志社倒闭、广播电视与信息之间界限消灭的现象，这些现象恐怕与近年来网络信息系统的扩大和互动有关。

351

今后书籍出版仍有其意义,但种类繁多的书籍只能印寥寥无几的册数,这表明书籍对社会的影响正在减少。知识分子的主要工作是批判和批评。作为批判的主体,他们需要在对立双方,主要是国家和大众之间,对信息的价值进行评判,选择出有意义的重要信息。但现在,从信息的洪水中进行选择的,已不是评论家和学者,而是那些检索网络的人。批判和批评所具有的过滤信息的作用即使没有消失,也正在逐渐减弱。

要想建构新的环境理念和环境公共性理念,以及要想构筑支撑这些理念的理论,需要灵活运用已有的思想资源,这是我们现在所面临的课题。理念只有在具体化为制度时才有意义。因此,今后形成理念将不再仅仅是指提出理念本身,还应该包括将理念制度化。而且从事这一研究的人,其课题不光是对思想的介绍和批评,还应该为社会提供可供选择的理念及其实现方案。理念的创造者不单纯是思想的创造者,还应该具有对制度设计提出建议的能力。

其实,这也是孔子和柏拉图的理想。孔子曾高举着仁和礼的大旗,致力于周朝政治文化制度的复兴。柏拉图不仅描绘了哲学王的理想及其教育方案,而且在西西里岛还亲自进行过试验。政治试验虽然失败了,但公元前4世纪所实现的教育理念,即学院式教育制度直到公元6世纪都还发挥着巨大的作用。无论是孔子还是柏拉图,都对理念的形成及其制度化投入了巨大的热情。现在是我们从哲学上回归这一传统的时候了。

围绕论题九的讨论

原田宪一:跟桑子先生的问题有关,我想介绍一个当代武田信玄的霞堤的故事。我有一个师兄当道路公团技术顾问,有人向他咨询:"交通线要过碎石地带,怎样办?"对这一问题,学土木工程学的人一般都会回答:"建一个坚固的防护墙",而他却说:"那太危险了!因为我们不知道山崖会在什么时候倒塌。让线路再多绕一些,在山崖和道路之间挖一道大沟,每年雇两个人来清理掉下来的石头,山崖塌落,掉下来的石头就多,有这道沟还可以知道山崖是否塌落的情况。如果造防护墙,反而无从知晓山崖塌落的时间。"

灵活的自然观才能产生灵活的技术。武田信玄时代的霞堤从技术上看并不落后,即使是现在人们也常用这类技术。但在现实中,他的建议不可能被采纳,因为根本无法赚到钱,结果造的总是非常漂亮的防护墙,交通线路要通过碎石地带。

小林正弥:桑子先生最近常谈论一些理念与制度的关系以及价值结构问题,从哲学上看这些问题很有趣。在我研究的社会学家中,有一个叫艾森施泰德的人。他的基本框架与桑子先生的非常相像。他用"象征层次"概念取代了理念这一范畴。我在讨论政治学(《政治恩惠主义理论》,东京大学出版会)时使用这一概念。艾森施泰德展开的是宏观社会学甚至是文明论社会学。他的社会学可以看做是今天的马克斯·韦伯理论。

因此,我觉得桑子先生的哲学理论与艾森施泰德韦伯式的比较文明社会学宏观理论基本上差不多。而且我个人认为,艾森施泰德的"象征层次"概念还是换成"理念"为好。下面,我想从哲学角度讨论一下以理念为中心的理念哲学或者理念主义问题。

东方思想也非常重要。深层生态学的重点在于尊重自然,其实这一思想传统在佛教与道教哲学中也存在。在佛教中它被叫做相依性,或者叫做缘起观(日本的解释)。这种相互依赖性或关系

353

性也许正是东方思想的意义所在。但我认为仅此是不够的,儒学的传统也值得我们关注,因为在儒学传统中包含着人与社会,特别是人与公共性关系等重要思想。这是该研究会从一开始就讨论的问题,我本人曾深受启发,最近正连载几篇关于这方面的论文(《千叶大学法学论集》第 15 卷第 2、3、4 号,2001 年)。

但是,桑子先生却总是把儒教中的朱子哲学理解为"身体"关系问题,把它与公共性的关系看做是从概念层次转换到身体空间的行为问题。

先生尽管使用了"理念"这一概念,但在我看来,先生似乎更重视朱子哲学中"气(相)"的部分。一般说来,谈理念往往会重视"理气哲学"中"理"的部分。先生是一位研究亚里士多德的专家,当然知道柏拉图的理念和亚里士多德的形式学说。但我一直有这样一个印象,即先生是不是因为反对那种把精神与肉体分离的二元论,就故意对它("理"的部分)避而不谈了呢?

先生提出要反省笛卡尔以来的近代自我观,要重视身体配置问题、地域问题,对此我完全赞成。但我很早以来就有这样一个印象,即这一立场与刚才说的理念、形式或者"理"并不矛盾。先生既然强调要把理念与制度置于价值结构当中,就不应该对理念与"理"等闲视之,而应该把它们与"气"统一起来,我认为这样做才是诚实的。

关于"公共性"的理论也是如此。以前,在这个研究会上我曾与斋藤纯一先生讨论过(参照第三卷《日本的公与私》),他把公共性分了几个层次,但我觉得这一做法有很多缺陷。我认为:"公共性还是必须有理念层次,也就是说,在实践中我们可以依据公共性理念来判断什么是公共性以及什么是公益,在这一意义上,理念实际上在制度或政策层面上是十分重要的。"

因此,即使是为了有效地利用"公共性"理念,也不应该用"身体空间"来拒斥二元论。您怎么来处理"精神"？我想听听您的意见。

桑子敏雄:这一问题与今天的普遍性和全球化之间的关系有关。什么是"普遍"呢？"普遍"源自亚里士多德的"κοινότης"一词,是"横跨整体"之义,加上冠词"τό",就是"横跨整体的事物",这就是"普遍"的含义。

在讨论"普遍"时,亚里士多德曾严厉地批判过柏拉图。也就是说,在普遍的东西是不是现实存在的问题上,两人之间分歧很大。柏拉图认为,只有普遍的存在才是真实的。换句话说,眼前的现象都是不断生成变化和运动的幻影。只有普遍的理念世界才是真实的世界。尽管柏拉图是不是真说过这些话还有待于考证,但至少亚里士多德是这样理解他老师的主张的。

而亚里士多德的立场并非如此,在他看来,所谓普遍是一种可能性,而不是现实性。知识与学问是认识现实的工具,对现实做说明只是说"这样认识是可能的"。那种想当然地把学问和各种研究创造出来的认识当做"现实"的做法是行不通的。亚里士多德认为这是错误地混淆了"现实"与"可能"。

在这一点上,我赞成亚里士多德的观点,提倡普遍性。例如,科学也不过是人对世界认识的一种可能性,如果把它当做是一种现实性,那则是妄想。之所以这样说,是因为普遍就是普遍,而非个别。我们世界中的事物都是个别的。学术名词也不是由固有名词,而是由一般名词构成的。尽管说到"人"时,我们并不知道指的是哪一个人,但是通过这一"人"的普遍概念却可以更好地理解所有的人。因此用"人"这一概念来陈述"人是两只脚的动物"时,两只脚的动物不都是人,但每个人都是人。尽管如此,个体的人还是两只脚的动物。

我所强调的"身体"并没有把"精神"排除在外。日语的"身体"是一个非常好的词。拉丁语 corpus 和希腊语 soma 都没有区分身体与物体，而日语则明确区分了身体与物体。所谓身体是一个活体，这里有生命伦理的问题。我在说身体时，是指身心合一的东西。希望你也这样来理解。

朱子学中的"理"究竟是亚里士多德意义上的"普遍"，还是柏拉图意义上的"理念"？这是一个非常难的问题。也就是说，"气"是物质性原理，但"气"本身却不能做独立理解。"气"总要以事物的形态出现在我们面前，而使这一切成为可能的则是"理"。这个"理"可以说就是事物存在所表现出来的秩序结构。

那么，这是不是能够用语言来把握的普遍存在呢？我觉得并非如此。在朱子学看来，世界中包含着"理"与"气"两个方面，这个世界就是这样成立的。

让我接着原田先生的话再说两句。吉野川的第十堰位于旧吉野川的上流，是由青石垒成的，当水量激增时经常倒塌。洪水过后往往需要重新垒，本来这样也行，但建设省（国土交通厅）还是建了一个巨大的堤堰。

河流尤其是一个地域性问题。那虽然是德岛市民投票的结果，但还是要考虑整个吉野川流域自治的问题，还有要尊重居住在泛滥地区的人的意见，当然也要使他们达成共识。

霞堤的问题也是如此。要建霞堤必须首先使泛滥地区的地主们达成共识。这就是不应由国家行政单方面来做决定，私有财产的拥有者们也应该达成共识并参与进来。问题的关键是今后如何建立这一制度。

另外再说一点，当我知道美国内务部有取代联邦 ADR 的解决纠纷法时,曾对日本如此落后感到失望。鬼头先生所说的那种参照系日本有吗?参照系是共同认识还是应该被制度化的东西?当建设省(国土交通省)内部出现"对立"时,我们难道不应该拥有一个可被任何人接受且不带特殊色彩的共识与框架吗?

吉田公平:桑子先生在报告开头提到的那一点,即在环境问题上超越主义是行不通的,我认为所言极是。

我是研究中国古典思想的。但人们一般不把它称做"中国哲学",而是叫它"中国哲学史"。这与不把日本古典思想称做日本思想或日本哲学,而称做日本思想史一样,这是一种历史主义研究方法。

在这种历史主义下,人们一直从进步史观的角度理解"历史",总是简单地认为下一个时代会超越上一个时代,上一个时代的东西对下一个时代无效。现在有很多人还没有摆脱这种朴素的进步史观。这种观点对于研究历史进程尚无大碍,但当涉及评价历史能否资源化问题时,我们必须远离这种朴素的进步史观。

有人骂桑子先生所说的《资治通鉴纲目》等是镜子史观,不仅根本不行且对人民无益。但"能否资源化"这一想法本身才是镜子史观。如果囿于传统的学术观念,像桑子先生那样的想法是不可能产生的。

桑子先生说越学习西方越觉得"不对劲",我觉得这一点非常重要。对我们日本人来说,欧洲哲学很难让人产生亲近感。我们是在东亚价值观的世界中被培养出来的,社会也是按照这一原理运行的。

亲近感不仅对自己重要,而且在向社会呼吁"这一原理"时,所使用的表现、给人的印象以及说服力,或者用论题二的讨论中所说的"艺术性"等也非常重要。我与小林先生一样,对桑子先生在

357

这方面所做的工作以及态度非常佩服。

但是,桑子先生的发言中也有我不太习惯的说法,举一个比较有代表性的例子,这就是桑子先生用的"天人地"。从前面的文章来看,他想说明人在天之下,两脚立于大地之上,人是站立着的。但中国哲学一般说"天地人"。所谓天是整体,天中有地、地中有人。因此,"天地人"不是垂直性概念,而是包容性概念。当然我并不说桑子先生错了。

桑子先生的时间论也很有意思。我以前在写有关"时间"的论文时,我的老师曾说:"中国哲学里没有时间理论"。我反驳说:"这种说法不对。人在空间和时间里存在,思想家不可能不研究时间"。但对"历史"的理解,迄今为止中国哲学却只做到了这一步。

儒教也好,日本的思想也好,这些可被资源化的正面思想在历史上也曾起过负面作用。例如,中国哲学在整体中看人,从连续的角度把握万物,但这样很难产生一个独立于万物的"人权"观念。我认为这一点也应该予以考虑。

另外,听了桑子先生的发言,我深深感到在把西方哲学和其他外来思想应用到中国或者日本时,必须对它们进行比较研究,并对其思想的有效性进行检验。我对欧洲思想一无所知,对现代哲学也很陌生,这方面的工作还请桑子这样的人多做一些。

如果说我还有什么能做的,那就是明确"什么可以成为资源"。但是,即使对刚才提到的"理气论",我也没能作出足够的梳理,证明"实际上是那么回事"。我常听到有人说"这是可资源化的素材"之类的话,但我们需要的不是这种暧昧不清、一知半解的说法,而是彻底而又明确的回答。

桑子敏雄:我当然知道"天地人"的说法。例如,在时令等思想中，人在天地面前所采取的行为会影响天地的运行方式，正是因为如此才有"位天地"的说法。《中庸》说人位于天地之间，是顺应天地运行并对其运行有所帮助的存在。我是从人位于天地之间这一印象出发，把"天地人"写成"天人地"。

关于"时间论"，北宋有个叫邵康节的人，他写了一本《皇极经世书》。该书研究了大量的时间问题。我认为中国哲学里的时间论非常有趣。

关于"比较"，经常有人对我说："啊！桑子先生说的东西其实在西方也有。"这种说法令人喜忧参半。听到这种说法，我总想回答说："是吗？那就请你学一点（东方的东西）"。"比较"固然重要，通过比较发现"思想相同"的人格外地多。我总是提醒自己千万别这样，因为，这些东方的思想内容即使和西方的东西"形似"，但在内容上"神"还是有很大区别的。

那么，什么可以成为思想资源？这是一个很难回答的问题。西方的柏拉图与亚里士多德的思想也是产生于奴隶制时期。但人们在研究时往往忽略这一点。因为如果这样来看待西方思想，那就什么也别说了。然而令人感到意外的是，对于东方思想，说它们是封建思想的人很多。这是不对的。只要是有用的资源，即使包含了一些糟粕，但把糟粕剔除即可。只要我们在这方面多下些工夫，东方思想是可以派上用场的。

我的目标是发现"想法"。每次谈"空间履历"问题时，都会有人问："很有意思，从哪来的？"每次被问到我都想把出处说出来，因为不这样做很难得到听众的信任。

宇井纯：一个很小的问题，我曾经觉得"比较和利用"是一件非常困难的事。霍金伽曾对美国印第安人的生活做过调查，创造了"游戏人"（homo ludens）这一概念，即一点也不考虑个人得失，

359

只是对整体尽忠,以一种游戏的态度面对人生。我因水俣病曾跟印第安人打过交道,我发现他们靠采集渔猎为生,每年的收获量有很大的不同,在一年一度的聚会时,大家把收获的东西都拿出来平均分配。收获多的人拿出的就多,收获少的人就都拿出来,结果从整体上来看每个人都获得了平均的份额,整个部落在未来一年里也能够生存下去。

这是我深入印第安人的生活后首次发现的东西。霍金伽说他们"还是一个农耕民族"。那些被他看做是游戏和非合理的行为,对采集民族来说都是为了生存下去的合理行动。我们虽然也是农耕民族,但对于来自不同社会的思想和行动还是很难进行比较评价的。

日本是一个温带的岛国,森林资源丰富,对此熊泽蕃山曾进行过深入的讨论。在这种气候和风土条件下,近代以后还没有出现过环境伦理,今后必须去创造出一个环境伦理来。日本与欧洲和中国大陆以及印度也不同,在进行"比较"时必须首先弄清楚它们之间存在的条件上的差异。

金泰昌:我希望桑子先生对环境公共性问题能够做进一步的展开思考。第一,桑子先生把公共空间理解为承担公共性的国家和地方自治体的管理空间(比如公园和道路),我与桑子先生不同,我认为公共空间(例如道路、广场和建筑物内部)是多数人(市民)集合在一起,对相关问题进行意见交换,通过自由参加型的讨论,要求公共机关(政府或大企业)转换政策方针与措施,表明不同意见的活动场所。另外,桑子先生在讨论重构公共性概念时,把国家和地方自治体当做公共性的主体,我认为"公"的主体是国家和自治体以及大企业,公共性的主体是(与私民相区别的)市民,是市民主导下的中间团体的联合。

第二，先生把公共性看做是理念而不是制度，与此相关，先生还把制度内价值判断与偏离制度的价值判断这两种不同的意识看做是重构时代理念的要素。诚然，作为理念的公共性一旦被制度化，离开制度再去研究公共性也就没多大必要了。但是，被制度化了的公共性既是理念也是制度，它究竟会带来制度内价值判断的僵化，还是会成为修正制度的，对此不能简单地下结论。在这一点上，偏离制度的价值判断也是一样。另外，我觉得不应该把它叫做偏离制度，而应该叫做变革制度。

最后，是关于桑子先生的空间论问题。桑子先生认为空间不是言说空间（信息公开以及传递可能的假想空间）而是身体空间（实际空间）。但从日本的历史经验，譬如从宇井纯和石牟礼道子先生处理水俣病的经验来看，认为言说空间是假想空间，身体空间是实际空间，这一说法表明先生对实际存在的市民公共性缺少认识。"公"（国家和大企业）要否定和拖延，"私"表示不满要起来抗争，"公"无视"私"的不满和抗争，或者采取偷梁换柱的做法，我们应该要让一般市民看清"公"的这些伎俩，要让人们形成这样一种认识，即这绝不仅仅是一部分受害者的问题，实际上还是休戚与共的公共性问题，身体活动空间才是公共空间。因此，我觉得先生所说的公共空间还不是身体性空间，这可能跟先生的亲身体验有关，先生所体验的是已逝的乡愁（感伤），还不是现实中的痛苦感觉（身体感觉）。从整体上看，桑子先生提出的"人作为身体性空间的存在"这一观点过于强调身体空间的优先性，而没有给对他者的责任以及代际继承等核心问题留下讨论的余地。

361

拓　展

主持人：金泰昌

环境技术的实践

林胜彦：在进入拓展议题之前，我想向宇井先生提个问题。有 10 个地方采用了先生的下水道处理技术，我认为把这一非常廉价且先进的技术推广到全世界的做法本身就是一种"伦理"，就是一种公共性。但为什么没能推广呢？请您就这一点来谈一下。

宇井纯：在日本修建下水道处理设施是有补贴的。一个设施可以得到 50% 或者 50% 以上的高额补贴。但前提是获得补贴的单位必须严格遵守中央制定的细则。中央认为，把钱一旦给了地方，就不知道会做成什么样子。因此不按规定做就不给补贴。结果，从北海道到冲绳日本建的都是同样的设施。这绝对是不合理的。首先是"补贴制度不合理"，而我的技术没有补贴自然也就没人用了。

　　但是，某些排放产业废水的工厂迫于压力也不得不采取一些措施。举一个极端的例子，高知县土佐市有一个叫做"光之村"的护理学校。该校有一个机械工厂，每天都要洗工作服。结果洗涤剂泡沫流进了下游的农田里，要求追究其责任，工厂不得不采取一些措施。因为是机械工厂，他们就用铁锹挖了个池子，并在池子里放了两台养殖鳗鱼用的水车。因为附近有智障的孩子铺不了电路, 工厂就花了 70 万日元雇来了电工。结果建这个可处理 200 人废水的净化槽只花了区区 70 万日元。这可能创下了日本花钱最少的纪录。人在压力下是可以自力更生的。

我们现在研究的是如何处理猪牛粪便的技术。下水道处理人的排泄物一般要经过抽水马桶冲上几十倍的清水或者洗澡水。而猪的粪尿要比人的浓 100 倍左右, 迄今为止人们认为用下水道处理这类东西行不通, 因为得先稀释几十倍。但如果用我们开发的技术, 不但无须用水来稀释, 而且可直接处理, 99% 的有机物都会处理掉。现在冲绳正在搞试点。冲绳的猪牛粪便污染非常严重, 甚至水都不能用了。在这种情况下, 农户可以用我们的技术, 但条件是要自己动手。

现在, 在日本研究廉价处理环境技术的毕竟是少数, 其代表就是下水道处理技术。动用税金时自然是花钱越多越好。三十多年以来我一直在宣传小型下水道可以节约费用, 但就是没人理睬, 原因何在呢?

旧话重提, 十几年前有一个町议会的议员找我, 说了这样一段话: "诚如您所言, 越小越便宜, 但建下水道首先会使各户厕所连成片, 地主们高兴, 选票自然会投过来。其次, 搞地下工程的人可以偷工减料, 我们就会拿到红包。选举时我还可以炫耀这是我的政绩。下水道工程一搞就是二三十年, 可以在选举中用好几次。而合并净化槽不仅要一家一户地安, 处理起来比较简单且成本太低(红包里的钱会减少), 在一个村子普及这种技术至多用五年时间, 选举最多用上两次。"

原来如此, "这个技术会产生负面影响", 我的技术因立场不同却得出了这样的结论。看来我的技术普及无望。

现在, 这种有悖常理的东西大肆流行, 日本已经不是个正常的国家了。这种廉价技术是我从荷兰引进的。在回国时该技术的发明者曾对我说："不要附加任何东西，否则会使其性能下降。"但从我回国后，日本盛行的恰恰是这些画蛇添足的东西，因为不如此就赚不到钱。日本就是从那时起开始走下坡路，30年后的今天腐败已经全面蔓延，现在局部治疗已经无济于事，必须要从整体上予以根治。

前几天，我跟亚洲的精英们有过一次讨论，最后讨论到"我们该怎么办"时，我提出，现在搞内战干革命肯定不行，因为在动荡中受害最深的是水俣病患者那样的弱势群体。我们有劲使不出来。既然暴力革命不行，那就只有靠时间来解决问题了。

他们回答说："看一看再说，说不定会从细小的地方发生变化。当然，让我们援助亚洲各国，去哪儿都行。如果让我们来干，日本政府开发援助（ODA）花几亿日元做的项目我们用几百万日元就可以完成，不信可以证明给你看。"

这个世界并非是只要合理就能行得通。在这个世界里，黑社会为牟取暴利不断在利益与权利的集合体之间来回变换。其结果是政府财政竟出现了600兆日元的借款。这些借款是因公共投资而累积起来的，我觉得其中大约有一半是出于谎言，而不是真正出于需要。就是现在在建的项目譬如山阳新干线隧道，以后也还得追加大量资金予以改建。这一后果是要由子孙后代来承担的。我们这一代人真是在犯罪。但我们能在这里认真讨论这些问题说明还有希望，不久我将要向黑社会公开宣战。

那么怎样才能阻止公共事业呢？以我的经验来看，诉诸法庭是一个有效手段。我在新泻水俣病的处理过程中曾作为辅佐人参加了民事诉讼。在高知生纸浆事件的刑事案件中曾以特别律师的身份参加了审理，还曾作为一名辅佐人员参加了有关境川流域下

365

水道行政诉讼。尽管法庭抗争很耗时间与精力,但作为一个公开论战的场所是很有效果的。

东大教授和助手如果发生了冲突,助手只能输。我们小时候玩过战争将棋,这种将棋中有一条士兵遇到大将,士兵认输的规则。同样,在法庭上助手遭遇教授时助手只能认输。但是,助手这一方可以加入律师团以辅佐人的身份质问教授,在法庭上使教授无言以对,从而一决胜负。助手不能只作为证人被法庭传唤,要以辅佐人的身份才能胜诉,这是教训。法庭抗争虽然并非易事,但它可以成为一个战场。

另一个例子是从 20 世纪 70 年代中期开始,以生活俱乐部生协为代表,女性开始出现在地方议会中,这种情况逐渐成为城市近郊的一种普遍现象。我感觉在这一点上,"地方议会"会大有作为。

关西有一位叫辻元清美的女性,现在隶属于社民党,她是从和平号 NPO 活动中走出来的。如果国会里再有 10 个这种女性或者男性,那国会肯定会发生巨大变化。别管她属于哪个党,像她那样在运动中饱受锻炼并能坦率地表达自己看法的年轻人今后一定会成大气候,我对他们抱有厚望。

的确,东京和京都会议讨论了活在世上需要足够的理由这一阴暗面。这三天的会议使我获益匪浅,备受鼓舞。如果今后有什么可以效力的,我一定会尽力而为。

离京都不远的那个"名张育成园"智障儿童设施,以如此简单的方式就可以把污水变清,值得我们借鉴。我已经有一段时间没有去那里了,不知设施是否还在运转?我正四处打听,而刚才发言的那位高知的朋友上个月去过,说设施还在正常运转。如此简单的设施就能让下水道的水变清,真是令人感叹!

还有,如果处理方法得当完全可以使臭水不臭,而且处理设施廉价,全都可以自己制造。如果近畿地区再有两三个这样的地方该多好啊!

柳川与水俣

金泰昌: 桑子先生的报告中包含了许多今后值得我们考虑的问题。这里我想把这些问题稍做整理。关于理论和学说的讨论到此为止,在拓展议题中,我想把方向转到今后的实践课题上来。桑子先生提出了身体论,从朱子学角度如何理解身体论我想以后再请教,这里我想研究一下引进身体论会使观察"环境"的视角发生哪些变化。

刚才请各位观看了(福冈县)柳川和水俣的录像,广松传先生为了柳川的水流变清作出了贡献。他的良知就是通过自己的身体感觉来认识环境与人。儿时抓鱼的体验和在清水里玩耍的喜悦,都随着河沟里的垃圾散发出来的恶臭而变成了揪心之痛。广松先生的故事我已经听过多遍,我觉得他的痛苦并不是认识上的,而是身体感觉上的,而且这一痛苦绝不是一个人的,而是柳川全体居民的,是不希望留给后代的。要消除自己的、柳川居民的以及当代人的痛苦,首先要做的就是去找回儿时的喜悦。为此,他向具有共同意识的邻居、同志、同事倾诉,建立一个对话和共同活动的网络,号召大家共同行动起来清除河沟里的污泥和脏物,美化周边的环境,最后使美丽的传统水城得以再生。广松先生与他的共同活动网络既没有靠政府(官),也没有靠企业,而是通过共同分担失去儿时快乐的痛苦,自发而又自主地展开了连带活动。这不是对国家和公司忠诚意义上的"公",也不是为满足自己美感意义上的"私",而是在意识到柳川居民的现在与未来的基础上,为了"对方"共同努力的一种共同活动意义上的"公共",是公共精神和公共活动。这一活动才是本来意义上的公共事业。

那么水俣呢?水俣没有对痛苦的分担。排放氮的人也许有"为了公司"或者"为了国家"这一"公"的意识,也有为了生活利益和出人头地这一"私"的意识,但就是缺少"公共"意识,即与他人同甘共苦,共同寻找消除痛苦的方法,通过对话与互动达成共识,在此基础上进行共同活动。

我与广松见过多次,他真是为了水又变清而感到由衷地高兴。"这是靠我们自己的力量做到的!"无论在哪里他都会滔滔不绝地说上两三个小时,全身充满着喜悦。这是与大家一起干的,是给大家做的好事,他的情绪也感染了别人。

身体论也叫做"身体间论"、"相互身体论",英语是"inter-corporeality"。广松先生把身体上的痛苦、喜悦和期望传达给了他人,身体性变成了"身体间性"。以往的环境理论正是缺少这一点。因此,我认为应该以此为契机变革环境理论,把桑子先生的身体论再推进一步,即把环境论建立在身体感觉的基础之上。认识固然重要,但缺少身体感觉的认识仍然是抽象的,认识应该发展成为身体化认识。

最近,"embodied knowledge"这一英语单词频频出现。认识要变成身体化的认识,这一点在环境问题上显得尤其必要,我深深地感觉到身体化认识以及在此基础上的实践才是最重要的。

痛苦的身体论

鬼头秀一:我认为刚才有关身体论的讨论十分重要。录像中广松先生所指的就是通过身体获得"知识"。为什么广松的话有分量呢?他在开始的那一小时里回忆了往事,提到了在水边玩耍的各种经历,包括有趣的抓鳗鱼游戏。这种体验里既有与人的生计相关的部分(例如农业),也有"游戏",即我在论题七中提到的"副业"部分。正因为如此,他的话才有分量。我们难道不正是通过"游戏"才与"环境"发生关系的吗?我把"游戏"与"副业"称做"精神性",但这一精神性实际上并不是大脑中那种纯粹的精神,而是身体上的精神性,我们应该把它也看做是一种精神性问题。

金泰昌先生谈到了受害者的痛苦,与此相关,实际上存在着一个宇井先生以前提到过的,我一直试图解决而又没能展开的问题。即在受害者与加害者之间存在一种非对称性,在受害者与加害者之间不存在第三者,第三者就是加害者。这一问题与人们对"受害"的理解有关。

宇井先生常常提到饭岛伸子的受害者结构理论。饭岛先生这样解释受害者的社会结构,即"受害"包括四个层次:一是疾病,即健康受到损害;二是不仅健康受到损害,生活本身也受到损害;三是人格遭到破坏,例如歧视;四是共同体和地域遭到破坏。这四个层次几乎涵盖了一切,因此受害一方涉及社会各个领域。

而加害者关注的只是"健康受害"问题。例如,在水俣病的认定问题上,得到诊治的只是疾病本身,认定工作也只是从患者是否患有 hunter-russell 病(包括运动失调、语言障碍、视野缩小等症状)这一生理学角度去作出判断。熊本大学的原田正纯等人认为这种做法有问题。他们提出不应该从生理学角度考虑病状,而应该从免疫学或者从民族学的角度研究"生活"本身。这就意味着"受害"不再单单是"病症"本身,而应包括整个"生活"和"地域"所遭受到的破坏。

氮工厂的人看到的只是废水与死掉的鱼。但是不知内情的渔民们出海打鱼,在实践中接触过自然的多样性,对他们而言(健康、生活、自然、地域等)一切都遭到了破坏。因此,(受害者的痛苦这一)身体论为我们认识"受害"提供了一个非常重要的路径。

金泰昌:无论是江河还是大海,如果被看成是人的身体,那么伤害它们就等于在伤害人类自己。而除非有特殊情况,否则人们不会伤害自己的身体。这个道理对于我们转换思维方式起到了推动作用。

日本的环境理论在一开始就出现了方向性错误,始终存在一个重大误区,那就是把"人类中心论"当做靶子来批。但在我看来,应该批判的不是人类中心论,而是"人的异化论"。如果把"人"置于环境当中,就绝对不会伤害环境。正是因为人在环境之外才导致了环境破坏。置自身于环境之外,把环境问题视做与己无关,才最终导致在政策上出现混乱。

我们需要改变我们的自我认识观,即要从客观的环境观察者转变为内在的当事者。与其说问题出在人类中心论上,还不如说是出在人类不在论上。所谓人的异化论,是指人与环境关系上的异化,这也牵涉到了人在与环境关系中的定位问题。

我们要认识到,人不应在环境之外对环境采取合理化行动,而应在环境中与环境进行相互作用。这一相互作用,一方面是指人与其他一切同居者(动物、植物、矿物)共同存在、生成、相克、相生,另一方面还包含了人的定位以及对行动结果担负的责任,并要求忠实履行这一责任。

我们不应从外部观望地球,而应从自己的现实生活出发,把目光逐渐移向整个地球和整个宇宙,把人与各种层次的关系也纳入思考范围。

人作为环境的破坏者应该进行自我反省,并由此出发来解决身边的所有问题。要认识到包括自己在内的人才是问题的根源,现在需要的是这种当事人的谦虚精神和态度。总是以第三者和旁观者的立场来考虑问题，这其实不该叫做人类中心主义，而应视为人类无责任论或者人类排除论。只考虑人（自己）的利益而不考虑自然的利益是人类利己主义和人类沙文主义，它与那种以人为中心的思考方式不是一回事。

日本把朱子学和阳明学的思想也搞反了。这从对"格物致知"的解释中可以看得很清楚。阳明学的致良知是指人的内在的自我认识，而朱子学的重点则是从内外两个方面来把握人的位相。"人"把自己置于宇宙（天地）的中心，是一切问题的当事者，从这一观点出发，一方面要将大自然的造化生生观察到极限（格物），同时又要将人的深层意识观察到极限（致知），只有同时观察外界（自然环境）与内在（意识环境），人才能在与环境的相互关系中获得恰当的位相，以及形成恰当的认识框架，问题也才能从位相层次提炼到精髓。

但是，不知是谁在何处对此进行了歪曲的解释，出现了不能只看外部而忽视内部这样一种意识形态，可称做内面主导主义，结果带来了轻视认识外界的教条主义，即认为自然环境问题似乎只要注重内心的一面就可以得到解决。

实际上"格物"与"致知"两个方面都凝缩在主体的"人"当中，主客相连的知与行也形成于此。但是不知在何处，这却被归结或还原为偏重内省的主客合一的知与行，结果环境问题成了一个内在意识层面上的问题。似乎只要改变每个人的意识和生活方式就能够解决问题，这种内面主义、精神主义、生活意识主义固然重要，但是光靠这些主义并不能把握问题的本质和其复杂性。

按宇井先生的意见，今后凡是把自己置身于环境之外、从第三者的立场出发来考察环境问题的都应受到批判，因为这种做法充其量只是一种半是消遣性的和充满了玩笑意味的中产阶级环境论。真正的环境论必须要把桑子先生的"身体论"也收纳进来，特别是要把"痛苦"置于身体论的核心地位，没有"与他人共享的痛苦"认识，就不会产生伴随着反省与责任的环境运动，就不会有环境论。我们必须重新认识此次研究会讨论的人与环境相互关系的意义。

"共同感受痛苦"

金凤珍：金泰昌先生认为，"格物致知"（也有"格物穷理"的说法）本来是以人为中心兼顾（外部与内部）两个方面之义，但日本却对朱子学和阳明学的理解有误。

即使这种解释正确，我认为还存在着一个如何阐发其现代意义的问题。我本人就是试图从这个角度展开讨论的。下面，我想联系桑子先生报告中提到的身体论，谈谈我对儒教以及朱子学和阳明学的理解。

金先生提出了"身体间性"这一西方概念。众所周知，儒教的最高道德是"仁"，用孟子的话说，"仁"就是"恻隐之心"。最近有人把"仁"翻译成英语的"co-humanity"，意思是说能够同时感觉到自己与对方的感受，是共感之心。

小林先生提出了如何理解朱子理气哲学中"理"的概念问题。关于"理"的解释有很多，"理"这一词本身不是来自孔子，而是从荀子开始的。其本义是指大理石的纹理。荀子中出现了"道理"或"原理"的说法，1500 年后朱子使用了"天理"、"道理"、"原理"，再以后又流行了"条理"概念。至于"理"能否用西方的"理念"来说明，我不知道，因为我对西方哲学知之甚少。

按我的理解，儒教所说的"理"的概念特征在于，它是一个与人伦道德相关的概念,是"天理"、"道理"。如果"理"被译成英文的"reason"或"principle",其特征将会消失。我认为这一点十分重要。总之,在这一研究会上也有人说过,到了朱子或王阳明,特别是王阳明那里,"理"或"天理"被解释为"天地生生之仁"。

另一个是"万物一体之仁"。这是什么意思呢?我认为它是指"人是关系中的存在"。它不仅是人与人之间关系中的存在,实际上还是大自然中的存在,是自然界的一部分。天地人也好,天人地也好,都表达的是"天地之中的人"之义。

"天地人"中的人是获得了最清新之气的人,因此"人"是宝贵的、值得尊重的存在。正因为值得尊重,"人"必须要成为在伦理道德上高尚的存在,否则就不成其为"人"。"人"之外还有许多层次,譬如"禽兽",禽兽是不能将伦理道德与天理付诸具体实践的;还有"君子","君子"是能够将高尚的伦理道德完全付诸实践的存在,其最高层次是"圣人"。

"人处于人与人之间",同时还处于"大自然"(按照此次主题是"环境")之中。人是环境的一部分。那么,怎样才能建立人与外部世界的良好关系呢?首先要把身体性当做最高的道德目标,要以恻隐之心来关心人、同情人,对人要"sympathy"和"empathy"。同时,人作为自然界的一部分,还要充分考虑到与自然和宇宙的关系,把自己当做伦理道德性的存在,这才是人的存在方式。朱子的理气哲学就是这种哲学。

这里要涉及"所有权"问题。实际上,我曾写过这方面的英语论文,并在学会上发表过。我认为"权利"的翻译是错误的。在明治初期,人们使用的不是利益的"利",而是理性的"理",我认为用"权理"更为恰当。

总之,在如何理解"权利"的问题上,朱子学认为这必须是"包

373

含义务的权利",反过来说也是"包含权利的义务"。义务与权利实际上是相互联系的,是一种关系性。因此,权利的要求中必然包括道德抑制和道德控制。这难道不正是朱子学或者阳明学教给我们的吗?如果我们再做一些延伸,还可以从朱子学或者阳明学中获得大量有关身体性或身体论的启示。

近代以来的西方科学是有缺陷的,从结论上看它缺少神与宗教。我认为科学一般是远离伦理道德、远离大自然的,而东方思想(这可以是朱子学,也可以是阳明学,甚至也可以是其他东方思想)则走了一条与西方科学相反的道路。

科学技术在其发展过程中会出现各式各样的问题,我对桑子先生为解决这些问题所做的努力表示由衷的敬意。我也期望桑子先生能像金先生所说的那样,不是止步不前,而是更上一层楼。

金泰昌:说得很好!但是金凤珍教授还是没能与桑子先生所说的身体论联系起来。因为,如果把孟子恻隐之心的"仁"理解为英语的"co-humanity",那么"仁"就成为人性、共同人性或者人类间性,这些概念中的抽象性和脱身体性就无法被消除。从身体性的认识出发,如果非要从英语中选一个与"仁"含义相近的词的话,我觉得还是"compassion"更为合适。从语源上看,它有"共同感受痛苦"之义。如果不能共同感受痛苦,桑子先生所说的"身体化"就成了一句空话,就又回到从前的认识水平了。

同样是"仁"却有多种解释。过去我们受古人的约束太多,正如金凤珍教授所言,对其在现代的应用做得不够。因此现在需要引入身体论,以便发现一些新思想。但如果还沿用此前抽象的 co-humanity,恐怕会一事无成。

而用 compassion 则不同了,这时痛苦将不再是某个特定受害者的痛苦,而是整个水俣市市民的痛苦,是所有日本人的痛苦,再进一步说是地球上一切人都能感知的痛苦。惟其如此,才会有地球环境问题。换句话说,"痛苦"这一身体感觉最终会为环境论以及环境运动奠定人的存在论基础。环境问题不是他人的事,而是自己的事,要具有这种当事者意识,这才是问题的关键所在。因此,身体化认识是必需的。

环境哲学的可能性

桑子敏雄:现在看来,我的身体论和空间论的写法似有不妥。我本来是想说,一提到身体就会想到空间,这种空间论才是我的研究对象。因此可能把"身体空间论"连起来说更好。在"身体空间"中,"他者"不仅自己存在,同时还与其他存在共存。日本有以心传心的说法,人之所以能做到以心传心,是因为自己与他者都有相关的直觉。人们看同样的东西都会产生同样的感觉,有时感到喜悦有时感到痛苦。"感性"中的"感"字是"被驱使"之义。《易》中就有这一说法。"动"是因为被驱使而动。也就是说,自己是因为与空间存在的"相互关系"而动,他者也是如此。"相互关系"中当然包含着恻隐之心以及对他者痛苦的感知。

关于身体空间问题,西冈先生讲过《作庭记》的故事。《作庭记》的故事让人想起建苔寺和天龙寺的梦窗疎石在《梦中问答录》中说过的话,即为什么要建庭院? 尽管庭院的建法有很多,但最终不外乎都是使"山川草木国土瓦砾"等各就其位,只有在这个意义上才能说庭院是建起来的。

也就是说,任何事物在"自然"或者"整个世界"中都有其自己的位置。要真正理解这一点,不妨在狭小的空间里建一个"庭院",它会与花园岛完全不同。在这种对自己位置的理解方式中当然也包含了对空间与身体的理解。

金泰昌:我认为恰恰相反。我满怀期待地读完桑子先生的书,希望看到一个新的环境哲学。在先生所使用的基本概念中"配置"最有特点,"身体"、"风景"、"履历"等理论结构也基本上与"配置"相关。

但是,从哲学上严格地说,这些东西是搞土木建筑的人的想法。这可能是因为先生在与其他哲学家的对话中遭受了挫折后,与搞土木建筑的人沟通的结果。这虽然给您开辟了另一片天地,但您的思想也因此而被他们所同化。好不容易提出的"身体论"变成了"身体空间论",然后又变成了"身体配置论"、"空间风景论"、"空间履历论",其结果身体论中的"身体"反而失落了,即被归结为"空间"。冒昧地说一句,我从桑子先生的思考时空中没有找到西田(几多郎)的身体(自己)概念,而这一概念是西田从场所论出发思考自觉问题时的起点。

桑子先生所提出的问题无疑是重要的。但我对先生把"身体论"归结为"空间论"感到遗憾。希望先生能把"身体论"中的痛苦、喜悦、希望等人的实际感觉也纳入到"空间论"中,在此基础上再去思考宇宙之中、自然之中的"人"的位置、作用、责任以及由此产生的有关人与环境关系的动人风景和风景中的履历,只有这样"身体"和"空间"这两个概念才更有活力。

本来学者的工作是创造,通过合作把研究推向深入,但不知为什么,学者们却总是缺少宽阔的胸怀,即便是建设性的提案也很难被他们接受。结果是理论创造总在靠同样的逻辑建构起来的封闭回路中反反复复,看不出有什么新的突破。我非常重视先生的意见,并希望先生的意见能够成为我们的共识。从这一愿望出发,我认为应该进一步深化"身体论",而非"身体空间论",只有这样才能创造出一个生机勃勃的环境哲学。

小林正弥：问题不在于人类中心主义，而在于人的异化，我觉得金泰昌先生所说的这一点极为重要。深层生态学固然重要，但在这一点上它还有局限性。我赞成对"西方中心主义"进行批判，但是反对简单地把它等同于"人类中心主义"，因为这样一来，我们就必须平等地对待一切动物、人和植物，文明也会因此消亡。

这一问题所涉及的不仅是环境保护，而且与我们这次讨论的很多问题都有关。也就是说，自然科学本来是为"人"而存在的，今天科学工作者研究科学也是出于这一原因。科学或者学问跟"宗教"和"伦理"有关，"市场经济"也是如此。正如马克斯·韦伯所说，它们的诞生都离不开伦理因素。

"自然科学"也好，"市场经济"或者"法律"也好，它们都离不开伦理要素，都是因"为人"而产生并"为人"服务的。但是，当它们发展过了头开始"自我目的化"时，它们就会使"作为目的的人产生异化"。

以前，马克思主义抓住了问题的本质，把这一现象称为异化。但问题是，在马克思主义那里，人的异化总是跟唯物主义的马克思主义经济学相连。我们现在应该重新评价异化论。否则会有人以生态环境问题为由全面否定自然科学、市场经济、法律与权利，全面否定近现代的积极意义。如何使异化了的"人"恢复到本真状态？如何把上述问题重新整合起来？我认为这些都应该是公共哲学研究的课题。

377

共　感

薮野祐三：我有一个极端的理论，即"自由"本身就是对环境的破坏。"自由"与环境破坏共存亡。在这个意义上，我生存就是对环境的破坏。对水俣病，我应该采取什么立场呢？是站在受害人一方,还是站在加害人一方? 有没有超越这种对立的逻辑?

所谓环境破坏,并不仅仅是指那些想获得"自由"的人开山掘河,还包括对社会环境的破坏,譬如有人无视父母的痛苦,说一声"我不知道"后抛弃父母,离开农村。这样看来,环境破坏在本质上类似于器官移植。

我是带着牙刷来饭店的。这是我给自己定的义务,因为我是环境的破坏者,我想以此给自己戴个免罪符。

听了金泰昌先生的实存性身体论,我很激动,听了"柳川"这样一个优美的故事,我也产生了共感(compassion),我甚至感觉到一种物理性的痛苦。我的老家福冈二区有一个叫山崎拓的政治家,他说在四年的选举期间,选民中会有六成迁移。尽管如此,我们还是对某一个地方的人有一种固定的印象。这是第二点。

第三点是我们如何超越身体的痛苦。第二次世界大战后出生的这代人常会听到老人们回忆往事,譬如第二次世界大战后吃红薯、受尽肉体上的折磨等等,这些都没有超过实证主义的水平。但是那些没有经历过身心痛苦的年轻人不是也投身于亚洲反战运动中去了吗?

我们要研究痛苦和身体性问题。但跟"物理性痛苦"相比,如何使人们能够"共同感受痛苦"更为重要。不好意思;我已经求了三四个免罪符,其中之一是我已经献了两百多次血,这样我的心情会好受一点……

金泰昌:我提出了共感,但并不是说它可以包治百病。我提出共感是为了深化对桑子先生"身体性"的认识,"共感"(compassion)的原意是可以共有的身体感觉,即"共同感受痛苦",希望您能准确理解我的意思。

日本是一个安逸的和平国家,薮野先生是日本的大学教授之一。但与薮野教授不同，我长期以来一直苦恼不断，这可能跟我的人生经历有关。我非常理解人们试图摆脱"痛苦"的心境，也十分清楚不知道"痛苦"的这代人所存在的问题。但"共同感受痛苦"是我们进行环境保护实践的重要依据。韩国过去也曾发生过环境破坏，山变成了裸露的红山，洪水泛滥。因为我本人经历过这种痛苦，当电视新闻中出现环境受害者痛苦的画面时，我都把它当成自己的痛苦。

从词源上看，compassion（共同感受痛苦）与 sympathy（共同感受苦难）概念都可以成为我们思考与实践的参考依据。compassion 的 passion 和 sympathy 的 pathos 都不仅具有痛苦、苦难之义，还具有战而胜之的含义，它们都包含着含辛茹苦、不逃避和不忽视，直面困苦的态度与决心。它们的内涵和外延都很广泛。面对困难，如果说由一个人承担是激情（pathos）的话，那么众人一起承担则是同情（sympathy），这就是共同感受痛苦。

鬼头秀一：薮野先生发言中也有讲得非常清楚的地方。从共感出发强调"场所"会导致一种共同体主义，这种共同体主义往往会出现在非常封闭且自给自足的地方。那么，这种共同体主义能行得通吗？我看未必。

一方面，彻底开放也可以产生共感。也许我接触的都是些极端事例。活跃在环境保护实践中的往往都是所谓的外乡人，当然也有本地人，但外乡人居多。那么外乡人是怎么做的呢？他们有时也用"自然的权利"或者"保护生态系"这种外在逻辑，但在多数情况下这种做法会使外乡人与本地人的关系变得更糟。

不过也有比较成功的事例，外乡人采取了一种与本地人共感的对应方式。例如，奄美大岛黑兔子诉讼事件。有一位《朝日新闻》记者的夫人，本来不是奄美的居民，但却热衷于奄美诉讼。一开始,她强调要保护"自然",但对搞运动的外来人来说,这是不够的,她需要以某种形式跟当地人进行沟通。

因为农村老爷爷与老奶奶很多,她就问他们"这里过去是什么样子"之类的问题。她要了解的不仅是"自然",还有"他们与自然的关系"。通过这样聊家常,她开始对该地域有了某种共感,对"自然"的共感也得到了深化。

反过来,那些被问到的人会滔滔不绝地讲述过去。讲述非常重要,因为讲述不仅仅是对过去的描述。像"过去是这个样子"这种陈述实际上是在今天的基础上对过去的一种重构。在某种意义上,它描述的是一种非常具有规范性质的空间。它不再是原有的"空间"、"风景",而是某种"由伦理构成的风景"。

外乡人与本地人之间的"对话"、"讲述"也是一种身体性行为。不是单纯地通过观察,而是通过"讲述"使某些东西"呈现出来",过程本身非常重要。

在某种意义上,所谓共感,就是在这一过程中获得的。因此,外乡人也可以拥有共感。环境保护运动往往在本地人与外乡人获得共感的地方开展得比较顺利。在本地人看来,公共事业连续不断,生活越来越方便,但总会有一天突然发现"过去不是这个样子"。因为人们的生活总是处于变动当中,这些变化很难察觉。人们正是通过"今非昔比"这种对比来重新认识和重构自然,并使自己也在这一过程中发生变化。我们应该研究这一动态的变化过程。

的确,桑子先生说的"配置"与"履历"非常重要。但是这些"配置"与"履历"不是动态的,而是静态的。"履历"给人的印象虽然有趣且重要,但只不过是积累起来的纪录而已。而"积累起来的纪录"应该是变化的,不看到"变化"就无法理解"环境"的本质。

对孩子的教育也是如此。最近为了教育下一代，我们常让孩子们到深山野游，增加体验。如何把这种体验传给下一代至关重要。我们必须明白，增加这种体验并不是让孩子们回到"过去"，而是让他们创造出新的关系。

金泰昌：刚才，我一边听鬼头先生的发言一边思考环境哲学中的公共性问题。在反省与重构环境问题的认识与实践上，我们应该如何调整自己的意识与行为呢？我们如何在缺少共同的超越性价值和统一理念的前提下，来实现和维持与他者的共存呢？这是我们的基本课题。由于痛苦、苦难、悲痛都来源于人们共同拥有的具体生活体验，因此即使人们的价值观与理念不同，但在能感觉到痛苦、苦难、悲痛这一点上是相同的，尽管人们所属的世界不同，但共感是可能的，正因为如此才会有真正的对话和共同活动。

薮野先生说由于人们移动的增加而使获得共感的难度也在增加，我不这样认为。我本人就是一个经常移动的人，不属于总在一个地方定居的那种类型。年轻时我曾憧憬要做一个阿卜拉汉式的人物，因为我能真切地感受到那些超越国界并与民族和宗教无关的人的痛苦。由于我的这种体验还在实践中，以至于有人说我跟某人有前世因缘，而这些共感都是在移动中获得的。当然在一个地方定居也能产生共感。总之，我认为移动与共感基本上没什么关系。

如果共感与共有只是指过去和现在的共感与共有，那么它们会成为恶的共同体根据和基础，成为某种歧视、排除异己和压迫人的根源。我对一部分共同体理论抱有强烈的反感。如果共同体只是"共同拥有已经存在的东西"，那么它带给人的是压抑，这不是我们所希望的。从现在开始，我们必须建立一个能够共同开创未来的共同体，我想这种要求会越来越强烈。总之，能够共同拥有过去固然好，如果没有，那就让我们共同创造出一个面向未来的新共同体吧。

那么在这里什么最基本呢？难道还有比身体的共感更具有现实的力量吗？这种原动力绝不是抽象的。在我走过的人生中，曾经有很多具体的、身体性的、强有力的原动力。

共感的确存在着跟自由相反的一面，但真正的共感是自由。之所以这样说，是因为人们在一起未必非要感受"痛苦"，但只要有"痛苦"就一定会产生关心。这时"自由"会成为检验"自我决定的自由"。因此，我把共感理解为"身体化的仁"，我认为共感是值得肯定的。

桑子敏雄：我非常清楚从"身体论"出发去思考的重要性。但今天的话题主要有两个：一个是考察"环境"必须联系身体和空间，另一个是刚才薮野先生提到的"赎罪"问题。

高度经济增长时代给我们带来的丧失感以及消失了的东西，将不会出现在下一代的面前！他们甚至连丧失感都不会有。这种"丧失感"并不是对人的共感，我不知道"对不存在的东西是否有共感"，但"丧失感"是我思考的基础。

原田先生曾说过，现在我们看到的是地球最美丽的时刻。在20世纪60年代到70年代，我曾经认为地球将会遭到真正的污染，因此很珍惜美丽的地球。一想到这些，我都会被丧失感所击倒。这种丧失感与其说是上一代人给我们的，还不如说是我们这一代人自己产生的。失去的就让它失去吧，对于那些正在失去的我们必须想办法予以阻止。

刚才有人提到了柳川。柳川的那条河是一个大规模的土木建筑项目，没有那个项目就不会有那条河。我不认为土木工程项目都是恶的。尽管有些大规模的土木工程和公共事业的确应予以阻止，但如果提不出具体的建设性方案，效果往往会更差。

在金先生看来，我的问题意识"有偏向土木工程之嫌"，但我认为，那些从事土木工程的人如能真这样想，还是求之不得的。以后有机会，我会把能说的都说出来。尽管遭到的批评很严厉，但只有这样才能检验自己的思想能否成为资源。

在这一问题上富于创见的，令人感到意外的不是从事伦理哲学的，而是从事文化人类学或者园林以及工程学研究的先生们。今后我想超出社会科学的范围探索一下学际研究的道路。在这个意义上，"空间论"的讨论还是有意义的。

金泰昌：我也不认为土木工程项目都是恶的。与一部分学者不同，其实我跟先生一样，也认为土木工程和建筑项目需要环境论。但是，我们应该把从事建筑行业的人的观念的重要性与环境哲学中身体论的意义严格区别开来，因为毕竟两者是不同的。桑子先生强调的"丧失感"其实也就是广义的"痛苦"。桑子先生的"丧失感"需要从桑子先生个人的实际感觉转变为能够与他人共有的感觉，成为公共的关心和课题。总之，要想把作为公共问题的市民参与也纳入我们的研究视野，共同感受痛苦是必不可少的。

桑子先生认为，高度经济增长时期有很多东西消失了，但对这些东西的丧失感并不是人的共感，从表面上看这一理解似乎正确。无论是消失的风景、消失的配置，还是消失的履历，其中总会有人类的痕迹。人之所以能感到丧失，不正是因为人在环境中生存、生活、与他人同甘共苦吗？这样说绝不是对自然进行人类中心主义的解释。过去那种美丽的风景随着时代变化而消失，是人的个人行为和集体行为的结果，也只有人才能够把这一结果理解为丧失感并感到痛苦。

"时空中的履历"与"持有"

西冈文彦：薮野先生提出了赎罪的问题,但我认为根本没必要这样想。赎罪是一件痛苦的事。因有罪而真正感到痛苦的人一生都会去救赎,这对其本人以及周围的人来说无疑是一件好事。但这一结论太一相情愿了。

上中学时,我读过宫泽贤治的童话《夜莺之星》。在夜莺死之前,一只虫子飞进了它的嘴里。虫子在它的喉咙里挣扎,夜莺哭着吞下了那只虫子。为什么会哭呢? 因为是生命就必然吞食生命,宫泽贤治用喉咙里的虫子那种恶心感觉来说明这一道理。我想,读过这个故事的孩子一生都不会忘记夜莺临死之前边哭边吞食虫子的那种感觉。像米本先生这样感情丰富的人,如果写这类童话,也一定会高产。

还有,桑子先生提到的"空间的履历"和"持有"也给了我很大启发。有一次,我在院子里观赏,看到一只蛇爬出来爬上了墙。蛇消失后没几分钟,一只猫跑进了庭院。那只猫跑到墙底下,突然停了下来,盯着那堵墙。原来,可能是因为蛇的体温低,猫看蛇爬行的足迹就像人看到红外线温度分布图。因为猫的头是按照蛇爬行的方向慢慢抬起来的,它一直看到墙头,样子有些迷惑不解。

我曾干过工匠。经常接触到这类蛇留在墙头上的"空间履历"。这是一种奇特的现象,是一种超常能力。这类现象虽容易被神秘化为以心传心,但如果常年观察,我们还是可以观察得到的。我曾跟动物学者说起过猫的那一行为,动物学者告诉我:"猫这种动物能看见红外线。"出现在这里的巧合完全可以成为教材。我在想,如果我们把桑子先生提出的"空间的履历"当做学习实践知识的场所,那一定会对未来后代作出贡献。

关于"持有",我也有类似的经验。我曾从师父那里继承过工具,但这明显不是"所有"。因为与其说它属于自己,还不如说它叫我很为难。在用了半年后的一天,我洗它时发现它变弯了。糟了!我想尽各种办法,甚至用纸和刷子扳,但就是矫正不过来。我绞尽脑汁,最后发现可能是自己使用它的姿势不对,于是改正姿势干了一段时间,四个月后工具就又恢复了原样。

还有,经营者坐在公司总裁的椅子上也不是"所有",而是"持有"。经营者坐到椅子上时,脑子里浮现的可能是"啊!原来前人是这样想的"等等,从这一事例中我们也可以看出"空间的履历"的教育效果。

工匠手里的工具带有"空间的履历"性质。尽管它不像墙头上蛇的足迹那样明显,但实际上在与我们相关的环境中总会有桑子先生提到的"空间的履历"和"时空中的履历",只不过我们已经失去了阅读这些履历的能力而已。一旦我们恢复了这种能力,能够正确地读出刻在空间中的履历,并把这一切传授给未来后代时,时空中的履历就一定会给人们提供更多的学习机会。现在"空间"已经受到了破坏,因为在日本时空总是不分家的。

地球环境与公共哲学

小林正弥:金凤珍先生刚才谈到了孟子的"恻隐之心"。在西方思想史上,卢梭也曾说过类似的话。当然,卢梭对共和主义与马克思(的异化论)产生过影响。人作为"自然人"具有自爱心(amour de soimeme)和怜悯的情感。所谓怜悯,是对可怜人的同情。卢梭正是在回顾朴素自然人的同时,把自然人提升到文明水平,并试图建设一个新型社会和新型政治。

其实,我们这里讨论的内容跟卢梭的理论很相似。在理性主义启蒙时代,只靠头脑中的理性来构建文明是不够的,因为它会使精神与道德沦丧。因此,卢梭还提出要重视激情,他的这一观点后来对法国大革命起到了推动作用。

如果联系刚才米本先生的发言,我觉得在某种意义上,"全共斗"那一代人对理性主义的批判有其合理的一面。现在,以理性为中心的西方中心主义由于无法从正面解决人的认同问题,从而使问题变得更加严重。"关键在于自我认同",米本先生的这句话是与当今政治哲学中流行共同体主义有关。

但是,我们到哪里去寻找自我认同呢?这显然跟共同体的规模和性质有关。刚才,金泰昌先生提出:"古代的那种封闭的共同体有缺陷,今后应该创造出一个新型的共同体。"我觉得金先生的这一观点非常重要。

现在,政治哲学要寻找的共同体大致有三种。一种是保守派的,即他们要复兴国家共同体。在日本,它是以《国民的道德》和《国民的历史》这种方式登场的。

第二种是地域共同体。共同体主义的目的是要复兴地域共同体。它与强调要尊重阿伊努族和印第安等土著民族文化的多元文化主义相关,因此也与种族问题相关。按照刚才提到的卢梭的理论和人类学知识,朴素的自然人富有怜悯之心,这一怜悯之心是社会的核心原理之一。当然,共同体主义者中也有人重视国家共同体,但多数情况下,他们更强调要尊重地域共同体。

第三种是我们多次讨论过的地球共同体,它是我们的希望。一般说来,国家共同体往往容易被人们所接受,但它是在近代的理性中心主义时代形成的,具有人为的特点。同国家共同体相比,传统的朴素的原始共同体、地域共同体以及21世纪所开创的地球共同体包含共感的可能性更大。

小林义则先生曾经有一段时间援助艾滋病患者,但现在却突然转变成国家主义的代表人物,写出了《战争论》。从这一事实来看,我们还应该加深对认同问题的认识,并研究其发展方向。

辛·古尔巴克西:荞特是一种类似于麻的东西,用它做成麻袋是西印度最大的产业,过去西印度的麻袋产量约占世界的50%。20世纪60年代,由于日本开始生产合成纤维袋子,西印度的麻袋产业一下子就被挤出了国际市场。而在印度麻袋是人们的基本生存手段,麻袋产业的破产迫使西印度人只能另寻出路。因此,我们也不应该仅仅从地域的角度,还应该从更高的层面综合地考虑环境问题,人们彼此应再多一些互相帮助。

隔藏康一:身体感到的共感是思考"环境"的基础,这一点没有什么疑问。问题是既然不可能让所有人都拥有共感,那就应想办法让决策者拥有共感。从这点来看,我认为桑子先生为决策者提供了思考的前提。前几天我在飞机里看了一部电影,名叫《爱琳·普罗克比奇》,电影讲的是一位在律师事务所打工的女性,发现了某地区水质污染与该地区癌症发病之间的关系,于是就独自收集数据,最后打赢了官司。据说这是一个真实的故事。那位名叫爱琳·普罗克比奇的女性通过积极参与诉讼,获得了与当地受害者的共感,最终赢得了胜利。这部电影给我印象最深的是这样一个情节,她把对方的律师叫到自己的事务所,在同对方进行了激烈的辩论后,倒了杯水给对方,当对方要喝时她说:"这是专门为你们准备的污染地区的水。"听了这句话,对方律师们再也说不出什么话来了。这是一个让那些拒绝共感的人最终也被迫拥有共感的例子。

在水质受到污染等情况下,我们可以通过半强制的办法让对方拥有共感。但是,在地球规模的环境问题上,我们怎样才能让人们拥有共感呢？在这一问题上，我觉得刚才西冈先生的发言给我们提供了线索，即编写童话，进行教育，学习时空中的履历，这些都可以让人们拥有共感。

走向"市民的科学"

林胜彦：最近我身体能感受到的痛苦是基因，是遗传基因和DNA，对我而言这就是地球环境问题。我曾在做电视节目时遇到过各色各样的人物、事故、事件和灾难，从这些人物、事故、事件和灾难中，我发现都有一个基因问题。例如，在胎儿性水俣病、广岛和长崎的原子弹辐射患者、切尔诺贝利原子能事故、阪神淡路大地震中的难民。今天，在看了近藤先生提出的臭氧洞的数据后，我身体就感到痛苦。这与其说是我个人的基因感觉，还不如说是整个地球生命的痛苦，或者说是基因所感觉到的未来后代的痛苦。据说 21 世纪是基因科学的世纪。一方面，运用生物信息科学的基因制药、依据 DNA 断片和单核苷酸多态（SNPs）的预约性治疗和遗传子治疗等技术让人充满期待；另一方面，基因还会带来歧视。这也许是科学幻想，将来人类会对生殖细胞进行基因操作，融合克隆技术和凯米拉技术，把 gene-riches 与 gene-natural 和 gene-poors 分开，从而引发新的类似于环境问题中的"南北问题"，即"生命中的南北问题"。因此，伦理问题是重要的。在我看来，环境伦理和生命伦理是一回事。

日本宣称要从 1995 年起开始科学技术立国。对此我举双手赞成。我一直希望日本重视"生命哲学"这一方向。所谓生命哲学，是指无论过去和现在还是将来都要重视一切生存着的以及能生存的生命的精神，我是在这一意义上来定义生命哲学的。我认为，21 世纪的科学技术应该在维护生态系平衡的同时确保个人的生活安全,并能够解决与整个生命世界相关的地球环境问题。我强烈希望尊重未来后代的生命哲学能够成为 21 世纪文明的基础。因此,我认为由包括我们记者在内的平民"对科学进行文官统治"非常重要。

最后,这次会议的主题是从京都论坛时代延续下来的,我谨向几位被我们强拉进来参加论坛的先生表示谢意。

金泰昌:最后能听到林胜彦先生提到文官统治,我稍感安心。现在,科学一旦成为"公(国家和大型企业)的科学"其破坏性已经有目共睹,我们对"私(满足私欲)的科学"的任意发展也应有所提防,我们需要的是"公共(由市民主导的幸福创造)的科学"。林先生提到了我们要对科学技术进行文官控制,其实还需要由市民们参与的公共讨论。我不希望日本(国家)超越美国成为一个统治世界的巨大的科学体系。

矢崎胜彦:三天来,大家的讨论内容充实,发人深省。面对开放的宇宙,我们创造的却是封闭的社会,封闭的心灵! 对各种多层结构与封闭结构的肯定来源于狭隘与偏执,要超越狭隘和偏执需要培养人的共同感觉,改变人的日常行为,在此我又一次深深地感受到了讨论公共哲学的重要性。这次讨论,从宇宙的公共性到原子和分子水平的公共性,使我收获甚丰。在讨论中,我还听到了许多来自其他学科的公共性知识,这在以前是少有的。大到宇宙,小到分子,作为一名当事者,我都是带着身体感觉来听的。真是一次难得的体验,由衷地感谢各位,谢谢!

389

后　记

金　泰　昌

这次公共哲学共同研究会（2000 年 11 月 3 日—5 日）的议题是"环境问题与公共性"。围绕这一共同议题大家进行了发言、提问、讨论并制定了发展协议。在研究会即将结束之际，我想就几个问题做一点补充说明，这些都是因时间关系或者因问题意识不明确而没来得及进一步讨论的问题。

首先，是对待环境问题的"立场"问题。我认为在对待环境问题上存在着三种立场：

第一，是把环境问题理解为国家问题。即基本上把环境问题当做国家的发展战略，属于整体论（一般会用"为了大家"这一理由来说服人）。例如，它会以国家的安全保障或者经济成长（景气政策、雇用政策、福利政策）为由，把环境问题当做政策的一环，采取行政管理的立场。这可以说是一种"公"的观点、态度、视角。其代表是一些所谓的学者官僚或技术官僚。但是应该注意到，由于站到了国家这一"公"的立场上，它会把特定的具体问题看做是有限的局部问题，并以优先考虑国家为由，不能充分而及时地解决具体问题。而对于全球问题，它会以国家利益（经常被缩小和歪曲为官僚利益和部委利益）为重而不予考虑。这样一来，事实上国家主义既不能解决地域问题,也不能解决全球问题。

第二,是从追求营利和快乐的角度考虑环境问题。即基本上把环境问题看做是如何满足人的需要这一资源的使用效率问题,其基本视角是谋求利益和方便(围绕私权和舒适来考虑问题),它试图最终通过市场调节来使问题得到合理的解决。它相信消费者的判断和选择会带来合理的结果。这基本上可以说是一种"私"的观点、态度和视角,是企业与顾客结合起来的利益关系。其基本立场是要从经济合理性,即是否可以获得利益与快乐的角度对环境问题进行取舍。当然,也有很多企业与顾客不以买卖为目的来推动非营利活动,但这一切终究只有通过市民的立场(企业市民和公共市民),而非通过企业与顾客(消费者)的立场才能实现。那么,何谓市民的立场呢?

市民的立场就是第三种立场。它是从人与环境的相互关系出发,把生活环境当做人们共同生活、获得健康和幸福而不可缺少的宝贵基础,是一种被看做是"财"、"富"和"福"的立场。显然,环境问题一开始被当成了个人的认识问题,后来才被当做关系到所有市民死活的问题。人们从生活实践中认识到,环境问题的根本解决取决于大多数生活在现实中的人的合作,同时还取决于专家与官僚的大力支持,否则自己的不满、不便、不利等就无法得到解决。只有这样,我们才能把"公"和"私"完美地结合起来,使它们发挥更大的作用,从而在生活中获得实践智慧。这才是身体感觉层次上的公共性,也只有这样才能形成"公共"的立场。所谓公共的立场,是以个体的自立和彼此的共生为目的的公共市民的立场。个体市民从"私"的立场出发,以消费者的身份追逐利益、方便、舒适和财富,但同时他还要通过自主而又自发地进行"公"的活动来满足一切共同生活者(居民、国民、人类)和生活环境(地域社会、国家、地球)的需要,以当事者的意识来尽"公"的义务。这是区分私民与公共市民的根本标志。那些所谓的市民科学家以及自称是现场专家的有识之士就是这一立场的代表。

其次,是我们需要做什么的问题。当然我们要做的工作有很多,但现阶段首先应该考虑下面两个问题:

第一,要想有效地解决环境问题需要对知识进行生产、公平分配以及合理运用。大学和研究所追求的是普遍的客观真理,从事的是理论的探索、建构、说明和普及工作。但是,在将研究成果应用到现实时,会出现很多与实际状况和条件不相符的具体问题,同时,认识和方法的复杂性(这是科学这一人类活动本身的存在方式)也使人们很难得出一个综合性结论,这也给理论成果的应用带来困难。

为了使研究成果能够适应于明确的现实目的,政府机关和企业团体应该对一些研究项目给予支持,甚至从一开始就建立共同研究的合作体制。但这样一来,国家的重点政策会优先受到扶持,研究目的与科研成果的性质也会发生变化或扭曲。而且,与企业的共同研究也可能被直接或间接地卷入企业的营利宣传活动之中。如何解决这些难题呢? 从以往的经验来看,在环境运动中涌现出来的很多问题意识、议题设定和视角调整,都因政府的介入以及与企业的关系而变得模糊不清,或者被偷换概念,或者走向了反动。我们希望的是建设性的协调,而非强制性(因权力和金钱发生扭曲的情况比比皆是)的妥协,因为这不仅不会使问题得到及时解决,相反只会使问题进一步恶化,而且由于事实被隐瞒,市民的感觉也会钝化。因此,我们不得不说强制性妥协存在很严重的问题。

以上是研究成果的质的问题。实际上,从政府机关的信息公开方式以及以往的惯例来看,政府在知识的公平分配以及合理运用上也存在着很多问题,另外从企业的实际情况来看,企业的问题也不在少数。再加上政府官僚的上层意识(歪曲的精英意识)和在此基础上的特权(特殊权益)垄断,以及对市民的排斥顽症也使情况复杂化。

由于国内外市场竞争的不断加剧,企业不得不对知识信息进行管制,结果造成了对与企业利润相关的知识信息的分配以及应用的不畅。因此,要解决环境问题,市民们就要积极地开展自主和自发的共同活动,动用一切方法与手段,以"公"和"私"为中介,尽可能地确保、积累和提高知识分配以及知识应用上的公开性、公平性和合理性。

第二,是我们共同研究会的地位与意义问题。我们如何给自己定位?我们追求什么?这种定位的意义何在?如果用一句话来概括,我们的定位是面向实践的"认识协动体";我们追求的是联系实践的"公共知识";我们研究会的意义在于自主和自发地参加有关"环境和生态公共性"的创造,并为其发展作出贡献。

那么,什么是认识协动体呢?现在,社会上存在着许多按照传统观念建立起来的专家团体、科学家团体、学会以及其他团体和组织,但是大部分这类组织都有一个共同特点,这就是同质性、封闭型以及缺少与外部的联系(交涉性),具有自我完结性。这种由同一个专业领域学者组成的集会私密性很强,它创造了一个只有自己人参加的密教世界,用神秘的语言进行只有自己才懂的对话,拒绝一切外部关系(关心外部、参与外部活动以及对来自外部的呼声作出回应),这些特征是其固有的,它们难以超越自身的这些局限。在这类组织中,人们很难通过相互理解、通力合作,迸发活力和智慧来应对人的问题、社会问题和环境问题。而且,在学者、市民、官僚和企业之间也很难形成建设性的对话空间。这些情况造成了下列后果,即或者通过由"公"单方面地进行统治、管理、命令和指导来解决问题,或者通过"私"自由地反抗、抵抗、妨害、单独行动来实现自己的目标,结果不是"灭私奉公"就是"灭公奉私",只能进行这种非此即彼的选择。

为了在现实中发现打破这种闭塞的突破口,我们应该进行各种努力。其中之一是专家(学者和学者官僚)、市民和企业经营者联手,为促进、维持和发展相互补充、相互反省和相互生成的合作关系,进行宽松的对话,创造和延续以及提高互动的时间和空间。认识协动体就是人们意识到对话和互动时空的必要性,从总体上进行多样的认识和实践活动的组织。人们有时也使用共同体这一概念,但"共同体"往往是由复数的人或团体为了某种目的组织起来的,其动力是同化的力学,它与靠"和而不同"的"和"的力学所组织起来的团体有所不同,后者更值得重视。因此,我更喜欢"共和"体概念,但是"共和"概念跟共和国等政治体制相关,使用它可能会引发复杂的政治问题,鉴于当今日本的认识现状,我还是决定使用"协动体"这一概念。

我们的研究会之所以要面向实践,是因为同纯粹理性领域相比,我们更重视基于实践理性和共同感觉的判断力。由专家和科学家共同体以及官僚组织创造出来的知识是"专业知识",而由生活在现场中人(市民)所体验、整理和积累起来的知识则是"现场知识"(也可以叫做临床知识、地域知识、场所知识等),所谓"公共知识",就是把这两种知识结合起来,增大两种知识的相加效果,并沿着这一方向来解决问题的知识,它是在相互参加和相互理解的对话和互动中产生的。

从环境问题的角度思考公共性问题,首先要把环境的公共性与生态的公共性这两个概念暂时分开,因为这样可以使我们的思考与实践更加深入。这是我从自己的亲身经历中总结出来的。这里的关键是在研究人与环境的关系时,需要把"人与人"和"人与非人存在物"的关系分开。人与人之间的关系包括个人之间以及团体组织之间的关系,还有过去和现在以及当代人与未来后代之间的关系,在这些关系中都存在着公平、公正、共有、互酬、公开等问题,所谓环境的公共性,就是考察这些问题的标准、视角、方向和态度。对人与非人存在物(动物、植物、矿物、水和空气等天地万物)之间关系的思考包括以下内容,即应该以何种关系来定位、评价这一关系才算公平、公正,以及如何共有、保存、互酬、进行更开放的(人的)认识和实践等问题。所谓生态的公共性,就是考察这些问题的标准、视角、方向和态度。只有把两者区分开来,才能使我们在思想与实践上做得更有效。

再次,是环境问题的根本对策。环境问题的根本对策只有与对文明的反省联系起来才会产生实质性效果。对已经发生的问题分别进行处理至多可以解决局部的问题,而且这种解决是暂时的。而"文明"不同,这里所说的"文明"包括每个人的生活方式和价值意识(这是文化),是一个综合的有关经济结构(生产、流通、消费和废弃的资本主义基本关系结构)、社会结构(阶级、种族、性别、贫困、犯罪和无知等问题,以及与这些问题相互联系、这些问题的深化与复杂化所带来的基本道德和伦理的退化体制)以及政治结构(基本上是强者和胜者垄断财、富、福,弱者和败者被利用、被掠夺和被排除的体制)的概念。只要不从根本上对这一文明进行研究,那种试图从根本上解决环境破坏、污染增加、生活恶化的努力就只能是一个可望而不可即的梦想。我深切地感受到，我们必须从现在起以某种形式进行多重的相互补充的文明变革，这将是我们几代人所面临的任务。

今后我们要面临的问题有很多，在这里我想只提出问题，对基本方向、基本课题和基本战略作一个简单概括，以便日后做进一步的讨论。

首先，关于基本方向。一言以蔽之，就是要创造一个环境友好型文明。环境友好型文明也叫做后经济文明。由于以货币经济为中心的物质文明过度膨胀，我们现在需要聚集力量，投入一切可以动用的资源、智慧、想象力和机会，把物质文明转变为环境友好型的生活文明。例如，日本放送协会（NHK）是对公共知识信息进行再分配的典型机构，它的报道态度以及它所传达的内容是否公平、公正、妥当应该由市民来监督。当然，这只不过是一个例子，NHK的重要新闻中总会报道关于股市的情况，而对环境破坏状况和生活指标的变化情况却很少关注，这种报道方式应该改革。要做到这一点，政府、企业和市民社会必须携起手来，相互协调，共同努力。

其次，关于基本课题。这是一个如何使非物质主义和非金钱主义的价值观在每个人的身体感觉中渗透、固定和形成的问题。现在，发达国家的一些地方已经出现了这一趋势，社会学家和经济学家的著作已经给我们提供了这方面的证明和材料。但是，这种价值观能普及到何种程度、能有多少人可以获得共感，如何看待发展中国家的现状以及应该采取什么对应措施，这些都还是问题。

关于基本战略。我想提出一个我们今后共同探索、对话互动的议题，这就是"共福环境论"。这一构想目的并不是为了"大家的幸福"（公福）而牺牲个人的幸福（私福），或者为了"自己的幸

397

福"而无视"大家的幸福",而是要共同创造使"大家的幸福"和"自己的幸福""都能实现的环境条件"（共福）。之所以这样考虑,是因为环境问题的核心不在于环境破坏或环境恶化本身,而在于由此所产生的打着为大家谋福利的旗号而牺牲或者否定个人幸福（这同时也是人以外生命的幸福）。这一灾难是人类社会以及生态系不幸、悲剧和悲惨的原点。遗憾的是现在很少有人对这一倾向进行认真的分析,只是简单地就把它视做合理的。当然,人们对这一问题的看法很多,但我认为,首先要充分发挥和实现人与人以外的存在（特别是生命）共同生存、成长和发展的可能性,把创造这一条件当做我们的核心任务,调整思想方法（共福环境哲学和伦理学）,为使这一目标得到维持、维护和持续下去投入全部资源、智慧、勇气和希望（共福环境政治和经济）。因此,我们需要研究认识论、价值论和实践论,特别是要注意不能把幸福当成是个人的命运,当成是偶然的心理状态,而应使每个人的幸福（保持富裕的活动）都能真正得以实现,去共创幸福的基础。我们的目标在于开辟人与动物、植物、矿物、天地万物实现共同幸福的道路,为了我们都能过上高品质和富有尊严的生活,能够共同生存和繁荣下去,我们需要研究实现这种生命文明的详细战略。这一战略的关键在于要让那些被视为"灾难"原因的人（的存在、行为、制度、文物）以"幸运（幸福、繁荣、生成）"为中介获得新生,通过这一转变,我们的认识和实践将会达到一个新的高度。

　　最后是关于个人的自我定位问题。我是谁？我是什么？我从何种定位出发来研究环境问题？我能期待、希望和期望什么？我如何与大家同甘共苦,加深与扩大共感、共鸣和互动的范围？如何才能建构良好的人与人之间的关系以及人与环境之间的关系？

我首先是人，然后才是居民、国民或者市民。我不可能有固定的角色，因时间和地点的变化，我其中的一种角色可能被放大，被固定，认识与实践也可能会相对集中。但我的可能性有很多，我不可能一元化。人的自我定位（也可叫做认同）不是固定不变的，而是一个不断运动、变化和生成的过程。

从环境问题的角度来看，问题爆发的原因总是特定的，当地居民的问题意识——基本上是共同感受痛苦、苦难和悲痛——将成为解决问题的出发点，因此应该首先把自己定位于居民。例如我的自我定位就是大阪居民。这一定位说明我也是一名地域性居民。

第二个阶段（实际上，这与其说是时空上必然要经过的阶段，还不如说是一个逻辑过程）是国民。由于问题的本质和条件不同，我们需要跟地方自治体和中央政府机关进行全方位的交涉、谈判、对峙、纠葛和斗争。在这种状况下，就应该借助于国民的权利和义务，我们必须对这一问题进行认真的思考，并采取相应的行动。此时，你的定位是国民，即使因某种原因在法律上未获得国民的资格，你也要在国家的层面上进行自我定位。虽然没有日本国籍的人，只能从住在日本的外国人这一定位出发来面对环境问题，不过，有很多时候国民的身份和国家的框架也未必就一定能解决环境问题。

因此，我们要超越国界和国民这一定位，使我们的自我定位更开放一些。我们不仅要向国外开放，还要向内部，即向地域或地方开放。如果把这种超越国界的开放称做全球视野的话，那么这种全球视野下的自我定位就应该是全球市民。我们只有具备全球市民这一意识才能对地球环境问题作出积极的回应。

总之，在环境问题上我们的自我定位是一个由地域市民、国家市民、全球市民这样一个彼此联系的复合体。这是一个"全球地域"型市民的存在方式,从建构环境友好型文明的理想、愿望和决心来看,这也可称做是环境市民或生态市民。"全球地域"型市民这一定位的基础是我们每个人的存在感觉,即个体自我、地域自我、国家自我以及全球自我,自我的这一多重身份构成了一个动态的"全球地域"型自我,而"全球地域"型自我既是一个生态学的自我,同时也是一个世界主义的自我。

译 者 后 记

　　本书是对佐佐木毅、金泰昌主编的《公共哲学》丛书第 1 辑《地球環境と公共性》(东京大学出版社，2002 年)一书的全译。翻译此书一方面出于编者自身的要求，一方面也体现了译者对本书的极大兴趣，并且充分肯定了本书的学术价值。

　　本书是一部编著，作者大多是活跃在日本环境科学以及环境思想领域中的最优秀学者，他们是该学科在日本的领军人物，其中许多人的著作，像宇泽弘文的《汽车的社会费用》、宇井纯的《公害原论》以及石弘之的《地球环境报告 I，II》，它们不仅是日本环境学方面的名著，而且在世界范围内也都产生过重要影响。译者在留日期间对他们的学识就非常钦佩，心仪良久，希望有朝一日能把他们的著作翻译和介绍到中国来。但是，由于精力有限且专业受到限制，这一想法始终未能实现。《地球环境与公共性》汇集了各类名家学者思想之精粹，能够翻译此书，正好为译者提供了一次难得的机会，了却了藏匿心中已久的一份夙愿。当然，对他们思想的介绍绝不仅仅靠这样一本译著就能完成。它需要学界同仁的共同努力，特别是需要来自从事环境科学和环境经济学学者的青睐和支持。或许，本译著的最大意义就在于抛砖引玉，能就此引起我国学界对日本环境科学与环境思想的兴趣。

　　翻译本书，令译者感触最深的是这些学者的责任感，他们的研究包含了对日本和亚洲乃至世界前途的深重忧思。尽管其中很多

401

人在各自专业领域有突出贡献且已经在国际上赫赫有名，但他们并没有将自己的学识束之高阁，沉醉于纯粹的理论研究之中，而是将其直接应用于环境保护与可持续发展这一实践领域当中来。更重要的是，他们并不满足于日本在环境领域所取得的成绩，站在受害者的立场上，对日本的环境政策和现状进行了深刻反思。在他们的发言中，对日本政府和官僚的批判与对弱势群体的关心形成了鲜明对比，从这一对比中，我们能够真切地感受到这些学者的学术良心和批判精神。

客观地说，日本在环境思想研究与环境保护实践方面是走在世界前列的，之所以能够做到这一点，是与其高效的政府运作系统以及成熟的法律体系分不开的。但是，我们在书中所看到的却是这些学者对其进行的无情批判，甚至是对整个日本环境政策的"彻底否定"。这种批判往往令那些以日本为目标，试图学习其先进经验的人深感困惑。译者曾多次邀请日本学者来国内做学术交流，日本学者总会将我们视为先进"经验"的国策加以大批特批，提醒我们要认清"教训"，注重反思，以免重蹈日本的"覆辙"。可是，实事求是地讲，即便是那些被他们批得一无是处的环境政策，对于发展中国家来说也是极具参考价值的。由于中日两国发展的不对等性，我们在还未理解和消化其"经验"时就被灌输了"教训"。这使得我们有些人在学习他们的"经验"时大打折扣，甚至干脆认为就是糟粕，拒绝接受。我在日本时就曾经遇到过这样一个尴尬场面。我国的一个环境代表团访问东京，在一次交流会上，日方的一位教授曾向代表团介绍日本面临的环境问题，其中谈到了焚烧塑料容器所带来的二噁英污染问题，一个最突出的例子就是焚烧炉旁男性居民的精子数减少。这位教授一边介绍，一边批评了日本政府在这方面的工作力度不够。讲完之后，这位教授曾向环境代表团询问中国是如何解决这一问题的。代表团中的一位官员站出来回答说,这很容易解决,我们把废塑料加热熔化,再制成桌椅放到公园去。从他的回答来看,他似乎根本没有理解二噁英污染是什么,也没有理解那位日本教授是在何种意义上对日本政府进行批判的,换句话说,他似乎真的以为日本在这方面做得比我们要差。

其实,知识分子的使命就在于批判社会,通过对社会和政府的批判以促进社会的改革与进步。译者的专业是哲学,哲学中辩证法(Dialektik)的原义是指"对话题的分割",即对话。对话核心并不在于肯定和赞扬,因为这会使对话中止,使讨论结束,对话的核心在于否定和批判,正是通过理性的批判和否定才有可能使对话进行下去,直至发现真理。本书的大多数发言人是深知辩证法的要义的。他们对日本环境政策的批判,其本意并不是要将日本的环境政策彻底否定,而是使其更加完善。他们深谙知识分子的批判使命,可能也正是他们的存在才使得日本在环境保护方面走在了世界的前列。希望读者在阅读本书时,能够对此有一个清醒的认识。

因为本书是译著,必然要提及它对中国的意义。关于本书的意义,这里我只想指出一点,这就是本书在为我们描述人类未来远景的同时,还深刻地揭示了日本在高度经济增长时期公害发生的教训,以及解决公害的经验和战略,这对于正处于公害频发时期的中国而言,无疑具有重要的借鉴意义。我在回国工作之前,曾经向一位日本环境经济学家讨教过:"日本有什么环境政策在世界上处于领先地位且对中国有益?"这位专家非常干脆地回答:"公害的教训以及公害补偿政策,日本正是通过这一政策解决了环境问题,并且保证了社会持续稳定的发展。"记得当时我颇感纳闷,她

403

何以如此自信，不假思索，好像早已答案在胸。通过对本书的翻译，我似乎找到了答案。在所有的环境问题中，他们对公害的研究最为透彻，他们的环境政策基本上是建立在对公害考量的基础之上的。"公害是日本环境政策的原点"、"公害原论"，这些早已耳熟能详的词句，直至翻译本书时我才真正理解了其中的含义。

我国现在正在建设"和谐社会"，所谓和谐社会，也就是"人与人"以及"人与自然之间和谐相处"的社会。要实现这两个方面的和谐，关键就是要在国家层面上，处理好地区之间、城乡之间、人与人之间在环境利益、环境损失和环境责任承担上的关系问题，也就是要建立环境正义原则。环境正义原则在本质上其实就是公害问题。就是由政府出面协调因环境污染所造成的受害者与加害者之间的关系，通过一种和谐的方式使受害者得到补偿，以缓解由此而引起的社会冲突，从而在解决环境问题的同时，实现社会的公平正义。在这个意义上，环境正义是一个共同体能够安定和持续发展的关键，也是我国建构和谐社会的关键。而日本公害处理的经验和教训无疑会成为我国"和谐社会"理论的重要思想资源。另外，正如本书的书名《地球环境和公共性》所示，公共性即民众的参与也是本书的关键。日本在处理公害问题上的成功也离不开这一点。这也是值得我国借鉴的地方。

最后，我想对本书的翻译做一点说明。本书的翻译是由韩立新和李欣荣共同完成的。李欣荣翻译了本书的前半部分（序、论题一、二、三、四、五、六和综合讨论一、二），韩立新则翻译了本书的后半部分（论题七、八、九和拓展议题、后记），全书最后由韩立新统稿，对译名和一些专有名词等做了统一。本书的翻译是一个艰辛的过程。之所以艰辛，是由本书的成立过程和编著风格所决定的。本书实际上是一次研讨会的讨论实录，虽然在出版时原作者和编者对发言实录进行了加工、整理,但仍不可避免地保留了讨论实录所必有的口语化和文字不够严谨等缺陷,这给翻译带来了巨大困难,为便于中国读者阅读,在很多地方译者不得不"擅自"对原文进行了补充,以使其表达一个完整的意思;另一方面,由于原作者的发言内容大大超过了译者的知识范围,特别是涉及许多前沿的自然科学知识,这同样给才疏学浅的译者带来了意想不到的困难。加之时间仓促,纰漏之处在所难免,望学界同仁不吝赐教,并敬请谅解。

韩立新

2007 年元旦于清华大学新斋

第27次公共哲学共同研究会

石　弘　之：东京大学大学院新领域创成科学研究科教授

宇泽弘文：东京大学名誉教授、日本学士院会员

原田宪一：京都造型艺术大学艺术学部教授（原山形大学理学部地球环境学科教授）

宇　井　纯：冲绳大学法经学部法经学科教授

近　藤　丰：东京大学尖端科学技术研究中心教授

森岛昭夫：地球环境战略研究机关理事长、名古屋大学名誉教授

鬼头秀一：东京农工大学农学部教授

米本昌平：科学技术文明研究所所长

桑子敏雄：东京工业大学大学院社会理工学院研究科教授

足立幸男：京都大学大学院人间·环境学研究科教授

金　凤　珍：北九州市立大学外国语学部国际关系学科教授

小林正弥：千叶大学法经学部法学科副教授

辛·古尔巴克西：东京大学客座研究员

隅藏康一：政策研究大学院大学副教授

内藤正明：京都大学大学院工学研究科教授

薮野祐三：九州大学法学部教授

吉田公平：东洋大学文学部教授

林　胜彦：NHK"21世纪企业"栏目高级策划人、制片人

[**主办方出席者**]

西冈文彦：京都论坛策划委员、传统版画家

矢崎胜彦：将来世代国际财团理事长（兼任公共哲学共働研究所事务局局长）

金　泰昌：将来世代综合研究所（现为公共哲学共働研究所）所长

[**发题者简介**]

宇井纯（Ui Jun）：1932 年生。做过东京大学工学部讲师、冲绳大学法经学部法经学科教授。著有《公害的政治学》（三省堂 1968 年），《公害原论》（亚纪书房 1971 年），《日本的水能否复苏?》（NHK 出版 1996 年）。研究领域为公害案例研究和卫生工学。

石弘之（Ishi Hiroyuki）：1940 年生。东京大学大学院新领域创成科学研究科教授。著有《地球环境报告 I，II》（岩波新书 1988 和 1998 年）、《酸性雨》（岩波新书 1992 年）、《环境学的技法》（编著，东京大学出版会 2002 年）。研究领域为环境学。

宇泽弘文（Uzawa Hirofumi）：1928 年生。东京大学名誉教授、日本学士院会员。著有《思考地球温暖化》（岩波书店 1995 年）、《金融体制的经济学》（共同编著，东京大学出版会 2000 年）、《凡勃伦 T. B. Veblen》（岩波书店 2000 年）。研究领域为经济学。

原田宪一（Harada Kenichi）：1946 年生。京都造型艺术大学艺术学部教授（元山形大学理学部地球环境学科教授）。著有《关于地球》（国际书院 1990 年），《新文明的创造》（合著，朝仓讲座，《文明与环境》第 15 卷，1996 年）、《环境经营论 II》（合著，财务经理协会 1999 年）。研究领域为资源人类学。

近藤丰（Kondo Yutaka）：1946 年生。东京大学先端科学技术研究中心教授。著有《地球环境工学手册》（奥姆社 1991 年）、《思考 21 世纪的环境》（日刊工业新闻社 1995 年）、《同温层的科学：气象手册》（朝仓书店 2001 年）。

研究领域为大气化学。

森岛昭夫（Morishima Akio）：1934 年生。地球环境战略研究机关理事长、名古屋大学名誉教授。著有《不法行为法讲义》（有斐阁 1987 年）、《土壤污染和企业的责任》（监修、有斐阁 1996 年）、《环境问题的未来趋势》（合编，有斐阁 1999 年）。研究领域为民法。

鬼头秀一（Kitoh Shuichi）：1951 年生。东京农工大学农学部教授。著有《重新思考自然保护——环境伦理与市民组织》（筑摩书房 1996 年）、《创建地域思想》（合著，农文协 1998 年）、《追求环境的丰富性——理念与运动》（《讲座人间与环境》第 12 卷，责任编辑，昭和堂 1999 年）。研究领域为环境伦理学和科学技术社会论。

米本昌平（Yonemoto Syohei）：1946 年生。科学技术文明研究所所长。著有《生命伦理》（讲谈社 1985 年）、《什么是地球环境问题》（岩波书店 1994 年）、《知政学入门》（中央公论新社 1998 年）。研究领域为科学史和科学理论。

桑子敏雄（Kuwako Yoshio）：1951 年生。东京工业大学大学院社会理工学院研究科教授。著有《Energeia——亚里士多德哲学的创造》（东京大学出版会 1993 年）、《西行风景》（NHK 丛书 1999 年）、《环境的哲学》（讲谈社学术文库 1999 年）、《感性的哲学》（NHK 丛书 2001 年）。研究领域为哲学。

责任编辑:李之美
封面设计:曹 春

图书在版编目(CIP)数据

地球环境与公共性/[日]佐佐木毅,[韩]金泰昌主编;韩立新,
　李欣荣译. －北京:人民出版社,2009.6
　(公共哲学丛书/第9卷)
ISBN 978－7－01－007479－5

Ⅰ. 地…　Ⅱ.①佐…②金…③韩…④李…　Ⅲ. 自然哲学-研究
　Ⅳ. N02

中国版本图书馆 CIP 数据核字(2008)第 173623 号

地球环境与公共性

DIQIU HUANJING YU GONGGONGXING

[日]佐佐木毅　[韩]金泰昌　主编　韩立新　李欣荣　译

人民出版社 出版发行

(100706　北京朝阳门内大街 166 号)

涿州市星河印刷有限公司印刷　新华书店经销

2009 年 6 月第 1 版　2009 年 6 月北京第 1 次印刷
开本:880 毫米×1230 毫米 1/32　印张:14.5
字数:344 千字　印数:0,001－3,000 册

ISBN 978－7－01－007479－5　定价:48.00 元

邮购地址 100706　北京朝阳门内大街 166 号
人民东方图书销售中心　电话 (010)65250042　65289539

原 作 者：佐々木毅、金泰昌　編

原 书 名：地球環境と公共性

原出版者：東京大学出版会

我社已获东京大学出版社（東京大学出版会）和公共
哲学共働研究所许可在中华人民共和国境内以中文
独家出版发行

著作权合同登记　01‐2008‐5129 号